"十四五"职业教育国家规划教材

 "十三五"职业教育国家规划教材

 "十二五"江苏省高等学校重点教材
高等院校"+互联网"系列精品教材

省级在线开放
课程配套教材

半导体器件物理

主　编　徐振邦
副主编　陆建恩
主　审　孙　萍

电子工业出版社.
Publishing House of Electronics Industry
北京·BEIJING

内 容 简 介

本书根据教育部新的课程改革要求，在已取得多项教学改革成果的基础上进行编写。内容主要包括半导体物理和晶体管原理两部分，其中，第 1 章介绍半导体材料特性，第 2～3 章系统阐述 PN 结和双极型晶体管，第 4～5 章系统阐述半导体表面特性和 MOS 型晶体管，第 6 章介绍其他几种常用的半导体器件。全书结合高等职业院校的教学特点，侧重于物理概念与物理过程的描述，并在各章节设有操作实验和仿真实验，内容与企业生产实践相结合，适当配置工艺和版图方面的知识，以方便开展教学。

本书为高等职业本专科院校相应课程的教材，也可作为开放大学、成人教育、自学考试、中职学校、培训班的教材，以及半导体行业工程技术人员的参考书。

本书提供免费的电子教学课件、习题参考答案等资源，相关介绍详见前言。

未经许可，不得以任何方式复制或抄袭本书之部分或全部内容。

版权所有，侵权必究。

图书在版编目（CIP）数据

半导体器件物理 / 徐振邦主编. —北京：电子工业出版社，2017.7（2024.12重印）

高等院校"+互联网"系列精品教材

ISBN 978-7-121-31790-3

Ⅰ. ①半…　Ⅱ. ①徐…　Ⅲ. ①半导体器件－半导体物理－高等学校－教材　Ⅳ. ①TN303②O47

中国版本图书馆 CIP 数据核字（2017）第 129508 号

策划编辑：陈健德（E-mail:chenjd@phei.com.cn）

责任编辑：桑　昀

印　　刷：三河市兴达印务有限公司

装　　订：三河市兴达印务有限公司

出版发行：电子工业出版社

　　　　　北京市海淀区万寿路 173 信箱　邮编　100036

开　　本：787×1 092　1/16　印张：15.5　字数：400 千字

版　　次：2017 年 7 月第 1 版

印　　次：2024 年 12 月第 16 次印刷

定　　价：52.00 元

凡所购买电子工业出版社图书有缺损问题，请向购买书店调换。若书店售缺，请与本社发行部联系，联系及邮购电话：(010) 88254888，88258888。

质量投诉请发邮件至 zlts@phei.com.cn，盗版侵权举报请发邮件至 dbqq@phei.com.cn。

本书咨询联系方式：88254113。

前　言

近几年，我国集成电路产业得到快速发展，已经形成了 IC 设计、制造、封装、测试及支撑配套业等较为完善的产业链格局，成为全球半导体产业关注的焦点。同时，适合集成电路产业发展的高技能应用型人才相对匮乏，产业技能人才的需求十分紧迫。目前，不少高职院校设置了"半导体器件物理"等核心课程，但实操性强且适合高职院校学生的教材较少。现有成熟教材的特点是基础知识点的理论性强、数学推导繁杂、内容覆盖面太广，不利于技术技能型人才的培养。

本书根据教育部新的课程改革要求，在已取得多项教学改革成果的基础上进行编写。本书为江苏高校微电子技术品牌专业建设工程资助项目成果（编号 PPZY2015B190）。全书结合高等职业院校的教学特点，侧重于物理概念与物理过程的描述，内容叙述力求重点突出、条理分明、深入浅出、图文并茂，简化数学推导，并在各章节设有操作实验和仿真实验，内容与企业生产实践相结合，适当配置工艺和版图方面的知识，以方便开展教学。

本书内容主要包括半导体物理和晶体管原理两部分，其中，第 1 章介绍半导体材料特性，第 2～3 章系统阐述 PN 结和双极型晶体管，第 4～5 章系统阐述半导体表面特性和 MOS 型晶体管，第 6 章介绍其他几种常用的半导体器件。本课程的参考学时为 68～96 学时，各校可根据不同的教学环境和专业要求进行适当的内容取舍与安排。

本书由江苏信息职业技术学院徐振邦副教授担任主编，陆建恩担任副主编。具体编写分工为：第 1～3 章和第 6.4、6.5 节由徐振邦编写，第 4～5 章和第 6.7 节由陆建恩编写，第 6.1、6.2、6.3、6.6 节和各章所有的仿真实验由黄玮编写，书中的操作实验由袁琦睦编写并绘制了部分插图。全书由江苏信息职业技术学院孙萍教授主审。

本书在编写过程中参考了一些优秀的著作和资料，汲取了其中的部分精华内容，另外还得到了电子工业出版社的大力支持，在此一并表示诚挚的谢意。

由于作者水平有限，书中难免存在错漏之处，恳请专家和读者批评指正。

本书配有免费的电子教学课件与习题参考答案等资源，请有此需要的教师登录华信教育资源网（http：//www.hxedu.com.cn）免费注册后再进行下载。直接扫一扫书中的二维码可阅览更多的立体化教学资源。如有问题请在网站留言或与电子工业出版社联系（E-mail：hxedu@phei.com.cn）。

 扫一扫下载本课程模拟试卷一

 扫一扫下载模拟试卷一参考答案

 扫一扫下载本课程模拟试卷二

 扫一扫下载模拟试卷二参考答案

编　者

目 录

第1章

半导体特性

扫一扫下载

本章教

学课件

扫一扫下载
半导体的电
性能微课

自然界中的物质按导电能力的强弱，可分为导体（电阻率小于 $10^{-6}\Omega\cdot cm$）、绝缘体（电阻率大于 $10^{4}\Omega\cdot cm$）、半导体（电阻率介于导体和绝缘体之间）。制造晶体管和集成电路最常用的材料，如硅（Si）、锗（Ge）、砷化镓（GaAs）都属于半导体。

半导体材料在电性能上具有以下一些重要性质。

1．热敏特性

温度升高使半导体导电能力增强，电阻率下降。例如，室温附近的纯硅（Si），温度每增加 8℃，电阻率降低 50% 左右。

2．掺杂特性

微量的杂质可以显著改变半导体的导电能力。例如，在纯硅中掺入百万分之一的杂质（如磷），此时硅的纯度仍然很高，但电阻率在室温下却由 $2.14\times10^{5}\Omega\cdot cm$ 降至 $0.2\Omega\cdot cm$ 以下。

3．光敏特性

适当波长的光可以改变半导体的导电能力。例如，硫化镉（CdS）薄膜的暗电阻为几十兆欧，当受光照后电阻值可以下降为几十千欧。

此外，半导体的导电能力还受电场、磁场等作用而改变。正是由于半导体的这些特性使其获得了广泛的应用。

半导体器件的发展是建立在对半导体特性研究的基础上的，本章主要介绍半导体材料的晶体结构、导电机理、施主和受主杂质、载流子的运动与非平衡载流子的产生和复合等半导体材料的特性，这将是我们学习半导体器件的基础。

1.1 半导体的晶体结构

扫一扫下载
晶体的结构
微课

1.1.1 晶体的结构

固体可分为晶体和非晶体。晶体具有一定的外形、固定的熔点，其原子在空间按一定规律周期性排列。晶体又分为单晶和多晶，单晶指整个晶体由原子（或离子）的一种规则排列方式所贯穿，本身就是一个完整的大晶粒；有的晶体是由许许多多的小晶粒组成，晶粒之间的排列没有规则，这种晶体称之为多晶。

晶胞是晶体结构中最小的周期性重复的单元。晶胞的边长称为晶格常数，通常用 a 表示。图 1-1 是几种常见的晶格结构。

实例 1-1 若体心立方结构的原子是刚性的小球，且中心原子与立方体 8 个角落的原子紧密接触，试算出这些原子占此体心立方晶胞的空间比率。

解 在体心立方晶胞中，每个角落的原子与邻近的 8 个晶胞共用，因此每个晶胞各有 8 个 1/8 角落原子和 1 个中心原子。可得：

每个晶胞中的原子数 $n = (1/8) \times 8 + 1 = 2$

相邻两个原子距离（沿体对角线方向）= $\dfrac{\sqrt{3}}{2}a$

每个原子半径 $r = \dfrac{\sqrt{3}}{4}a$

每个原子体积 $V_{原子} = \dfrac{4}{3}\pi \times \left(\dfrac{\sqrt{3}}{4}a\right)^3 = \dfrac{\sqrt{3}}{16}\pi a^3$

原子占据晶胞的空间比率 $= \dfrac{n \times V_{原子}}{V_{晶胞}} = 2\pi a^3 \dfrac{\sqrt{3}}{16a^3} \approx 0.68$

因此，整个体心立方晶胞有 68% 被原子占据，32% 的体积是空的。

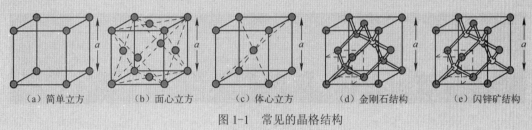

（a）简单立方　　（b）面心立方　　（c）体心立方　　（d）金刚石结构　　（e）闪锌矿结构

图 1-1　常见的晶格结构

在器件和集成电路制造中使用的一些重要的半导体具有属于四面体的金刚石结构或闪锌矿结构，即每个原子被位于正四面体顶角的 4 个等价紧邻原子包围，如图 1-1（d）和 1-1（e）所示。两个紧邻原子之间由自旋相反的 2 个价电子构成共价键。金刚石晶格和闪锌矿晶格可认为是 2 个面心立方晶格沿空间对角线错开 1/4 的空间对角线长度相互嵌套而成。对于金刚石晶格，如硅（Si）和锗（Ge），所有原子是相同的；对于闪锌矿晶格，如砷化镓（GaAs），两个嵌套的面心立方晶格由不同的原子组成，每个原子都被 4 个异族原子所包围。

1.1.2　晶面与晶向

扫一扫下载晶向与晶面微课

晶体是由晶胞周期性重复排列而成，整个晶体就像是网格，称为晶格。组成晶体的原子或离子的中心位置称为格点，格点的总体称为点阵。对硅这样的立方晶系，按其晶胞的三维结构建立坐标轴，如图 1-2 所示，称为晶轴。一般以晶格常数 a 作为晶轴的长度单位，图中 OA、OB、OC 称为晶格的 3 个基矢，分别用 a、b、c 表示。

通过晶格中任意两个格点可以做一条直线，而且通过其他格点还可以做出很多条与它彼此平行的直线，而晶格中的所有格点全部位于这一系列相互平行的直线系上，这些直线系称为晶列。晶列的取向称为晶向，为表示晶向，从一个格点 O 沿某个晶向到另一格点 P 做位移矢量 R，如图 1-3 所示，则：

$$R = l_1 a + l_2 b + l_3 c$$

若 $l_1 : l_2 : l_3$ 不是互质的，则要通过 $l_1 : l_2 : l_3 = m : n : p$ 化为互质整数，m、n、p 就称为晶列指数，写作[mnp]，用来表示某个晶向。

晶格中的所有格点也可看成全部位于一系列相互平行的平面系上，这样的平面系称为晶面族，通常用晶面指数（也称为密勒指数）来表示晶面的不同取向。密勒指数是这样得到的：

首先确定该晶面在晶轴上的 3 个截距，并以晶格常数为单位表示截距值。然后取截距的倒数，并将其化简成最简单的整数比。最后将此结果以"(hkl)"表示，即为此平面的密勒指数。

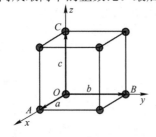

图 1-2　立方晶系的晶轴

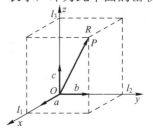

图 1-3　晶向

图 1-4 是立方晶系中 3 种重要的晶面与晶向。

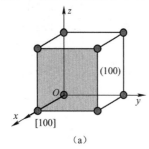

(a)

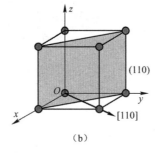

(b)

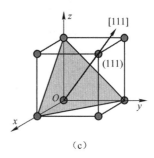

(c)

图 1-4　立方晶系中 3 种重要的晶面与晶向

从图上可以看出，立方晶格中晶列指数和晶面指数相同的晶列和晶面是相互垂直的，如 [100]晶向和（100）晶面垂直。

通过观察可以发现，沿晶格的不同方向，原子排列的周期性和疏密程度不尽相同，由此导致晶体在不同方向的物理特性也不同，这就是晶体的各向异性。晶体的各向异性具体表现在晶体不同方向上的硬度、热膨胀系数、导热性、电阻率、电位移矢量和折射率等都是不同的。各向异性作为晶体的一个重要特性对于半导体器件的制造有一定影响。

> **实例 1-2**　若某平面在 x、y、z 三个坐标轴上的截距分别是 a、$3a$、$2a$，其中 a 为晶格常数，试求此平面的密勒指数。
>
> **解**　截距的倒数之比为 $\dfrac{1}{a} : \dfrac{1}{3a} : \dfrac{1}{2a} = 6 : 2 : 3$
>
> 因此这个平面的密勒指数为（623）。

1.2　半导体中的电子状态

1.2.1　能级与能带

扫一扫下载
能级与能带
微课

1．电子的共有化运动

原子由带正电的原子核和带负电的电子组成，在原子核的引力作用下，电子在围绕原子核的轨道上运动。根据量子理论，电子能量只能取一系列不连续的可能值，这种量子化的能量值称为能级，从低到高通常称为 $1s$、$2s$、$2p$、$3s$、$3p$……电子在轨道上的运动状态称为量子态。在一定条件下，如得到晶格振动能量或吸收光的能量，电子可以从一条轨道跳到另一条轨道，电子状态发生改变，这种现象称为量子跃迁。

制造晶体管或集成电路所用的半导体材料大多是单晶体。单晶体是由大量靠得很近的原子周期性重复排列而成。单晶体中每个原子都要受到多个原子核和电子的作用。这样，半导体中的电子状态和孤立原子中的电子状态必然不同。

在原子与原子相距较远时，电子分布在原子核周围的轨道上，它们分属于不同的原子。当原子结合成晶体时，原子与原子就靠得非常近。例如，$1cm^3$ 的硅单晶中大约有 5×10^{22} 个原子，因此排在 $1cm$ 长度上的硅原子数大约有 $\sqrt[3]{5 \times 10^{22}} \approx 3.7 \times 10^7$ 个，也就是说，相邻两硅原子中 $1s$ 的距离差不多只有 2.7Å。由于晶体中各原子靠得如此之近，引起各原子外层价电子的运动区域相互重叠，使价电子的运动区域在晶格中连成一片。电子的共有化运动示意图如图 1-5 所示。

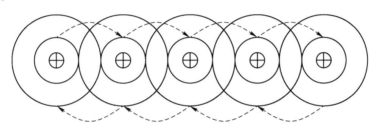

图 1-5   电子的共有化运动示意图

在此情况下，电子在这一瞬间可以在甲原子周围运动，而下一个瞬间又可通过交叠的运动区域转到乙原子周围运动，并以同样的方式继续转移，不断地从一个原子跑到另一个原子，从而能够在整个晶体中运动。所以当原子组成晶体时，其外层价电子的运动就从原来束缚于某一个原子的情形变为可以在整个晶体中运动。这些电子不再属于某一个原子所有，而成为整个晶体所共有，这就是电子的共有化运动。

原子结合成晶体时，不但价电子的轨道连成一片，形成共有化运动，其内层电子轨道也可能有一定的交叠。不过与价电子比较，内层电子的交叠程度较少，并且越是内层，轨道交叠就越少，电子的共有化程度就越弱。所以，我们在考虑晶体中电子的共有化运动时，主要考虑价电子的共有化运动。

值得注意的是，电子在原子之间的转移不是任意的，电子只能在能量相同的能级之间发生转移。

2．能带的形成

随着晶体中价电子共有化运动的形成，表征这些电子运动情况的能量状态也必然要发生变化。在原来原子间距较大时，价电子分别处在各个原子的能级中。当 N 个原子排列起来结合成晶体时，情况就不同了。由于价电子的共有化运动，整个晶格成了一个统一的整体，电子可以在整个晶体中运动，因此分别束缚于各个原子的分立能级不存在了，取而代之形成一些属于整个晶体的能级。由于一块晶体中的电子运动状态不能相同，因此为了容纳原来属于

N 个单个原子的所有价电子，原来分属于 N 个单个原子的相同的价电子能级必须分裂成属于整个晶体的 N 个稍有差别的能级，这些能级互相靠得很近，分布在一定的能量区域，通常就把这 N 个互相靠得很近的能级所占据的能量区域称为能带，如图 1-6 所示。

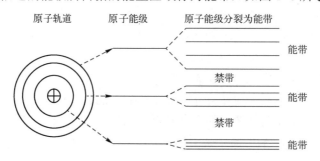

图 1-6　原子能级分裂为能带的示意图

　　由于同一能带中相邻能级之间的能量差很小，因此可以把能带中各能级的能量看作是连续变化的。在原子结合成晶体，价电子能级分裂成价电子能带的同时，如果内层电子的轨道也有交叠，那么内层电子的能级也要发生分裂，不过一般内层电子轨道交叠较少，其共有化运动也必然较弱，因而内层电子的能带也就较窄。根据同样的道理，能量比价电子能级更高的激发态能级也要分裂，形成激发态能带。在两个能带之间的区域中，不存在电子的能级，因此在这个能量区域中也不可能有电子，我们称两个能带之间的区域为"禁带"。

　　相关理论指出，每个能带和禁带的宽度决定于各种晶体的原子结构和晶体结构。而晶体中的电子只能由低而高地依次填满各个能级和能带，且每一个能级只能容纳两个电子。如果能带全部被电子填满则称为满带；如果能带中一个电子也没有则称为空带。显然内层电子轨道对应的能带为满带，而价电子填充的能带则可能是全部填满的或部分填满的。一般称价电子所处的能带为价带。被电子填满的内层能带，在外界电场或磁场的作用下，电子的状态不会发生变化，这样的能带对以后讨论的半导体在外场作用下的各种特征是不起作用的。因此，我们不再画出内层完全填满的能带，而只画出最外层价电子的能带，即价带以及价带上面的一条空带，称为导带。

　　在硅、锗、金刚石等共价键结合的晶体中，从其最内层的电子直到最外边的价电子都正好填满相应的能带。图 1-7 表示具有金刚石结构的晶体的价电子填充能带的情况，图中的价带是满带。价带顶 E_v 和导带底 E_c 之间的间隙称为禁带。价带顶和导带底之间的能量间隙称为禁带宽度，用符号 E_g 表示。为了方便，以后用能带图来分析半导体特性时，常用图 1-8 所示的简化画法。

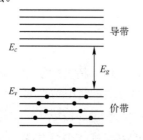

图 1-7　金刚石结构的晶体的价电子能带示意图（$T = 0\text{K}$）　　图 1-8　简化能带图

扫一扫下载
本征半导体
的导电机制
微课

1.2.2 本征半导体的导电机制

所谓本征半导体就是完全纯净的、结构完整的半导体。

目前，主要的半导体材料大部分是共价键晶体。硅、锗等Ⅳ族元素半导体就是最典型的共价键晶体。以硅为例，在硅的晶体中，每个硅原子近邻有 4 个硅原子，每两个相邻原子之间有一对电子，它们与两个原子核都有吸引作用，称为共价键。正是靠共价键的作用，使键原子紧紧结合在一起，构成了晶体。如果共价键中的电子获得足够的能量，它就可以摆脱共价键的束缚，成为可以自由运动的电子，这时在原来的共价键上就留下了一个空位。因为邻键上的电子随时可以跳过来填补这个空位，从而使空位转移到邻键上去，所以空位也是可以移动的。这种可以自由移动的空位称为空穴，把它看成是带正电荷的"准粒子"。半导体就是靠着电子和空穴的移动来导电的。因此，电子和空穴被统称为载流子，如图 1-9 所示。

当温度接近绝对零度且无外场作用时，半导体的能带可参照图 1-7。即使半导体加上外加电场，价带中的电子也不能起导电作用，因为价带上所有的能级都已被电子填满。在外电场作用下，由于受泡利不相容原理限制，当一个电子由原来能级向能带中任意能级转移时，必然有另一个电子向相反方向转移，产生的电流相互抵消，因此满带中的电子不导电。

只要把半导体置于通常的室温之下，情况就会发生变化。我们知道，除了在绝对零度之外，晶体中的原子都要做热运动，这种热运动表现为各晶格原子在它们的平衡位置附近来回地振动。由于晶格热运动的存在，特别是由于在一定温度下总有一些晶格原子的热运动能量远远超过平均能量数值，当晶体中的价电子通过与晶格原子的相互作用而交换能量时，就有可能出现一些电子从热运动能量特别大的原子身上吸收足够的能量，从而使它们得以从价带激发到导带。电子从晶格热运动吸收能量，从价带激发到导带的过程称为本征激发，如图 1-10 所示。

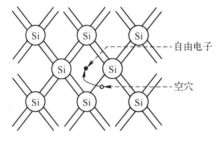

图 1-9 载流子——自由电子与空穴

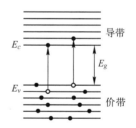

图 1-10 本征激发示意图（$T > 0K$）

由图 1-10 可以看出，$T > 0K$ 时电子填充能带的情况，导带中出现了少量电子，价带中则出现了一些空穴。在外电场作用下，导带上的电子可以进入导带中未被电子填满的较高能级，形成电流，起导电作用。同时，空穴在外电场作用下也能起导电作用。所以，在半导体中，导带的电子和价带的空穴均参与导电。

在图 1-10 中，电子从价带跃迁到导带所需的最低能量就是 $E_c - E_v$，称为禁带宽度 E_g。相比于绝缘体，半导体的禁带宽度比较小，在常温常压下，硅的 E_g 值约为 1.12 eV，锗的 E_g 值为 0.67 eV，而砷化镓的 E_g 值为 1.42 eV。在常温下，半导体中已有不少电子吸收晶格振动能量，激发到导带中去，所以具有一定的导电能力。

本征半导体的载流子是由本征激发产生的，本征激发的特点是每当有一个电子激发到导带，同时在满带中会出现一个空穴，因此本征激发的电子和空穴是成对产生的，导带电子和满带空穴数目总是相等的。如果用 n 表示导带电子浓度，以 p 表示满带空穴浓度，则对本征半导体有：

$$n = p = n_i$$

式中，n_i 为半导体的本征载流子浓度。

1.3　杂质与缺陷

理想的半导体晶体应是十分纯净的，不含任何杂质且晶格中的原子严格按周期性排列。但实际并非如此，半导体材料并不是纯净的，不可避免地存在杂质，很多时候还是人为掺入的；实际的半导体晶格结构也并不是完美无缺的，而存在着各种形式的缺陷。这些杂质和缺陷能够对半导体材料的物理化学性质起到显著的甚至是决定性的作用。

1.3.1　杂质与杂质能级

扫一扫下载
半导体中的
杂质微课

1．替位式杂质、间隙式杂质

除了半导体原材料本身纯度不够高和在半导体器件制备过程中的沾污外，半导体材料中的杂质往往是为了改变其性质而人为掺入的。

以硅为例，如图 1-1（d）所示，其晶体结构属于金刚石结构，一个晶胞内含有 8 个原子。如果近似地把原子看成刚性小球，而且最邻近的原子紧密接触，通过简单的计算可以知道，这 8 个原子只占晶胞总体积的 34%，还有 66% 是空隙。所以，杂质进入半导体后可以存在于晶格原子之间的间隙位置上，称为间隙式杂质；当然，也可以取代晶格原子而位于晶格的格点上，称为替位式杂质。如图 1-11 所示是间隙式杂质和替位式杂质的示意图。间隙式杂质的原子半径一般比较小，如锂离子，进入硅、锗、砷化镓晶体后以间隙式杂质的形式存在。替位式杂质原子的半径和价电子壳层结构与被取代的晶格原子比较相近，如III、V族元素原子，它们在硅、锗晶体中都是替位式杂质。

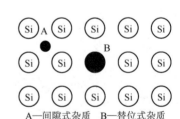

A—间隙式杂质　B—替位式杂质

图 1-11　间隙式杂质和替位式杂质的示意图

2．杂质能级

扫一扫下载
杂质能级
微课

在半导体分立器件和集成电路生产中，最常用的杂质是III、V族元素，它们在硅、锗晶体中以替位式杂质的形式存在。

我们以硅中掺入磷（P）为例，研究 V 族元素杂质的作用。如图 1-12 所示，1 个磷原子占据了硅原子的位置。磷原子有 5 个价电子，其中 4 个价电子与周围的 4 个硅原子形成共价键，还剩余 1 个价电子。磷原子对这个电子的吸引远弱于共价键的束缚，多余的电子只需要

很小的能量 ΔE_D 就轻易挣脱束缚（称为电离）成为能导电的导带电子。ΔE_D 的大小和半导体材料和杂质种类有关，但远小于硅、锗的禁带宽度。剩余的带正电的磷离子被晶格所束缚，不能运动。所以 1 个 V 族杂质原子可以向半导体硅提供 1 个自由电子而本身成为 1 个带正电的离子，通常把这种杂质称为施主杂质，ΔE_D 称为施主杂质电离能。当硅中掺有施主杂质时，主要靠施主提供的电子导电，我们把主要依靠电子导电的半导体称为 N 型半导体。N 型半导体中的电子称为多数载流子，简称多子；而空穴称为少数载流子，简称少子。

　　我们以硅中掺入硼（B）为例，研究Ⅲ族元素杂质的作用。如图 1-13 所示，1 个硼原子占据了硅原子的位置。硼原子有 3 个价电子，当它和周围的 4 个硅原子形成共价键时，还缺少 1 个电子，必须从别处的硅原子中夺取 1 个价电子，于是在硅晶体的共价键中产生了 1 个空穴。硼原子接受 1 个电子后，成为带负电的硼离子。它也是被晶格所束缚，不能运动。硼离子对空穴有引力作用，但是束缚很弱。这个空穴获得很小的能量 ΔE_A 就轻易挣脱束缚成为导电的价带空穴。不同的半导体和不同的受主杂质其 ΔE_A 也不相同，但通常远小于硅、锗的禁带宽度。所以一个Ⅲ族杂质原子可以向半导体硅提供 1 个空穴，而本身接受 1 个电子成为带负电的离子，通常把这种杂质称为受主杂质，ΔE_A 称为受主杂质电离能。当硅中掺有受主杂质时，主要靠受主提供的空穴导电，我们把主要依靠空穴导电的半导体称为 P 型半导体。P 型半导体中的空穴是多子，电子是少子。

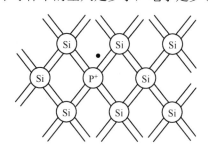

图 1-12　硅中的施主杂质

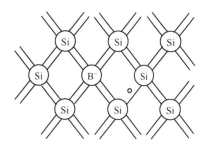

图 1-13　硅中的受主杂质

　　杂质的电离过程可以用能带图 1-14 来表示。掺入施主杂质的半导体，施主能级 E_D 位于比导带底 E_c 低 ΔE_D 的禁带中，且 $\Delta E_D \ll E_g$（磷在硅中的电离能约为 0.04～0.05 eV），被施主杂质束缚的电子能量状态（称为施主能级 E_D）上的电子获得能量 ΔE_D 后挣脱束缚跃迁到导带成为导电电子。由于空穴带正电，所以能带图中能量自上向下是增大的。对于掺入受主杂质的半导体，被受主杂质束缚的空穴能量状态（称为受主能级 E_A）位于比价带顶 E_v 低 ΔE_A 的禁带中，$\Delta E_A \ll E_g$（硼在硅中的电离能约为 0.045～0.065 eV），当受主能级上的空穴得到能量 ΔE_A 后，就挣脱束缚跃迁到价带成为导电空穴。

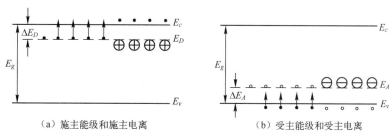

（a）施主能级和施主电离　　　　　　　　（b）受主能级和受主电离

图 1-14　杂质能级和杂质电离

Ⅲ、Ⅴ族元素杂质在硅和锗中的 ΔE_A、ΔE_D 都很小，即施主能级 E_D 距导带底 E_C 很近，受主能级 E_A 距价带顶 E_V 很近，这样的杂质能级称为浅能级，相应的杂质就称为浅能级杂质。在室温下，晶格原子振动的能量会传递给电子，硅、锗中的Ⅲ、Ⅴ族元素杂质几乎全部电离，使半导体材料表现出较强的导电性。

实验表明，除Ⅲ、Ⅴ族杂质在 Si、Ge 禁带中产生浅杂质能级外，掺入的其他各族元素也要在 Si、Ge 禁带中产生能级。但是，非Ⅲ、Ⅴ族元素在 Si、Ge 禁带中产生的施主能级距导带底较远，产生的受主能级距价带顶较远，这种杂质能级称为深能级，对应的杂质称为深能级杂质。深能级杂质可以多次电离，每一次电离相应有一个能级，有的杂质既引入施主能级又引入受主能级。

深能级杂质对于半导体中的载流子浓度和导电类型的影响没有浅能级杂质明显，但对于载流子的复合作用比浅能级杂质强，故这些杂质也称为复合中心，它们引入的能级称为复合中心能级。金是一种很典型的复合中心，在制造高速开关器件时，可掺入金以提高开关速度。

3．杂质的补偿作用

扫一扫下载
杂质的补偿
作用微课

上面讨论的是半导体中分别掺有施主杂质和受主杂质的情况。如果在半导体材料中，同时存在着施主杂质和受主杂质，它们之间具有相互抵消的作用，称为杂质的补偿作用。在能带和杂质能级的基础上，这个问题很容易理解。从根本上来说，补偿的现象是因为导带和施主能级的能量比价带和受主能级高得多。所以，在导带或施主能级上的电子总是要首先去填充那些空的受主或价带能级。

如果用 N_D 表示施主杂质浓度，N_A 表示受主杂质浓度，并假定施主杂质和受主杂质全部电离。对于杂质补偿的单位体积半导体，如果 $N_D > N_A$，施主能级上的电子首先填到 N_A 个受主能级上，还有 $N_D - N_A$ 个电子可以跃迁到导带，半导体是 N 型的，如图 1-15（a）所示。如果 $N_A > N_D$，则全部 N_D 个施主电子都落下去填充受主能级后，受主能级上还有 $N_A - N_D$ 个空穴可以跃迁到价带，半导体是 P 型的，如图 1-15（b）所示。

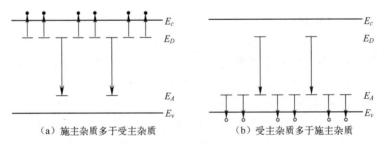

（a）施主杂质多于受主杂质　　　　（b）受主杂质多于施主杂质

图 1-15　能带理论解释杂质补偿现象

在半导体器件和集成电路生产中，通过在 N 型 Si 外延层上特定区域掺入浓度更高的受主杂质，该区域经过杂质补偿作用就成为 P 型区，而在 N 型与 P 型区的交界处就形成了 PN 结。如果再次掺入更高浓度的施主杂质，在二次补偿区域就又由 P 型补偿为 N 型，从而形成双极型器件的 NPN 结构，如图 1-16 所示。很多情况下掺杂过程实际上是杂质补偿过程。杂质补偿过程中如果出现 $N_A \approx N_D$，称为高度补偿或过度补偿，这时施主杂质和受主杂质都不能提供载流子，载流子基本源于本征激发。高度补偿材料质量不佳，不宜用来制造器件和集成电路。

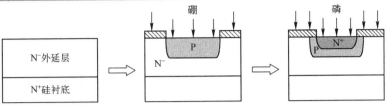

图 1-16　晶体管制造过程中的杂质补偿

1.3.2　缺陷与缺陷能级

扫一扫下载
缺陷与缺陷
能级微课

半导体材料的某些区域，晶格中的原子周期性排列被破坏，就形成了各种缺陷，缺陷一般有点缺陷、线缺陷和面缺陷。

1．点缺陷

一定温度下，晶格原子在平衡位置附近振动，其中某些原子能够获得较大的热运动能量，克服周围原子化学键束缚而挤入晶体原子间的空隙位置，形成间隙原子，原先所处的位置相应地成为空位。例如，硅中的硅间隙原子和空位，如图 1-17 所示。这种间隙原子和空位成对出现的缺陷称为弗仑克尔缺陷。由于原子挤入间隙位置需要较大的能量，所以常常是表面附近的原子 A 和 B 依靠热运动能量运动到外面新的一层格点位置上，而 A 和 B 处的空位由晶体内部原子逐次填充，从而在晶体内部形成空位，而表面则产生新原子层，如图 1-18 所示，结果是晶体内部产生空位但没有间隙原子，这种缺陷称为肖特基缺陷。

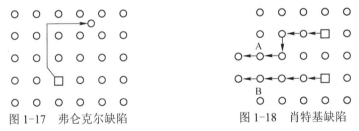

图 1-17　弗仑克尔缺陷　　　　　图 1-18　肖特基缺陷

肖特基缺陷和弗仑克尔缺陷统称点缺陷。它们依靠热运动不断地产生和消失着，在一定的温度下达到动态平衡，使缺陷具有一定的平衡浓度值。虽然这两种点缺陷同时存在，但由于在 Si、Ge 中形成间隙原子一般需要较大的能量，所以肖特基缺陷存在的可能性远比弗仑克尔缺陷大，因此 Si、Ge 中主要的点缺陷是空位。在 Si、Ge 中存在的空位中，最邻近有 4 个原子，每个原子各有 1 个不成对的价电子，成为不饱和的共价键，这些键倾向于接受电子，因此空位表现出受主作用；而每个间隙原子有 4 个未形成共价键的价电子，倾向于失去电子，表现出施主作用。

2．线缺陷

晶体中的另一种缺陷是位错，它是一种线缺陷，对半导体材料和器件的性能也会产生很大的影响。半导体单晶制备和器件生产的许多步骤都在高温下进行，因而在晶体中会产生一定的应力。在应力作用下晶体的一部分原子相对于另一部分原子会沿着某一晶面发生移动，这种相对移动称为滑移。实验表明，滑移运动所需应力并不大，因为参加滑移的所有原子并非整体同时进行相对移动，而是左端原子先发生移动推动相邻原子使其发生移动，然后再逐

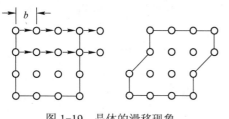

图 1-19　晶体的滑移现象

次推动右端的原子，最终是上下两部分原子整体相对滑移了一个原子间距 b，如图 1-19 所示。这时虽然在晶体两侧表面产生小台阶，但由于内部原子都相对移动了一个原子间距，因此晶体内部原子的相互排列位置并没有发生畸变。

位错的实际情况相当复杂，不再深入讨论。由位错引入禁带的能级也十分复杂。实验表明，位错的能级都是深受主能级。

3．面缺陷

半导体中还存在因原子排列次序的错乱而形成的一种面缺陷，称为层错。硅晶体中常见的层错有外延层错和热氧化层错，这里不再详细论述。

实验 1　晶体缺陷的观测

1．实验目的

（1）掌握硅单晶片研磨、热处理、化学抛光和化学腐蚀的操作方法。
（2）学会在金相显微镜下观测硅单晶中的位错或点缺陷。

2．实验内容

在硅单晶（选[111]晶向）片上通过研磨、热处理、化学抛光和化学腐蚀的方法显示晶体缺陷。首先用"非择优腐蚀剂"进行表面化学抛光；然后用"择优腐蚀剂"进行化学腐蚀来揭示晶体缺陷。在金相显微镜下观测硅晶体位错或点缺陷的腐蚀坑，根据显示的腐蚀坑数目来计算缺陷密度。

3．实验原理

（1）常用的"非择优腐蚀剂"为：

$$HF (40\%{\sim}42\%) : HNO_3 (65\%) = 1 : 2.5$$

非择优腐蚀剂主要用于硅片表面化学抛光，以达到表面清洁处理，去除机械损伤层，获得光亮表面的目的。其反应原理为：

$$Si + 4HNO_3 + 6HF = H_2SiF_6 + 4NO_2 \uparrow + 4 H_2O$$

（2）常用的"择优腐蚀剂"为：

标准液：HF (40%～42 %) = 3：1　慢速液
标准液：HF (40%～42 %) = 2：1　中速液
标准液：HF (40%～42 %) = 1：1　中速液
标准液：HF (40%～42 %) = 1：2　快速液

择优腐蚀剂用来揭示缺陷（其中标准液为 $CrO_3 : H_2O = 1 : 2$ 质量比），一般来说腐

蚀速度越快，择优性越差。在常温（20℃）下选 1：1 的中速液。则反应原理为：

$$Si + CrO_3 + 8HF = H_2SiF_6 + CrF_2 + 3H_2O$$

硅晶体中位错或点缺陷附近的晶格发生畸变，不稳定。位错或漩涡缺陷在硅片表面露头处周围，腐蚀速度比较快，从而形成缺陷腐蚀坑（如图 1-20 所示）。腐蚀坑的数目可在金相显微镜中数出，单位面积内腐蚀坑的数目称为缺陷密度。

三角坑是因为硅单晶[111]中容易显露出来的结果。

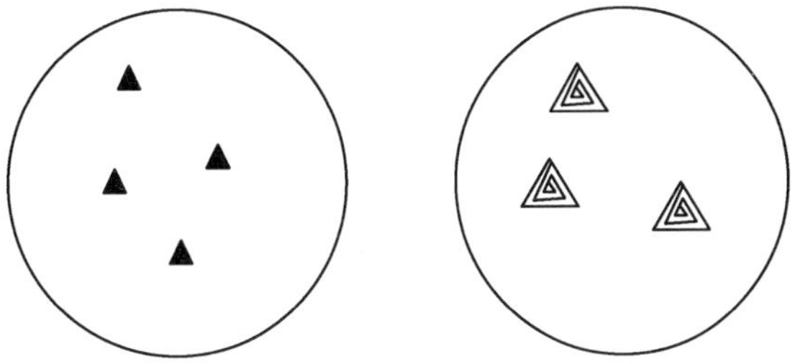

4. 实验方法

（1）用 14μ 刚玉细砂在玻璃板上研磨硅片 30～40 分钟。

（2）在 ZKL-1F 型石英管扩散炉中对硅片进行退火处理 1 小时。

（a）棱形位错　　　　（b）螺形位错

图 1-20　硅单晶[111]中的棱形位错和螺形位错示意图

（3）带上乳胶手套，在通风橱中用量筒、烧杯配适当量的"非择优腐蚀剂"，将硅片放入其中进行抛光，时间大约为 3～4 分钟，以试剂变成棕黄色并冒烟为准。迅速将硅片放入清水中洗净。

（4）带上乳胶手套，在通风橱中用量筒、烧杯配适当量的"择优腐蚀剂"，将硅片放入其中进行化学腐蚀，时间大约为 20～30 分钟，以硅片与试剂出现比较剧烈的反应现象并冒出大量气泡为准。迅速将硅片放入清水中洗净。

（5）在金相显微镜下观测硅晶体位错或点缺陷的腐蚀坑，至少找出几个区域显示的腐蚀坑数目在 4 个以上的来分别计算缺陷密度 σ_s，并将所选的这几个区域的显微图片画出来。计算方法为：

$$\sigma_s = \frac{N}{S}$$

1.4　热平衡载流子

在一定温度下，如果没有其他外界作用，半导体依靠本征激发产生载流子，即电子获得晶格振动能量从价带跃迁到导带，形成导带电子和价带空穴。除本征激发外，电子和空穴还可以通过杂质电离的方式产生，当电子从施主能级跃迁到导带时产生导带电子；当电子从价带激发到受主能级时产生价带空穴。然而，在导电电子和空穴产生的同时，还存在与之相反的过程，即电子也可以从高能量的量子态跃迁到低能量的量子态，并向晶格放出一定的能量，从而使导带中的电子和价带中的空穴不断减少，这一过程称为载流子的复合。显然，产生过程使半导体的载流子数量增加，而复合过程使半导体中的载流子数量减少。在一定温度下，载流子产生和复合的过程建立起动态平衡，即单位时间内产生的电子-空穴对数量等于复合掉的电子-空穴对数量，称为热平衡状态。这时，半导体中的导电电

子浓度和空穴浓度都保持在一个稳定的数值。处于热平衡状态下的导电电子和空穴称为热平衡载流子。

半导体的导电能力与载流子的浓度密切相关，而半导体中的载流子浓度随温度剧烈而变化。因此，解决如何计算一定温度下半导体中热平衡载流子的浓度是一个关键的问题。

1.4.1 费米能级与载流子浓度

扫一扫下载费米能级的基本概念微课

1. 费米能级的基本概念

费米能级是电子统计规律的一个基本概念，下面讨论一下这一概念的物理实质到底是什么。

从能带的观点来看，在半导体中掺入杂质就是在其能带里放入一些电子或拿走一些电子的手段。图 1-21 画出了 5 种不同掺杂情况的能带图，这 5 种情况反映了电子填充能带的"水平"存在着高低。不掺杂的"本征半导体"，电子和空穴数目相等。掺进受主杂质其效果等于从能带里拿走电子，每掺进一个受主杂质，就使电子少一个。

从图上看到，重掺杂 P 型，从价带拿走的电子最多，留下较多的空穴。轻掺杂 P 型，从价带拿走的电子较少，留下较少的空穴。向半导体掺进施主杂质，等于向能带里放进电子。轻掺杂 N 型，电子比本征半导体的情况多，多余电子填进了导带。重掺杂 N 型，填充到导带的电子也就更多了。这 5 种情况的载流子浓度，直接反映了从重掺杂 P 型到重掺杂 N 型，电子填充能带的水平由低到高。

在图 1-21 上注明 E_F 的各条横线，就是在各种掺杂情况下的费米能级。从图上看到，从重掺杂 P 型到重掺杂 N 型，费米能级越来越高，填进能带的电子越来越多。所以，费米能级就是用来表达电子填充能带水平高低的一个概念。费米能级描述的是一个能量的高低，习惯用 E_F 来表示。但是它和量子能级不同，它并不代表什么电子的量子态，而只是反映电子填充能带情况的一个参数。对于本征半导体，费米能级大致在禁带的中央；对于 P 型半导体，其费米能级比较靠近价带；对于 N 型半导体，费米能级比较靠近导带。而且，掺杂浓度越高，费米能级离导带或价带越近。也就是说，费米能级还能反映掺杂浓度的高低。

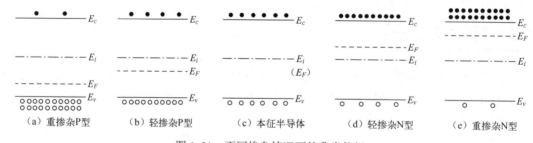

图 1-21　不同掺杂情况下的费米能级

2. 费米分布函数

在一定的温度下，处于热平衡状态的电子在各量子态上的电子数量服从确定的统计规律，这个规律称为费米分布函数，即：

扫一扫下载费米分布函数微课

$$f(E) = \frac{1}{1 + \exp\left(\dfrac{E - E_F}{kT}\right)} \qquad (1\text{-}1)$$

式中，E_F 为费米能级；k 为玻耳兹曼常数；T 为热力学温度。

式（1-1）表明，一定温度下，一个能级被电子占据的几率是这个能级的能量 E 的函数。为了更好地理解费米分布函数，下面从两个侧面说明 $f(E)$ 的一些基本特征。

1）E_F 是基本上填满和基本上空的能级的分界线

在式（1-1）中，取 $E = E_F$，得到：

$$f(E) = \frac{1}{2}$$

这说明，能量正好等于 E_F 的能级，恰好被电子填到半满。

对于能量大于和小于 E_F 的能级，从式（1-1）可以得到，只要 E 比 E_F 高出几个 kT（室温下 $1kT = 0.026$ eV），分母中的指数函数就比 1 大很多，致使 $f(E) \approx 0$。同理，只要 E 比 E_F 低几个 kT，分母中的指数函数就将远远小于 1，致使 $f(E) \approx 1$。

例如，看一下比费米能级高或低 $3kT$ 的能级的电子占据的几率。

当 $E - E_F = 3kT$ 时，$f(E) = 4.8\%$

当 $E - E_F = -3kT$ 时，$f(E) = 95\%$

从这个分析就可以知道，E_F 是基本上填满和基本上空的能级的分界线，E_F 以上的能级基本上是空的，E_F 以下的能级基本上被电子所占据。而当能级的能量等于费米能级时，该能级被电子占据的几率是 50%。

2）导带和价带中的载流子

E_F 以上的能级基本上是空的，E_F 以下的能级基本上是满的，将这个结论用于半导体的导带和价带时，需要有正确的理解。除了掺杂浓度特别高的情况外，E_F 是在半导体的禁带中，而导带的能级都在 E_F 之上，价带的能级都在 E_F 之下（这种半导体称为非简并半导体）。所以，导带能级属于"基本上空"的状况，而价带能级则属于"基本上满"的状况。但是，这丝毫不表明，导带没有电子或电子数目很少，价带没有空穴或空穴很少，因为导带和价带中能级数量都是十分大的。以导带为例，说它"基本上空"是指导带能级中只有很小的比例有电子，但因为能级总数很大，所以电子的总数并不一定很小，而是可以很大。

通常掺杂浓度不太高的半导体称为非简并半导体。由于掺杂浓度不太高，其费米能级离导带底或价带顶不会很近。所以对于非简并半导体的导带来说，有 $E - E_F \gg kT$，则导带能级被电子占据的几率为：

$$f(E) = \frac{1}{1 + \exp\left(\dfrac{E - E_F}{kT}\right)} \approx \exp\left(-\frac{E - E_F}{kT}\right) \qquad (1\text{-}2)$$

由这个结果看到，在导带中电子占据的几率是随着 E 的升高，按指数函数迅速下降。这就是说，从导带底往上，越高的能级中电子越稀少，即导带电子是集中于导带底附近的。

对于非简并半导体的价带来说，有 $E_F - E \gg kT$。而一个能级，不是被电子占据就是空的，所以价带能级被空穴占据的几率为：

$$1 - f(E) = \frac{\exp\left(\dfrac{E - E_F}{kT}\right)}{1 + \exp\left(\dfrac{E - E_F}{kT}\right)} \approx \exp\left(\frac{E - E_F}{kT}\right) \qquad (1\text{-}3)$$

这个结果表明，价带中空穴占据的几率是随 E 的下降按指数函数迅速下降的，也就是说，从价带顶往下，能级越低空穴越稀少，即价带空穴主要集中在价带顶的附近。

式（1-2）和式（1-3）称为玻耳兹曼分布函数。非简并半导体遵循玻耳兹曼分布。

3．载流子浓度

扫一扫下载热平衡载流子浓度微课

以平衡态非简并半导体为例，要计算半导体中的导带电子浓度，先要知道导带电子的状态密度 $\dfrac{\mathrm{d}N(E)}{\mathrm{d}E}$，也就是单位体积半导体的导带中 $E \sim E + \mathrm{d}E$ 能量间隔内有多少个量子态，电子状态密度再和电子的分布函数相乘，就得到 $\mathrm{d}E$ 区间内的电子浓度，然后再由导带底至导带顶积分就得到整个导带的电子浓度。

可以证明，电子状态密度表达式为：

$$\frac{\mathrm{d}N(E)}{\mathrm{d}E} = \frac{4\pi(2m_n^*)^{3/2}}{h^3}(E - E_c)^{1/2}$$

式中，h 为普朗克常数；m_n^* 为电子的有效质量。

导带电子浓度为：

$$n = \int_{E_c}^{E_c'} \frac{\mathrm{d}N(E)}{\mathrm{d}E}f(E)\mathrm{d}E = \int_{E_c}^{E_c'} \frac{4\pi(2m_n^*)^{3/2}}{h^3}(E - E_c)^{1/2}\exp\left(-\frac{E - E_F}{kT}\right)\mathrm{d}E$$

式中，E_c' 为导带顶的能量。

将上式积分可得：

$$n = N_C \exp\left(-\frac{E_c - E_F}{kT}\right) \qquad (1\text{-}4)$$

其中：

$$N_C = \frac{2(2\pi m_n^* kT)^{3/2}}{h^3}$$

称为导带有效状态密度。

用类似的方法可以求出价带空穴浓度：

$$p = N_V \exp\left(\frac{E_v - E_F}{kT}\right) \qquad (1\text{-}5)$$

其中：

$$N_V = \frac{2(2\pi m_p^* kT)^{3/2}}{h^3}$$

称为价带有效状态密度。

式中，m_p^* 为空穴的有效质量。

式（1-4）和式（1-5）就是非简并半导体的导电电子浓度和价带空穴浓度的表达式。可以看出，n 和 p 随着温度 T 和费米能级 E_F 的不同而变化。其中温度的影响，一方面来源于 N_V

和 N_C；另一方面也是更主要的来源，是由于玻耳兹曼分布函数中的指数随温度迅速变化。另外，费米能级也与温度及半导体中所含杂质情况有关。因此，在一定温度下，由于半导体中所含杂质的类型和数量的不同，电子浓度 n 和空穴浓度 p 也将随之而变化。

1.4.2 本征半导体的载流子浓度

扫一扫下载
本征半导体
的载流子浓
度微课

　　本征半导体就是没有杂质和缺陷的半导体，在绝对零度时，价带中的全部量子态都被电子填满，而导带中的量子态都是空的。当半导体的温度大于绝对零度时，就有电子获得晶格振动能量从价带激发到导带去，同时价带中产生空穴，这就是本征激发。由于电子和空穴成对出现，导电电子浓度和价带空穴浓度相等，即有：

$$n = p \tag{1-6}$$

将式（1-4）、式（1-5）代入式（1-6）得：

$$N_C \exp\left(-\frac{E_c - E_F}{kT}\right) = N_V \exp\left(\frac{E_v - E_F}{kT}\right)$$

解得：

$$E_F = \frac{E_c + E_v}{2} + \frac{kT}{2}\ln\frac{N_V}{N_C}$$

解出的 E_F 是本征半导体的费米能级，我们把它特别地称为 E_i，即：

$$E_i = \frac{E_c + E_v}{2} + \frac{kT}{2}\ln\frac{N_V}{N_C} \tag{1-7}$$

　　一般来说，等式右边的第二项远小于第一项，可以忽略，所以本征费米能级 E_i 基本上是在禁带中线处，参见图 1-21（c）。

　　将式（1-7）代入式（1-4）或式（1-5），得到本征载流子浓度 n_i：

$$n_i = n = p = (N_C N_V)^{1/2} \exp\left(-\frac{E_g}{2kT}\right) \tag{1-8}$$

其中，$E_g = E_c - E_v$ 为禁带宽度。从式（1-8）容易看出，一定的半导体材料，其本征载流子浓度 n_i 随温度的升高而按指数迅速增加；不同材料的半导体在同一温度下，禁带宽度越小，本征载流子浓度越大。

　　将式（1-4）和式（1-5）相乘，并与式（1-8）比较可得重要的关系式：

$$np = n_i^2 \tag{1-9}$$

式（1-9）是在本征半导体的条件下求得，对非简并半导体同样适用。含义是：在一定温度下，其热平衡载流子浓度的乘积等于该温度下的本征半导体的载流子浓度的平方，与所含杂质无关。这样，如果已知 n_i 和一种载流子浓度，就能求出另一种载流子浓度。

　　表 1-1 列举了 300K 时，锗、硅、砷化镓的禁带宽度、有效状态密度及载流子浓度值，可作为参考。

表 1-1　300K 下几种半导体材料的参数

参　数	E_g / eV	N_C / cm^{-3}	N_V / cm^{-3}	n_i / cm^{-3}（计算值）	n_i / cm^{-3}（测量值）
Ge	0.67	1.05×10^{19}	5.7×10^{18}	2.0×10^{13}	2.4×10^{13}
Si	1.12	2.8×10^{19}	1.1×10^{19}	7.8×10^{9}	1.5×10^{10}
GaAs	1.43	4.5×10^{17}	8.1×10^{18}	2.3×10^{6}	1.1×10^{7}

1.4.3　杂质半导体的载流子浓度

实际应用的半导体材料，大多数都掺入了一定含量的杂质。因此，杂质半导体中的载流子的统计分布是很重要的。

扫一扫下载杂质半导体的载流子浓度微课

1．N 型半导体

一般来说，杂质半导体掺入的杂质浓度远远大于本征激发的载流子浓度，而且可以认为室温下杂质全部电离。这样，对于 N 型半导体，施主能级上的电子全部激发到导带上去，成为导带电子的主要来源，本征激发引起的导带电子数目可以忽略。于是可以近似地认为，导带电子浓度就等于施主杂质浓度：

$$n = N_D$$

式中，N_D 为施主杂质浓度。

本征激发产生的导带电子可以忽略，但同时必然会在价带中留下少量的空穴，其浓度可由式（1-9）求出：

$$p = \frac{n_i^2}{n} = \frac{n_i^2}{N_D} \tag{1-10}$$

2．P 型半导体

对于 P 型半导体，受主能级上的空穴基本上全部激发到价带上去，成为价带空穴的主要来源，本征激发产生的价带空穴与之相比可以忽略。因此，价带空穴浓度为：

$$p = N_A$$

式中，N_A 为受主杂质浓度。

利用式（1-9）同样可以求出 P 型半导体中的少子——电子的浓度：

$$n = \frac{n_i^2}{p} = \frac{n_i^2}{N_A} \tag{1-11}$$

从上述内容可以看出，只含一种杂质的半导体，多子浓度和掺杂浓度近似相等。而由于 N_D（或 N_A）$\gg n_i$，所以少子浓度远远小于本征载流子浓度 n_i。

3．杂质补偿半导体

前面我们讲到，在同时含有施主杂质和受主杂质的半导体中，由于受主能级比施主能级低得多，施主能级上的电子首先要去填充受主能级，使施主向导带提供电子的能力和受主向价带提供空穴的能力因相互抵消而减弱，这种现象称为杂质补偿。

在 $N_D > N_A$ 的半导体中，考虑到杂质补偿作用，导带电子浓度为：

$$n = N_D - N_A$$

价带空穴浓度为：

$$p = \frac{n_i^2}{n} = \frac{n_i^2}{N_D - N_A}$$

同样，对于 $N_A > N_D$ 的半导体，有：

$$p = N_A - N_D$$

$$n = \frac{n_i^2}{N_A - N_D}$$

4. 杂质半导体载流子浓度的表达式

为了处理方便，杂质半导体载流子浓度的具体表达式可利用本征激发时 $n = p = n_i$ 以及 $E_i = E_F$ 的关系代入到式（1-4）中，解得：

$$N_C = n_i \exp\left(\frac{E_c - E_i}{kT}\right)$$

再代回到式（1-4）可得：

$$n = n_i \exp\left(\frac{E_F - E_i}{kT}\right) \tag{1-12}$$

同理可得：

$$p = n_i \exp\left(\frac{E_i - E_F}{kT}\right) \tag{1-13}$$

1.5 非平衡载流子

1.5.1 非平衡载流子的注入

在上一节介绍了热平衡的概念，然而半导体的热平衡状态是相对的、有条件的。如果对半导体施加外加作用，破坏了热平衡

扫一扫下载
非平衡载流
子的注入微
课

状态的条件，就迫使它处于与热平衡状态相偏离的状态，称为非平衡状态。处于非平衡状态的半导体，其载流子浓度将比平衡状态时多，多出来的这部分载流子称为非平衡载流子。

例如，在一定温度下，一块 N 型半导体处于平衡状态，电子和空穴浓度分别为 n_0 和 p_0，且 $n_0 > p_0$。当用适当波长的光照射该半导体时，只要光子的能量大于该半导体的禁带宽度，那么光子就能把价带电子激发到导带上去，产生电子-空穴对，使导带比平衡时多出一部分电子 Δn，价带比平衡时多出一部分空穴 Δp，这里的 Δn 和 Δp 是非平衡载流子浓度，而且 $\Delta n = \Delta p$。对于 N 型半导体，把非平衡电子称为非平衡多数载流子，而把非平衡空穴称为非平衡少数载流子，对于 P 型半导体则相反。在这个例子中，用光照使得半导体内部产生非平衡载流子的方法，称为非平衡载流子的光注入。

要破坏半导体的平衡态，对它施加的外部作用可以是光的，也可以是电的或其他能量传递的方式。最常用的是用电的方法，称为非平衡载流子的电注入。例如，PN 结正向工作时，就是常

见的电注入。当金属探针与半导体接触时，也是用电的方法注入非平衡载流子。

一般情况下，注入的非平衡载流子浓度比平衡时的多数载流子浓度小得多。对于 N 型半导体，若 Δn 和 Δp 远小于 n_0，则把满足这个条件的注入称为小注入。例如，电阻率为 $1\,\Omega\cdot cm$ 的 N 型硅中，$n_0 \approx 5.5\times10^{15}\,cm^{-3}$，$p_0 \approx 3.1\times10^{4}\,cm^{-3}$，若注入非平衡载流子浓度为 $\Delta n = \Delta p = 10^{10}\,cm^{-3}$，$\Delta n$ 远小于 n_0，是小注入。但是我们应该注意到，Δp 几乎是 p_0 的 10^6 倍，远大于 p_0。这个例子说明，即使在小注入的情况下，非平衡少数载流子浓度还是可以比平衡少数载流子浓度大得多，它的影响就显得十分重要了，而相对来说非平衡多数载流子的影响则可以忽略。所以实际上往往是非平衡少数载流子起着重要作用，因此通常说的非平衡载流子都是指非平衡少数载流子。

1.5.2　非平衡载流子的复合

扫一扫下载非平衡载流子的复合微课

在前面已经指出，热平衡并不是一种静止的状态。拿半导体中的载流子来说，任何时候电子和空穴总是在不断地产生和复合，只不过在热平衡的状态，产生和复合处于动态的平衡而已。即每秒钟产生的电子和空穴数目与复合掉的数目相等，从而保持电子和空穴浓度稳定不变。

在非平衡的情形下，产生和复合之间的相对平衡就被打破了。由于多余的非平衡载流子的存在，电子和空穴的数目比热平衡时增多了，它们在热运动中相互遭遇而复合的机会也将成比例地增加，因此，这时复合将要超过产生而造成一定的净复合，即：

$$净复合 = 复合 - 产生$$

正是这种净复合的作用控制着非平衡载流子数目的增减。例如，在一定外加作用下（如 PN 结加偏压、光照射等），产生了一定数目的非平衡载流子，当去掉外界作用后，正是由于这种净复合的作用，使非平衡载流子逐渐减少，以致最后消失，半导体又回到平衡状态。这一节所要讨论的非平衡载流子的复合，就是指这种净复合作用。

实验证明，在只存在体内复合的简单情况下，如果非平衡载流子的数目不太大，则单位时间内，由于复合引起的非平衡载流子浓度的减少率 $-\dfrac{d\Delta p}{dt}$ 与它们的浓度 Δp 成正比：

$$-\frac{d\Delta p}{dt} \propto \Delta p$$

引入比例系数 $\dfrac{1}{\tau}$，则可写成等式：

$$-\frac{d\Delta p}{dt} = \frac{\Delta p}{\tau}$$

由上式可以看出，$\dfrac{1}{\tau}$ 表示单位时间内复合掉的非平衡载流子在现存的载流子中所占的比例，也就是单位时间内每个非平衡载流子被复合掉的几率。$-\dfrac{d\Delta p}{dt}$ 是单位时间单位体积内的复合掉的载流子数目，因此 $\dfrac{\Delta p}{\tau}$ 就是非平衡载流子的净复合率。

求解可得：

$$\Delta p(t) = (\Delta p)_0 \exp\left(-\frac{t}{\tau}\right) \tag{1-14}$$

式中　Δp_0 是 $t = 0$（外界作用撤除）时的载流子浓度。

式（1-14）表明，非平衡载流子的浓度随时间按指数规律衰减，如图 1-22 所示。

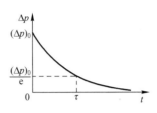

当 $t = \tau$ 时，则 $\Delta p(t) = \dfrac{(\Delta p)_0}{e}$，所以 τ 是非平衡载流子浓度减小到原来的 $\dfrac{1}{e}$ 所经历的时间时间常数。τ 越大，Δp 衰减得越慢。进一步计算表明，τ 是非平衡载流子平均生存的时间，称为非平衡载流子的寿命。

图 1-22　非平衡载流子随时间的衰减曲线

非平衡载流子寿命是标志半导体材料质量的主要参数之一。依据半导体材料的种类、纯度、结构完整性的不同，寿命在 $10^{-9} \sim 10^{-2}$ s 的范围内变化。一般来说，锗比硅容易获得较高的寿命，制造晶体管的锗材料，寿命在几十毫秒到二百多毫秒；硅材料的寿命也达到几十毫秒；而砷化镓的寿命要短得多，约为 $10^{-9} \sim 10^{-8}$ s 或更低。

实验 2　高频光电导衰减法测量硅中少子寿命

半导体中的非平衡少数载流子寿命是与半导体中重金属含量、晶体结构完整性直接有关的物理量。它对半导体太阳电池的换能效率、半导体探测器的探测率和发光二极管的发光效率等都有影响。因此，掌握半导体中少数载流子寿命的测量方法是十分必要的。

1. 实验目的

（1）掌握用高频光电导衰减法测量硅单晶中少数载流子寿命的原理和方法。
（2）加深对少数载流子寿命及其与样品其他物理参数关系的理解。

2. 实验内容

在光照作用下硅材料中产生非平衡载流子，去掉光照后，随着复合的进行电导率发生变化，测得硅材料的 $\Delta V\text{--}t$ 曲线，可得到硅材料的寿命。

3. 实验原理

当能量大于半导体禁带宽度的光照射样品时，在样品中激发产生非平衡电子和空穴。若样品中没有明显的陷阱效应，那么非平衡电子（Δn）和空穴（Δp）的浓度相等，它们的寿命也就相同。样品电导率的增加与少子浓度的关系为：

$$\Delta \sigma = q \mu_p \Delta p + q \mu_n \Delta n$$

式中，q 为电子电荷；μ_p 为空穴的迁移率；μ_n 为电子的迁移率。

当去掉光照，少子密度将按指数衰减，即：

$$\Delta p \propto \exp\left(-\frac{t}{\tau}\right)$$

式中，τ 为少子寿命，表示光照消失后，非平衡少子在复合前平均存在的时间。因此导致电导率：

$$\Delta\sigma \propto \exp\left(-\frac{t}{\tau}\right)$$

也按指数规律衰减。单晶寿命测试仪正是根据这一原理工作的。

图 1-23 所示为高频光电导测量装置示意图。

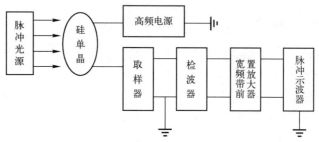

图 1-23　高频光电导测量装置示意图

设备主要由光学和电学两大部分组成。光学系统主要是脉冲光源系统，电学系统主要有 30MHz 的高频电源（送出等幅的 30MHz 正弦波）、宽频带前置放大器以及显示测试信号的脉冲示波器等。测量要求高频电源内阻小且恒压，放大系统灵敏度高、线性好，示波器要有一标准的时间基线。

高频电源（石英谐振器，振荡频率为 30MHz）提供的高频电流流经被测样品，当红外光源的脉冲光照射样品时，单晶体内产生的非平衡光生载流子使样品产生附加光电导，从而导致样品电阻的减小。由于高频电源为恒压输出，因此流经样品的高频电流幅值增加ΔI，光照消失后，ΔI 逐渐衰减，其衰减速度取决于光生载流子在晶体内存在的平均时间，即寿命。在小注入条件下，当光照区复合为主要因素时，ΔI 将按指数规律衰减，此时取样器上产生的电压变化ΔV也按同样的规律变化，即：

$$\Delta V = (\Delta V)_0 \exp\left(-\frac{t}{\tau}\right)$$

此调幅高频信号经检波器解调和高频滤波，再经宽频带前置放大器放大后输入到脉冲示波器，在示波器上可显示如图 1-24 所示的指数衰减曲线，由此曲线就可获得寿命值。

4. 实验方法

本实验使用 DSY-II 单晶少子寿命测试仪测量硅单晶的少子寿命，如图 1-25 所示为仪器面板示意图。

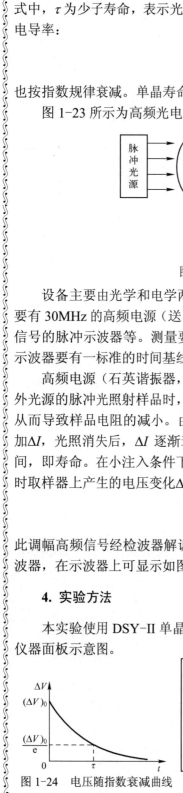

图 1-24　电压随指数衰减曲线

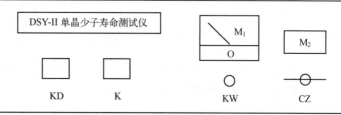

图 1-25　仪器面板示意图

1）面板上仪表及控制部件的使用

KD：开关及指示灯。

K：控制脉冲发生电路电源的通断。

KW：外光源主电源的电压调整电位器，顺时针旋转则电压调高。

（注意：光源为 F71 型 $1.09\mu m$ 红外光源，闪光频率为 20～30 次/秒，脉宽为 $60\mu s$。如在 7V 以上电压使用，应尽量缩短工作时间）不连续工作时，要注意把旋钮逆时针旋到底。

CZ：信号输出高频插座，用高频电缆将此插座输出的信号送至示波器观察。

M_1：红外光源主电源电压表，指示红外发光管工作电压的大小。

M_2：磁环取样检波电压表，指示输出信号的大小。

2）操作程序

（1）接上电源线以及用高频连接线将 CZ 与示波器 Y 输入端接通，开启示波器。

（2）将清洁处理后的样品置于电极上面，为提高灵敏度，请在电极上涂抹一点自来水（注意：涂抹的自来水不可过多，以免水流入光照孔）。

（3）开启总电源 KD，预热 15 分钟，按下开关 K 接通脉冲电路电源，旋转 KW，适当调高电压。关机时，要先把开关 K 按起关闭。

（4）调整示波器电平及释抑时间，使其内同步 Y 轴衰减 X 轴扫描速度及曲线的上下左右位置，使仪器输出的指数衰减光电导信号波形稳定下来。

3）光电导信号衰减波形

如果光电导信号衰减波形部分偏离指数曲线，如图 1-26 所示，则应进行如下处理。

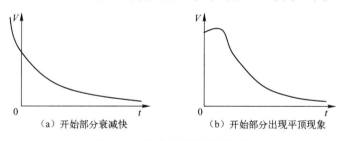

图 1-26　光电导信号衰减波形

（1）如图 1-26（a）所示，如果波形开始部分衰减较快，则用波形较后部分测量，即去除表面复合引起的高次模部分读数。

（2）如图 1-26（b）所示，如果波形开始部分出现平顶现象，则说明信号太强，应减弱光强，在小信号下进行测量。

（3）为保证测试准确性，满足小注入条件，即在可读数的前提下，示波器尽量使用大的倍率，光源电压尽量地调小。

注意：由于红外发光管价格昂贵，停止使用后，应立即切断电源，逆时针将光强调节电位器 KW 调到底，再关掉开关 K。

4）示波器上寿命值的读取

由于表面复合及光照不均匀等因素的影响，衰减曲线在开始的一小部分可能不是呈现指数衰减形式，选取指数衰减部分的读数。

设示波器荧光屏上最大信号为 n 格（如图 1-27 所示，1 格为 1cm，图中为 4 格），在衰减曲线上获得纵坐标为 $\dfrac{n}{e} = \dfrac{n}{2.718} = 1.47$ 格对应的 x 值（横坐标 2.7 格）。若水平扫描时间为 t，则寿命：

$$\tau = \text{横坐标（格数）} \times t$$

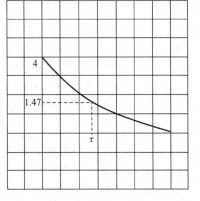

图 1-27　示波器荧光屏信号

1.5.3　复合机制

扫一扫下载
复合机制
微课

非平衡少子寿命 τ 的数值大小由什么决定呢？要回答这样的问题，就需要进一步研究非平衡载流子是怎样复合的。按复合过程中载流子跃迁方式的不同分为直接复合和间接复合。直接复合是电子在导带和价带之间的直接跃迁而引起电子–空穴的消失。间接复合指电子和空穴通过禁带中的能级（称为复合中心）进行的复合。按复合发生的部位分为体内复合和表面复合。伴随复合载流子的多余能量要予以释放，其方式包括发射光子（有发光现象）、把多余能量传递给晶格或者把多余能量交给其他载流子（称为俄歇复合）。

1．直接复合

直接复合就是单位体积中每个电子在单位时间里都有一定的几率和空穴相遇而复合。如图 1-28 所示，从能带角度讲，就是导带电子直接落入价带与空穴复合，同时还存在着上述过程的逆过程，即价带电子也有一定的几率跃迁到导带中去，产生一对电子和空穴。

在直接复合的理论框架下，通过计算可求得室温时本征锗的寿命为 0.3s，本征硅的寿命为 3.5s。然而，实际上锗和硅的寿命比上述数据要短得多。这个事实说明，锗和硅的寿命主要还不是由直接复合过程决定的。一定有另外的复合机制起着主要作用，决定着材料的寿命，这就是下面要讨论的间接复合。

2．间接复合

载流子的另一种复合机制是间接复合。如前所述，杂质和缺陷在半导体禁带中形成能级，它们不但影响半导体导电性能，还可以促进非平衡载流子的复合而影响其寿命，通常把具有促进复合作用的杂质和缺陷称为复合中心。实验表明半导体中杂质和缺陷越多，非平衡载流子复合得越快，载流子寿命就越短。复合中心的存在使电子–空穴的复合可以分为两个步骤，首先是导带电子落入复合中心能级，然后再落入价带与空穴复合，而复合中心被腾空后又可以继续进行上述过程，当然相反的逆过程也同时存在。

当只存在一个复合中心能级 E_t 时，相对于 E_t 存在如图 1-29 所示的 4 个过程：

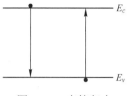

图 1-28 直接复合

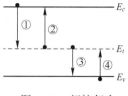

图 1-29 间接复合

① 复合中心能级 E_t 从导带俘获电子；
② 复合中心能级 E_t 上的电子激发到导带；
③ 复合中心能级 E_t 上的电子落入价带与空穴复合；
④ 价带电子被激发到复合中心能级 E_t。

这 4 个过程中①和②互为逆过程，③和④也互为逆过程。

实验证明：在锗中，锰（Mn）、铁（Fe）、钴（Co）、金（Au）、铜（Cu）、镍（Ni）等可以形成复合中心；在硅中，金（Au）、铜（Cu）、铁（Fe）、锰（Mn）、铟（In）等可以形成复合中心。

3．表面复合

以上讨论的复合过程都发生在半导体的体内。可以想象，载流子的类似活动也会发生在半导体的表面，表面复合就是指半导体表面发生的复合过程，它和体内的复合有较大不同。例如，经过吹砂处理或用金刚砂粗磨的样品，其载流子的寿命很短；而细磨后再经过化学腐蚀的样品，其载流子的寿命要长得多。实验还表明，对于同样的表面情况，样品越小，寿命越短，可见，半导体表面确实有促进复合的作用。事实上，晶格结构在表面出现的不连续性在禁带中引入了大量的能量状态，这些能量状态称为表面态；除表面态外，还存在着由于紧贴表面的层内的吸附离子、分子或机械损伤等所造成的其他缺陷。它们在禁带形成复合中心能级，大大增加了表面区域的载流子的复合率。

表面复合具有重要的实际意义。任何半导体器件总有表面，较高的表面复合速度，会使更多的注入的非平衡少数载流子在表面复合消失，以致严重地影响器件的性能。因而在绝大多数器件生产中，总是希望获得良好而稳定的表面，以尽量降低表面复合速度，从而改进器件的性能。

综上所述，非平衡载流子的寿命值，不仅与材料种类有关，而且与杂质原子的出现有关，特别是锗、硅中的深能级杂质，能形成复合中心，使寿命降低。同时，半导体的表面状态对寿命也有显著的影响。另外，晶体中位错等缺陷，也能形成复合中心能级。因而严重地影响少数载流子的寿命。在制造器件的过程中，由于高温处理，在材料内部增加新的缺陷，往往使寿命降低。所以，寿命值的大小在很大程度上反映了晶格的完整性，它是衡量材料质量的一个重要指标。

1.6 载流子的运动

在解决了半导体中电子浓度和空穴浓度的基础上，就可以着手讨论半导体的导电性问题。我们知道，大量自由电荷的定向移动形成电流。在半导体中，载流子的定向移动有漂移

运动和扩散运动两类。

1.6.1 载流子的漂移运动与迁移率

扫一扫下载
载流子的漂
移运动和迁
移率微课

1. 欧姆定律的微分形式

在半导体中，通常电流分布是不均匀的，即通过不同位置的电流不一定相同。为解决对电流不均匀性的描述问题，我们引入电流密度的概念，它定义为通过垂直于电流方向的单位面积的电流，用 J 表示，即：

$$J = \frac{\Delta I}{\Delta s}$$

式中 ΔI ——通过垂直于电流方向的面积元 Δs 的电流。

对于一段长为 l、横截面积为 s、电阻率为 ρ 的均匀导体，若两端外加电压 V，则导体内部建立起匀强电场 E：

$$|E| = \frac{V}{l}$$

对于这一均匀导体里的电流密度为：

$$J = \frac{I}{s} = \frac{\frac{V}{R}}{\frac{\rho l}{R}} = \frac{V}{\rho l} = \sigma |E| \tag{1-15}$$

推导过程中运用了电阻定律 $R = \frac{\rho l}{s}$，$\sigma = \frac{1}{\rho}$ 称为电导率。

式（1-15）表明，通过导体某一点的电流密度等于该点的电导率和电场强度大小的乘积，这就是欧姆定律的微分形式。

2. 漂移运动和迁移率

在外加电场 E 的作用下，半导体中的载流子除了做无规则的热运动外，还要沿电场方向做定向运动，这种运动被称为漂移运动。定向运动的速度称为漂移速度，载流子的漂移速度大小不一，取其平均值 v_d 称为平均漂移速度。

如图 1-30 所示，截面积为 s 的均匀样品，内部电场为 $|E|$，电子浓度为 n，平均漂移速度为 v_d。那么，在时间 t 期间穿过 A 截面的总电子数为 $N = nsv_d t$，则电流为：

$$I = \frac{Q}{t} = \frac{-qN}{t} = \frac{-nqsv_d t}{t} = -nqsv_d$$

电流密度为：

$$J = \frac{I}{s} = -nqv_d$$

将上式代入式（1-15）得：

$$-nqv_d = \sigma |E|$$

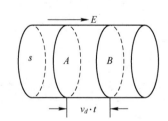

图 1-30 漂移运动分析模型

$$v_d = -\frac{\sigma}{nq}|E|$$

可见，平均漂移速度的大小与电场强度的大小成正比，我们把上式中的比例系数定义为 μ，称为电子的迁移率。因为电子带负电，所以 v_d 与 E 是反向的，比例系数是负的，但习惯上迁移率只取正值，即：

$$\mu = \frac{\sigma}{nq}$$

即：
$$\sigma = nq\mu \qquad (1\text{-}16)$$

式（1-16）反映了电导率与载流子浓度和迁移率之间的关系。

如果空穴浓度是 p，通过相似的分析，同样可得空穴的电导率。一般来说，由于空穴迁移率的数值和电子是不同的，为区别起见，通常用 μ_n 和 μ_p 分别代表电子和空穴的迁移率，则电子和空穴的电导率分别写成：

$$\sigma_n = nq\mu_n \qquad (1\text{-}17)$$
$$\sigma_p = pq\mu_p \qquad (1\text{-}18)$$

通常，电子的迁移率会大于空穴的迁移率，不同材料中同一种载流子的迁移率也会不同，表 1-2 列出了较纯的锗、硅、砷化镓在 300K 时的迁移率。

表 1-2　300K 时几种半导体材料的迁移率

材　　料	电子迁移率/ cm^2/V·s	空穴迁移率 cm^2/V·s
Ge	3900	1900
Si	1350	500
GaAs	8000	100～3000

应当注意的是，即使在同一种介质中，迁移率还会随着温度和杂质浓度而变化。如图 1-31 所示，显示迁移率将随着杂质浓度的升高而减小。

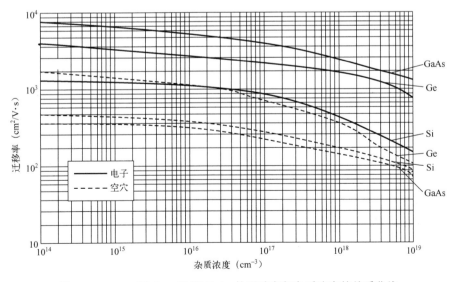

图 1-31　300K 时 Ge、Si 和 GaAs 的迁移率与杂质浓度的关系曲线

在半导体中，电子和空穴同时起导电作用，电导率 σ 是电子电导率和空穴电导率之和：

$$\sigma = nq\mu_n + pq\mu_p \tag{1-19}$$

总漂移电流密度 J 应为：

$$J = J_n + J_p = (nq\mu_n + pq\mu_p)|E| \tag{1-20}$$

半导体的电阻率可以用四探针直接测量读出，所以实际工作中习惯用电阻率来讨论问题，由电导率求倒数就可得到电阻率。由式（1-16）可得：

$$\rho = \frac{1}{\mu nq} \tag{1-21}$$

当 $T = 300\text{K}$ 时，本征硅的电阻率约为 $2.14 \times 10^5 \Omega \cdot \text{cm}$，本征锗的电阻率约为 $47\,\Omega \cdot \text{cm}$。锗、硅和砷化镓的电阻率和杂质浓度的关系曲线如图 1-32 所示，工程上常根据杂质浓度查表求得电阻率。

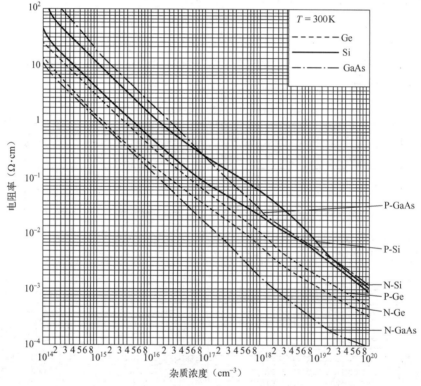

图 1-32 Ge、Si 和 GaAs 的电阻率与杂质浓度的关系曲线

实例 1-3 一块每立方厘米掺入 10^{16} 个磷原子的 N 型硅材料，求其在室温下的电导率和电阻率。已知电子的迁移率为 $1300\,\text{cm}^2/\text{V} \cdot \text{s}$。

解 在室温下，可以认为所有的施主杂质都被电离，因此：

$n \approx N_D = 10^{16}\,\text{cm}^{-3}$

电导率 $\sigma = nq\mu_n = 1.6 \times 10^{-19} \times 10^{16} \times 1300\,\Omega^{-1} \cdot \text{cm}^{-1} = 2.08\,\Omega^{-1} \cdot \text{cm}^{-1}$

电阻率 $\rho = \dfrac{1}{\sigma} = 0.48\,\Omega \cdot \text{cm}$

1.6.2 载流子的扩散运动与爱因斯坦关系

只要微观粒子在各处的浓度不均匀，由于粒子的无规则热运动，就可以引起粒子由浓度高的地方向浓度低的地方扩散。对于半导体中的电子和空穴也是这样的。假定有一块均匀掺杂的半导体，例如掺磷的 N 型半导体，电离的磷离子带正电，电子带负电，由于电中性条件，各处电荷密度为零，所以载流子分布也是均匀的，即没有浓度差异，因而均匀材料中不会发生载流子的扩散运动。

1. 稳态扩散的载流子分布

如图 1-33（a）所示，如果用适当波长的光均匀照射这块材料的左侧，由于光敏特性，在表面薄层内将产生非平衡载流子，而内部的非平衡载流子却很少，这种不均匀必然会导致非平衡载流子自左向右的扩散。非平衡空穴在样品内部扩散的过程中，会不断地复合而消失。如果样品的左侧一直施以恒定光照，源源不断地"注入"非平衡载流子，半导体内部的空穴浓度也不随时间变化，形成稳定的分布，这种情况称为稳态扩散。下面以非平衡空穴为例来分析稳态扩散运动，如图 1-33（b）所示。

扫一扫下载载流子的扩散运动微课

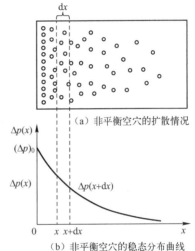

（a）非平衡空穴的扩散情况

扩散速度是由非平衡载流子浓度变化的剧烈程度决定的，在数学上，浓度变化的剧烈程度由浓度梯度 $\dfrac{\mathrm{d}\Delta p(x)}{\mathrm{d}x}$，即 $\Delta p(x)$ 曲线的斜率来描述。我们定义在单位时间内通过单位面积（垂直于扩散方向）的载流子数目为扩散流密度 F，用它来描述扩散的速度。研究表明，扩散流密度和非平衡载流子浓度梯度成正比，则有：

（b）非平衡空穴的稳态分布曲线

图 1-33 非平衡空穴的扩散和稳态分布

$$F_p = -D_p \frac{\mathrm{d}\Delta p(x)}{\mathrm{d}x} \tag{1-22}$$

比例系数 D_p 称为空穴扩散系数。扩散系数反映了非平衡少数载流子扩散本领的大小，随材料、温度、掺杂浓度而变化。式中的负号表示空穴自高浓度向低浓度扩散。式（1-22）就是描述稳态扩散的菲克第一定律。

考虑位置在 x 到 $x+\mathrm{d}x$ 处的小体积元，自左侧扩散入的空穴数应多于自右侧扩散出的非平衡空穴数。在单位时间、单位体积内多出的数目为 $-\dfrac{\mathrm{d}F_p}{\mathrm{d}x}$，用于补充这段时间该体积元内由于复合而减少的数目 $\dfrac{\Delta p(x)}{\tau_p}$，$\tau_p$ 为非平衡空穴的寿命，因此：

$$-\frac{\mathrm{d}F_p}{\mathrm{d}x} = \frac{\Delta p(x)}{\tau_p}$$

将式（1-22）代入上式，得到空穴的稳态扩散方程：

$$D_p \frac{\mathrm{d}^2 \Delta p(x)}{\mathrm{d}x^2} = \frac{\Delta p(x)}{\tau_p}$$

其普遍解为：

$$\Delta p(x) = A \exp\left(-\frac{x}{L_p}\right) + B \exp\left(\frac{x}{L_p}\right) \tag{1-23}$$

其中：

$$L_p = \sqrt{D_p \tau_p} \tag{1-24}$$

（1）当样品足够厚时，非平衡空穴尚未到达样品的另一端就几乎都已消失，即当 $x = \infty$ 时，$\Delta p = 0$。根据式（1-23），此时 $B=0$，那么：

$$\Delta p(x) = A \exp\left(-\frac{x}{L_p}\right)$$

当 $x=0$ 时，$\Delta p = (\Delta p)_0$，代入上式可得 $A = (\Delta p)_0$，则：

$$\Delta p(x) = (\Delta p)_0 \exp\left(-\frac{x}{L_p}\right) \tag{1-25}$$

这表明，非平衡空穴浓度从光照表面的 $(\Delta p)_0$ 开始，向内部按指数衰减。从式（1-25）可得，$\Delta p(x + L_p) = \dfrac{\Delta p(x)}{\mathrm{e}}$，也就是说，$L_p$ 表示空穴在边扩散边复合的过程中，减少至原来值的 $\dfrac{1}{\mathrm{e}}$ 所扩散的距离。非平衡空穴平均扩散的距离可由下式算出：

$$\overline{x} = \frac{\int_0^\infty x \Delta p(x)}{\int_0^\infty \Delta p(x)} = L_p$$

因此 L_p 反映了非平衡空穴因扩散而深入样品的平均距离，称为空穴扩散长度。由式（1-24）可知，空穴扩散长度由空穴扩散系数和空穴的寿命决定。一般材料的扩散系数有标准的数据，这样测量扩散长度可作为测量寿命的方法。

（2）当样品厚度较薄时，即 $W \ll L_p$ 的情况，样品左端仍保持非平衡少数载流子浓度 $(\Delta p)_0$。在等号右端我们认为非平衡少数载流子浓度为 0，一旦有非平衡少数载流子就立刻被拉出。我们可以近似解出：

$$\Delta p(x) = (\Delta p)_0 \left(1 - \frac{x}{W}\right) \tag{1-26}$$

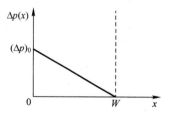

图 1-34 非平衡少数载流子的线性分布

这时，非平衡载流子浓度在样品内呈线性分布，如图 1-34 所示。

将在第 4 章介绍的晶体管中，基区宽度一般比扩散长度小得多，从发射区注入基区的非平衡载流子在基区的分布符合上述情况。

对于非平衡电子的扩散用同样的方法分析可得到类似的结果。

2. 扩散电流和爱因斯坦关系式

扫一扫下载
爱因斯坦关
系式微课

半导体中载流子的扩散运动是电荷的定向运动，必然伴随扩散电流的出现，根据式（1-22）可得电子和空穴的扩散电流密度分别为：

$$J_n = qD_n \frac{d\Delta n}{dx} \tag{1-27}$$

$$J_p = -qD_p \frac{d\Delta p}{dx} \tag{1-28}$$

对于均匀掺杂的半导体，如果非平衡载流子不均匀，同时又有外加电场的作用，那么除了非平衡载流子的扩散运动外，载流子还要做漂移运动，电子和空穴的总电流密度可表示为：

$$J_n = (J_n)_{漂} + (J_n)_{扩} = qn\mu_n|E| + qD_n \frac{d\Delta n}{dx} \tag{1-29}$$

$$J_p = (J_p)_{漂} + (J_p)_{扩} = qp\mu_p|E| - qD_p \frac{d\Delta p}{dx} \tag{1-30}$$

通过对非平衡载流子的漂移运动和扩散运动的分析，可以明显地看到，迁移率是反映载流子在电场作用下运动难易程度的物理量，而扩散系数反映了存在浓度梯度时载流子运动的难易程度，两者的数值又都和材料、温度、掺杂浓度有关，这两个物理量似乎有类似之处。下面分析迁移率和扩散系数之间的关系。

半导体材料在平衡条件下，不存在宏观电流，因此电场方向一定会反抗扩散电流，使平衡时电子的总电流为零，即：

$$J_n = (J_n)_{漂} + (J_n)_{扩} = 0$$

由式（1-29）可知：

$$n(x)\mu_n|E| = -D_n \frac{d\Delta n(x)}{dx} \tag{1-31}$$

当半导体内部出现电场时，半导体中各处电势不相等，是 x 的函数，可表示为：

$$|E| = -\frac{dV(x)}{dx} \tag{1-32}$$

在考虑电子的能量时，必须计入附加的静电势能 $-qV(x)$，因而导带底的能量为 $E_c - qV(x)$，也相应地随 x 变化。此时电子浓度为：

$$n(x) = N_C \exp\left(\frac{E_F + qV(x) - E_c}{kT}\right)$$

对上式求导可得：

$$\frac{dn(x)}{dx} = n(x)\frac{q}{k_0T}\frac{dV(x)}{dx} \tag{1-33}$$

将式（1-32）和式（1-33）代入式（1-31）可得：

$$\frac{D_n}{\mu_n} = \frac{k_0T}{q} \tag{1-34}$$

同理，对于空穴可得：

$$\frac{D_p}{\mu_p} = \frac{k_0 T}{q} \qquad (1\text{-}35)$$

式（1-34）和式（1-35）称为爱因斯坦关系式。它表明了载流子迁移率和扩散系数之间的关系。虽然爱因斯坦关系式是针对平衡载流子推导出来的，但实验证明，这个关系可直接应用于非平衡载流子。利用爱因斯坦关系式，由已知的迁移率数据可以得到扩散系数。

实例1-4 假设 T=300K，一个N型半导体中，电子浓度在 0.1cm 的距离中发生 $1 \times 10^{18} \mathrm{cm}^{-3}$ 到 $7 \times 10^{17} \mathrm{cm}^{-3}$ 的线性变化，假设电子扩散系数 $D_n = 22.5 \mathrm{cm}^2/\mathrm{s}$，试计算扩散电流密度。

解 扩散电流密度为：

$$J_n = q D_n \frac{\mathrm{d}n}{\mathrm{d}x} \approx q D_n \frac{\Delta n}{\Delta x} = 1.6 \times 10^{-19} \times 22.5 \left(\frac{1 \times 10^{18} - 7 \times 10^{17}}{0.1} \right) \mathrm{A/cm}^2 = 10.8 \, \mathrm{A/cm}^2$$

实例 1-5 在室温下本征硅的迁移率 $\mu_n = 1350 \mathrm{cm}^2/\mathrm{V} \cdot \mathrm{s}$，$\mu_p = 500 \mathrm{cm}^2/\mathrm{V} \cdot \mathrm{s}$，试求出其扩散系数。

解 $D_n = \dfrac{kT}{q} \mu_n = 35 \mathrm{cm}^2/\mathrm{s}$

$D_p = \dfrac{kT}{q} \mu_p = 13 \mathrm{cm}^2/\mathrm{s}$

小贴士：化合物半导体材料

本章我们学习的半导体特性，主要以硅和锗这两种元素半导体为例，特别是硅，它是使用最广泛，最成熟的半导体材料。同时，人们在探索元素半导体以外的半导体材料的努力中，很自然地把目标转向化合物材料。20 世纪 50 年代就开始了对化合物半导体的研究，从 20 世纪 80 年代起，以砷化镓（GaAs）为代表的化合物半导体材料及其器件迅速发展起来，这是由于化合物半导体材料本身有许多优良的性质，是元素半导体硅和锗所不能比拟的。下面简要介绍一下砷化镓（GaAs）、磷化铟（InP）、氮化镓（GaN）、碳化硅（SiC）这 4 种常见的化合物半导体材料。

1. GaAs

GaAs 是Ⅲ～Ⅴ族化合物半导体，属于闪锌矿结构（参见图 1-1（e）），由 Ga 原子组成的面心立方结构和 As 原子组成的面心立方结构沿空间对角线方向移动 1/4 间距嵌套而成。从表 1-2 可以看出，砷化镓材料的电子迁移率是硅材料的 6 倍，而且其禁带宽度为 1.42 eV，相对较大。砷化镓材料相对于硅材料具有以下优势：

（1）电子迁移率高，适合做高速器件和微波器件；

（2）抗辐射性能好，适合空间能源领域；

（3）温度系数小，能在较高的温度下正常工作；

（4）其禁带宽度处于 1.4～1.5 eV 的最佳值之间，能量转化效率高，消耗功率低。

砷化镓材料的缺点：资源稀缺、价格昂贵；砷化物有毒，污染环境；机械强度较弱、易碎；制备困难。

2. InP

GaAs、InP 和 Si 的电子漂移速度（v_d）和电场（E）的关系曲线如图 1-35 所示。

InP 和 GaAs 一样，是Ⅲ～Ⅴ族化合物半导体，具有闪锌矿晶格结构，InP 在许多方面呈现出比 GaAs 更好的特性，它的主要特性是：在高电场下，电子漂移速度高于 GaAs，是制备超高速、超高频器件的良好材料；导热率比 GaAs 好，散热效能高；禁带宽度为 1.35 eV，正好对应于光纤通信中传输损耗最小的波段。现在已证实，InP 制造的晶体管与用其他任何材料制造的器件相比其速度快 50%。InP 是制造高频器件、结型场效应晶体管、抗核辐射器件以及光电集成电路最有希望的基础材料。适合电子战、雷达、通信和智能武器等军用要求，以及移动通信、卫星通信和汽车通信等商用要求。

3. GaN

GaN 也是Ⅲ～Ⅴ族化合物半导体，但是属于纤锌矿晶格结构，如图 1-36 所示。和闪锌矿结构不同的是，纤锌矿属于六方晶系，而不是立方晶系，原子的堆积方式也不相同。

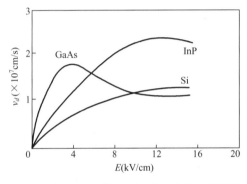

图 1-35　GaAs、InP 和 Si 的电子漂移速度和电场的关系曲线　　图 1-36　纤锌矿晶格结构

氮化镓的禁带宽度为 3.4 eV，属于宽禁带材料。氮化镓材料的特点是：

（1）高频特性好，可达到 300GHz；

（2）高温特性好，能在 300℃正常工作，非常适用于航天、军事及其他高温环境；

（3）电子漂移速度高，介电常数小、导热性能好；

（4）耐酸、耐碱、耐腐蚀，可适用于恶劣环境；

（5）耐高压冲击、大功率、可靠性高。

氮化镓材料是 LED 制备的重要材料，将在第 6 章中进行详细阐述。

4. SiC

SiC 同样属于纤锌矿晶格结构，它有较大的热导率、宽禁带（6H 型 SiC 禁带宽度为 2.89 eV），高的电子漂移速度，在电力电子器件等方面有很好的应用前景。

知识梳理与总结

1. 半导体材料的晶体结构

Si、Ge 具有金刚石晶格结构；GaAs 具有闪锌矿晶格结构；晶面和晶向可以用密勒指数来表示；熟记 3 种常见的晶面和晶向。晶格结构直接影响材料的物理化学性能。

2．半导体材料的导电机制

能带是由晶体中的能级分裂形成的，要掌握价带、导带和禁带宽度的基本概念；本征半导体能够导电是因为价带电子和导带空穴的存在。导电机制是材料和器件分析的基础。

3．杂质与缺陷

杂质包括替位式杂质和间隙式杂质；N 型半导体中主要是电子导电，P 型半导体中主要是空穴导电；N 型杂质和 P 型杂质具有相互抵消的作用；缺陷，材料中杂质与缺陷的情况会影响半导体器件的性能。

4．热平衡载流子

$$n_i = n = p = (N_C N_V)^{1/2} \exp\left(-\frac{E_g}{2kT}\right)$$

$$np = n_i^2$$

本征载流子浓度和温度、禁带宽度（材料）有关。在一定温度下，其热平衡载流子浓度的乘积等于该温度下的本征半导体的载流子浓度的平方，与所含杂质无关。

$$n = N_D$$

$$p = N_A$$

杂质半导体多数载流子浓度可近似等于杂质浓度，少子浓度可以相应求出。

5．非平衡载流子

非平衡载流子由外作用产生；其复合机制包括直接复合、间接复合和表面复合；非平衡载流子的寿命是标志半导体材料质量的主要参数，对器件性能有很大影响。

6．载流子的运动

在外加电场作用下半导体中的载流子沿电场方向做定向移动称为漂移运动；漂移运动产生的电流称为漂移电流：

$$J = J_n + J_p = (nq\mu_n + pq\mu_p)|E|$$

不同材料的载流子迁移率不同，即使在同一种介质中，迁移率也会随着温度和杂质浓度而变化。

由于载流子浓度差异产生的定向移动称为扩散运动；扩散运动产生的电流称为扩散电流：

$$J_n = qD_n \frac{d\Delta n}{dx}$$

$$J_p = -qD_p \frac{d\Delta p}{dx}$$

扩散系数随材料、温度和掺杂浓度而变化。

思考题与习题 1

扫一扫下载
习题参考
答案

1. 什么是晶向？什么是晶面？常见的晶向和晶面有哪些？

2. 什么叫价电子的共有化运动？半导体的能带是怎样形成的？

3. 什么叫本征半导体？为什么本征半导体中的电子浓度一定和空穴浓度相等？

4. 什么叫 N 型半导体？什么叫 P 型半导体？它们各有何特点？

5. 什么叫杂质补偿作用？什么叫杂质高度补偿？杂质补偿作用有何实际应用？

6. 已知在室温时，硅的费米能级在禁带中线 E_i 以上 0.26 eV 处，求电子和空穴的浓度等于多少？

7. 已知 $T = 77K$ 时，锗的禁带宽度 $E_g = 0.67$ eV，求该温度下时锗的本征载流子浓度。

8. 在室温下，P 型硅的少数载流子寿命 $\tau_n = 10^{-6}$s，掺金后降到 10^{-9}s，试计算掺金前后电子的扩散长度？

9. 一块半导体材料的寿命 $\tau = 10\mu s$，光照在材料上会产生非平衡载流子，试求光照突然停止 20μs 后，其中非平衡载流子将衰减到原来的百分之几？

10. 如果空穴浓度是线性分布的，在 $3\,\mu m$ 长度内浓度差为 $10^{15}\,cm^{-3}$，$\mu_p = 400cm/V \cdot s$，试计算空穴扩散电流密度？

11. 试根据图 1-31，求室温时杂质浓度分别为 $10^{16}cm^{-3}$、$10^{18}cm^{-3}$ 的 P 型和 N 型硅样品的空穴和电子迁移率？并分别计算它们的电阻率为多少？

12. 对电阻率为 $0.5\Omega \cdot cm$ 的 P 型硅，试计算室温时的多数载流子和少数载流子浓度。

第2章

PN 结

扫一扫下载
本章教学课
体

采用合金、扩散、离子注入等工艺手段，可以在一块半导体中获得不同掺杂的两个区域，这种 P 型和 N 型区域之间的冶金学界面称为 PN 结。PN 结是很多半导体器件的核心，如双极晶体管、MOS 型晶体管、可控硅等，掌握 PN 结的性质是分析这些器件特性的基础。在了解了半导体中载流子的漂移、扩散、产生与复合等基本运动形式之后，本章主要结合较为简单的模型，着重分析 PN 结的电流电压特性、电容效应、击穿特性等。

2.1　平衡 PN 结

如果 PN 结没有受到外加光照、电压、辐射等影响，并且其所处环境的温度也保持恒定，则称为平衡 PN 结。除特别说明外，一般不讨论光照、辐射和温度的影响，所以平衡 PN 结实际就是指没有外加电压的 PN 结。

2.1.1　PN 结的形成与杂质分布

扫一扫下载
PN 结的形
成微课

1．PN 结的形成

由单晶半导体基片构成的互相衔接的 P 型区和 N 型区，在这两区之间存在的一层很薄的过渡区，称为 PN 结。形成 P-N 结的方法很多，目前常用的方法有 3 种：合金法、扩散法、离子注入法。

如图 2-1（a）所示，以铟、锗合金为例，说明了合金法获得 PN 结的过程。先将铟粒放在 N 型锗片（N-Ge）上，然后在炉内加热到 156℃左右使铟粒开始熔化，继续升温到 500～600℃，锗片与熔化的铟交界处的锗原子逐渐溶解到熔融的铟中，直到溶解达到饱和，并使熔融铟中含有一定浓度的锗原子为止，最后使温度慢慢降低，溶解在熔融铟中的锗原子又被析出形成再结晶区，再结晶的锗中掺入三价的受主杂质铟，而且其浓度要比原来锗中施主浓度大，因此再结晶区呈 P 型（P-Ge），从而形成了 PN 结。用这种方法制造的 PN 结称为合金结。

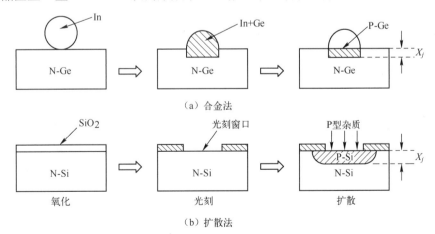

图 2-1　合金法和扩散法制造 PN 结

如图 2-1（b）所示，以硅平面扩散结为例，说明了用扩散方法制造的 PN 结的过程。它是在 N 型硅片（N-Si）上生长一层二氧化硅（SiO₂）薄膜，再用光刻法在二氧化硅薄膜上开

一窗口，高温下向硅片扩散 P 型杂质（如硼），便可得到 PN 结。

离子注入法是一种较新的掺杂技术，该方法是把杂质元素的原子，经过离子化变成带电的杂质离子，然后在静电场中加速，获得几万到几十万电子伏特的高能量，直接注入到半导体中，从而形成 PN 结，如图 2-2 所示。

2. PN 结的杂质分布

扫一扫下载
PN 结的杂质分布微课

由于制造方法不同，PN 结内杂质分布也不同，如图 2-3 所示。

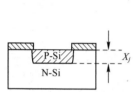

图 2-2　离子注入法制造 PN 结

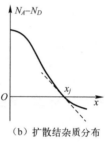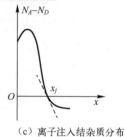

（a）合金结杂质分布　　（b）扩散结杂质分布　　（c）离子注入结杂质分布

图 2-3　PN 结的杂质分布

合金结杂质浓度分布如图 2-3（a）所示，横坐标代表距离 x（就是垂直于硅片表面方向的深度），纵坐标代表杂质浓度 $N = N_A - N_D$，$N_A - N_D > 0$ 的区域表示 P 区，$N_A - N_D < 0$ 的区域表示 N 区。结两边杂质分布是均匀的，在交界 x_j 处，杂质浓度发生跳变，具有这种杂质分布的 PN 结称为突变结。x_j 这一段距离称为结深。

实际突变结两边的杂质浓度相差很多，例如，N 区的施主杂质浓度为 10^{16}cm^{-3}，而 P 区的受主杂质浓度为 10^{19}cm^{-3}，通常把这种结称为单边突变结。对于单边突变结，若 N_A 远远大于 N_D，则称为 P^+N 结；反之，则称为 PN^+ 结。

用扩散方法制造的 PN 结，杂质浓度从 P 区到 N 区是逐渐变化的，故称缓变结，如图 2-3（b）所示。在许多情况下，结附近的杂质分布可用 $x = x_j$ 处的切线近似表示，如图中虚线所示，称为线性缓变结。切线的斜率 α 称为杂质浓度梯度。

如图 2-3（c）所示，离子注入结也是缓变结，但是由于结一般很浅，杂质浓度梯度很大，也可近似为突变结。

为简化理论分析，通常将合金结和高表面浓度的浅扩散结认为是突变结；而低表面浓度的深扩散结认为是线性缓变结。

2.1.2　PN 结的能带图

扫一扫下载
PN 结的能带图微课

当 P 型和 N 型半导体单独存在时，在 P 型半导体里面，空穴是多子，电子是少子；在 N 型半导体里面，电子是多子，空穴是少子，它们都是呈电中性的。但当这两部分半导体相互接触时，由于在交界面处存在着电子和空穴的浓度差，N 区中的电子要向 P 区扩散，P 区中的空穴要向 N 区扩散。这样，对于 P 区，空穴离开后，留下了不可动的带负电荷的离子，因此在 PN 结的 P 区侧形成了一个负电荷区；同样，在 N 区由于电子离开而出现了由不可移动的正离子构成的正电荷区，这个交界区域就是 PN 结。通常把 PN 结附近的正负离子所带的电荷称为空间电荷，它们所在的区域称为

空间电荷区（也叫势垒区或耗尽层），如图 2-4 所示。

出现空间电荷区后，在空间电荷区中形成一个电场，电场的方向由带正电的 N 区指向带负电的 P 区，这个电场称为自建电场。自建电场一方面驱动带负电的电子沿电场相反的方向做漂移运动，即由 P 区向 N 区运动；另一方面，推动带正电的空穴沿电场方向做漂移运动，即由 N 区向 P 区运动。也就是说，在空间电荷区内，自建电场引起的电子和空

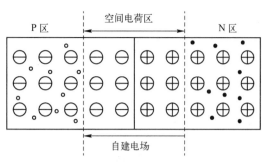

图 2-4　PN 结空间电荷区

穴的漂移运动与它们扩散运动方向正好相反。随着扩散的进行，空间电荷的数量不断增加，自建电场越来越强，直到电场强到使载流子的漂移运动和扩散运动大小相等、方向相反，相互抵消，此时我们就说 PN 结达到了动态平衡，这就是平衡 PN 结的情况。

我们可以用能带图来表示平衡 PN 结的情况，如图 2-5（a）所示，分别表示 N 型和 P 型两块半导体的能带图，图中 N 型半导体的费米能级 E_{FN} 在本征费米能级 E_i 之上；P 型半导体的费米能级 E_{FP} 在 E_i 之下。当两块半导体结合形成平衡 PN 结时，可以证明，PN 结中的费米能级处处相等。也就是说，N 区的能带相对于 P 区下移（或者说 P 区的能带相对于 N 区上移），使两个区的费米能级拉平为 E_F，如图 2-5（b）所示。

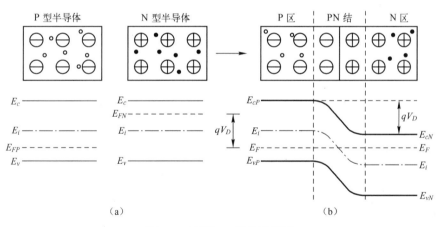

（a）　　　　　　　　　　　　　（b）

图 2-5　平衡 PN 结的能带图

2.1.3　PN 结的接触电势差与载流子分布

从图 2-5 可以看出，在 PN 结空间电荷区内能带发生弯曲，它反映了空间电荷区内电子电势能的变化。因能带弯曲，电子从势能低的 N 区向势能高的 P 区运动时，必须克服这个势能"高坡"或"势垒"，才能到达 P 区；同理，空穴也必须克服这个势能"高坡"，才能从 P 区到达 N 区，这一势能"高坡"通常称为 PN 结的势垒，所以空间电荷区也叫势垒区。

扫一扫下载 **PN 结**的接触电势差微课

扫一扫下载 **PN 结**的载流子分布微课

　　事实上，能带相对移动的原因是 PN 结空间电荷区中存在自建电场的结果，由于自建电场的方向是由 N 区指向 P 区，它表明 P 区的电势比 N 区的低，如图 2-6 所示。而能带图是按电子能量的高低画的，所以 P 区电子的电势能比 N 区高。因此，当两块半导体结合时，P 区的能带相对 N 区上移，而 N 区能带相对 P 区下移，直至费米能级处处相等，PN 结达到平衡状态为止。而平衡 PN 结具有统一的费米能级，恰好体现了每一种载流子的扩散电流和漂移电流都互相抵消，从而没有净电流通过 PN 结。达到平衡状态时，如果 P 区和 N 区的电势差为 V_D，则两个区的电势能变化量为：

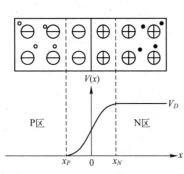

图 2-6　平衡 PN 结的电势分布

$$E_{FN} - E_{FP} = qV_D$$

式中，V_D 为 PN 结的接触电势差；qV_D 为势垒高度。

　　根据式（1-12），N 区电子浓度为：

$$n_N = n_i \exp\left(\frac{E_{FN} - E_i}{kT}\right) \approx N_D$$

则有：

$$E_{FN} - E_i = kT \ln \frac{N_D}{n_i} \qquad (2-1)$$

　　根据式（1-13），P 区的空穴浓度为：

$$p_P = n_i \exp\left(\frac{E_i - E_{FP}}{kT}\right) \approx N_A$$

则有：

$$E_i - E_{FP} = kT \ln \frac{N_A}{n_i} \qquad (2-2)$$

　　式（2-1）和式（2-2）相加可得：

$$E_{FN} - E_{FP} = kT \ln \frac{N_D N_A}{n_i^2} = qV_D$$

即：

$$V_D = \frac{kT}{q} \ln \frac{N_D N_A}{n_i^2} \qquad (2-3)$$

　　从式（2-3）可知，接触电势差 V_D 的大小与下面 3 个方面的因素有关：

　　（1）与半导体掺杂的浓度有关，N 区和 P 区的净杂质浓度越大，即 N 区和 P 区的电阻率越低，接触电势差 V_D 越大。

　　（2）与半导体材料的种类有关，因为不同的半导体材料其本征载流子浓度 n_i 是不相同的，可见 n_i 越小，接触电势差 V_D 越大。

　　（3）与温度有关，工作温度越高，n_i 越大，接触电势差 V_D 越小。

　　实例 2-1　已知有一硅 PN 结，$N_D = 10^{17} \text{cm}^{-3}$，$N_A = 10^{15} \text{cm}^{-3}$，在室温（300K）时 $\frac{kT}{q} = 0.026\text{V}$，$n_i = 1.5 \times 10^{10} \text{cm}^{-3}$，试求其接触电势差。

　　解　$V_D = \frac{kT}{q} \ln \frac{N_D N_A}{n_i^2} = 0.026 \ln \frac{10^{17} \times 10^{15}}{(1.5 \times 10^{10})^2} \approx 0.7\text{V}$

　　PN 结的载流子浓度分布情况如图 2-7 所示，在空间电荷区靠 P 区边界 x_P 处，电子浓度等于 P 区的平衡少子浓度 n_{P0}，空穴浓度等于 P 区的平衡多子浓度 p_{P0}；在靠近 N 区边界 x_N 处，空穴浓度等于 N 区的平衡少子浓度 p_{N0}，电子浓度等于 N 区的平衡多子浓度 n_{N0}。在空间电荷区内，空穴浓度从 x_P 处的 p_{P0} 减小到 x_N 处的 p_{N0}，电子浓度从 x_N 处的 n_{N0} 减小到 x_P 处的 n_{P0}。而且，空间电荷区中载流子浓度分布是按指数规律变化的，变化非常显著，绝大部分区域的载流子浓度远小于两侧的中性区域，即空间电荷区的载流子基本已被耗尽，所以空间电荷区又叫耗尽区或耗尽层。

在 PN 结理论分析中，常常假设空间电荷区中的正负空间电荷密度等于施主杂质浓度和受主杂质浓度，而忽略电子和空穴的影响，这种假设称为耗尽层假设或耗尽层近似。

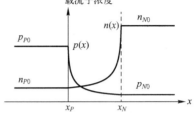

图 2-7　平衡 PN 结中载流子的分布

2.2　PN 结的直流特性

前面我们分析了平衡 PN 结的情况，当 PN 结无外加电压时，由于自建电场的存在，空间电荷区内载流子的扩散电流和漂移电流相互抵消，通过 PN 结的总净电流为零，PN 结中费米能级处处相等。

当 PN 结两端外加电压时，PN 结就处于非平衡状态，本节将讨论会发生哪些变化。为分析问题方便简洁，通常假设：

（1）小注入条件，即注入的非平衡少数载流子浓度远小于平衡时多数载流子浓度；

（2）势垒区很薄，忽略势垒区中载流子的产生与复合；

（3）耗尽层假设，空间电荷区电阻率远大于 P 区和 N 区，外加电压都降落在耗尽层上；

（4）P 区和 N 区宽度远大于少子扩散长度。

2.2.1　PN 结的正向特性

1．PN 结的正向注入效应

扫一扫下载
PN 结的正向
注入效应微课

PN 结外加正向偏压 V（即 P 区接电源正极，N 区接负极）时，根据假设（3），外加电压几乎全部降落在势垒区，并在势垒区内产生一个外加电场 E'。这个外加电场与原来的自建电场方向相反，因而削弱了势垒区中的电场强度。

由于势垒区中的电场被削弱，势垒区中的空间电荷数量相应减少，势垒区宽度由原来的 x_m 变窄为 x_{m1}。同时，势垒区两边的电势差降低，由原来的 V_D 降至 $V_D - V$，势垒高度也就由原来的 qV_D 降至 $q(V_D - V)$，因此，非平衡 PN 结的能带图（实线）相比于平衡 PN 结能带图（虚线）将发生变化，如图 2-8 所示（为简便起见，势垒区内的能带画成直线，下同）。

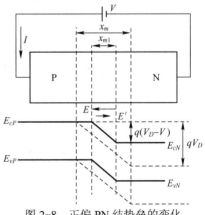

图 2-8　正偏 PN 结势垒的变化

由于加了正偏电压，使势垒区电场削弱，破坏了原来载流子的扩散运动和漂移运动的平衡，载流子的扩散电流将超过漂移电流，也就是说，产生了电子从 N 区向 P 区以及空穴从 P 区向 N 区的净扩散电流，这个电流就是 PN 结的正向电流。这种现象就称为 PN 结的正向注入效应。

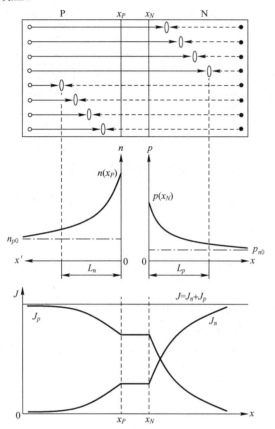

图 2-9　正偏 PN 结电流转换、少子分布和电流分布示意图

无论是从 N 区注入到 P 区的电子，还是从 P 区注入到 N 区的空穴，在注入后都成为所在区域的非平衡少子。它们在边界附近积累，形成从边界到内部浓度梯度，并向体内扩散，同时进行复合，最终形成一个稳态分布，如图 2-9 所示。图中的 L_n 为电子扩散长度，L_p 为空穴扩散长度。根据假设（4），在远离 PN 结的区域，非平衡少子全部被复合。

图 2-9 所示画出了正偏 PN 结电流转换示意图，在 N 区的右侧区域，由于注入过来的非平衡少子（空穴）已经基本上复合消失了，其扩散电流为零。若忽略平衡少子（空穴），流过的电流主要是多子（电子）的漂移电流。同样，在 P 区的左侧区域，通过的主要是多子（空穴）的漂移电流。

在扩散区中，少子扩散电流和多子漂移电流将相互转换。以 P 区注入的电子为例，它在外加电压作用下从 N 区越过空间电荷区，在边界 x_P 处积累，并向左扩散形成电子扩散电流。在扩散区域中，电子边扩散边和左边漂移过来的空穴复合，这样，越向左侧，电子电流越来越小而空穴电流越来越大，直到扩散区的边界电子全部复合掉，电子扩散电流就全部转变为空穴漂移电流。对于 N 区注入的空穴也是这样。总之，经过上述过程，扩散区中的少子扩散电流都通过复合转换为多子漂移电流。

电子电流和空穴电流的大小在 PN 结附近扩散区域内的各处是不相等的，但两者之和始终相等。这说明电流转换并不是电流的中断，而仅仅是载流子类型和电流形式发生了改变。

2．正向 PN 结边界少子浓度

在 P 区，包括来自 N 区的电子扩散区，由于仅考虑小注入（假设（1））情况，空穴浓度基本不变，所以 P 区费米能级和平

扫一扫下载
正向 PN 结的
边界少子浓度
微课

衡时一样没有变化。同时由于势垒区宽度很窄（假设（2）），费米能级的变化也可以忽略。在 N 区，根据同样的道理可以得到，电子的费米能级从 N 区到势垒区和平衡时一样。因此，

尽管是在非平衡状态，P 区边界 x_P 处的电子的浓度 $n_p(x_P)$ 和 N 区边界 x_N 处空穴的浓度 $p_n(x_N)$ 仍然可以按照类似于平衡条件下的情况来处理。

在 P 区边界 x_P 处，根据式（1-12）和式（1-13）电子和空穴的浓度分别为：

$$n_p(x_P) = n_i \exp\left(\frac{E_{FN} - E_i}{kT}\right)$$

$$p_p(x_P) = n_i \exp\left(\frac{E_i - E_{FP}}{kT}\right)$$

于是：

$$n_p(x_P)p_p(x_P) = n_i^2 \exp\left(\frac{E_{FN} - E_{FP}}{kT}\right) = n_i^2 \exp\left(\frac{qV}{kT}\right)$$

$$n_p(x_P) = \frac{n_i^2}{p_p(x_P)} \exp\left(\frac{qV}{kT}\right)$$

由于 $p_p(x_P)$ 为 P 区边界 x_P 处的多子浓度，根据式（1-11）可得：

$$n_p(x_P) = n_{p0} \exp\left(\frac{qV}{kT}\right) \tag{2-4}$$

同理可得：

$$p_n(x_N) = p_{n0} \exp\left(\frac{qV}{kT}\right) \tag{2-5}$$

式（2-4）和式（2-5）中的 n_{p0} 和 p_{n0} 分别代表 P 区和 N 区的平衡少子浓度，V 代表外加正向电压。我们看到，正向偏置的 PN 结边界处的少子浓度，等于体内平衡少子浓度乘上一个指数因子 $\exp\left(\frac{qV}{kT}\right)$。也就是说，势垒区边界积累的少数载流子浓度随外加电压按指数规律增加。

3．PN 结正向电流和电压关系

扫一扫下载
PN 结正向电流
电压关系微课

PN 结外加正向电压时其内部少数载流子浓度分布和电流分布如图 2-9 所示。

因为电流是连续的，在稳定情况下通过 PN 结中任何一个面的电流都是相同的，所以通过 PN 结的电流密度，实际上就是通过 PN 结中某一个面的电流密度。现在具体来看通过 x_N 这一个面的电流密度，通过面 x_N 的电流密度是通过该面的电子电流密度和空穴电流密度之和。通过 x_N 面的空穴电流密度就是空穴（少数载流子）的扩散电流密度，因此只要知道 N 区的空穴浓度分布，就可以求出通过 x_N 面的空穴扩散电流密度；而通过 x_N 面的电子电流密度就是电子注入到 P 区去的电子漂移电流密度。但是我们假设了势垒区电子和空穴的复合可以忽略，因此通过 x_N 面的电子流就全部通过 x_P 面，即通过 x_N 面的电子漂移电流密度就等于通过 x_P 面的电子扩散电流密度，所以通过 PN 结的电流密度 J，可以认为是通过 x_N 面的空穴扩散电流密度 $J_p(x_N)$ 和通过 x_P 面的电子扩散电流密度 $J_n(x_P)$ 之和，即：

$$J = J_p(x_N) + J_n(x_P) \tag{2-6}$$

下面讨论如何求 $J_p(x_N)$ 和 $J_n(x_P)$。根据前面少数载流子扩散电流密度公式（1-27）和

式（1-28），只要知道少数载流子空穴（电子）浓度分布，就可以求出 $J_p(x_N)$ 和 $J_n(x_P)$。前面已经讨论过，如果 P 区和 N 区足够长（即远大于 L_p 和 L_n），非平衡载流子浓度在半导体中应按指数规律分布。由式（1-25）和式（2-5）可知：

$$\Delta p_n(x) = \Delta p_n(x_N) \exp\left(-\frac{x - x_N}{L_p}\right)$$

$$= \left[p_n(x_N) - p_{n0}\right] \exp\left(\frac{x_N - x}{L_p}\right)$$

$$= p_{n0}\left[\exp\left(\frac{qV}{kT}\right) - 1\right] \exp\left(\frac{x_N - x}{L_p}\right)$$

则 x_N 处的空穴扩散电流密度为：

$$J_p(x_N) = -qD_p \frac{\mathrm{d}\Delta p_n(x)}{\mathrm{d}x}\bigg|_{x=x_N} = \frac{qD_p p_{n0}}{L_p}\left[\exp\left(\frac{qV}{kT}\right) - 1\right]$$

同理可得，x_P 处的电子扩散电流密度为：

$$J_n(x_P) = \frac{qD_n n_{p0}}{L_n}\left[\exp\left(\frac{qV}{kT}\right) - 1\right]$$

所以通过 PN 结的总的电流密度为：

$$J = J_p(x_N) + J_n(x_P)$$

$$= \left(\frac{qD_n n_{p0}}{L_n} + \frac{qD_p p_{n0}}{L_p}\right)\left[\exp\left(\frac{qV}{kT}\right) - 1\right] \tag{2-7}$$

对于结面积为 A 的 PN 结，通过的正向电流为：

$$I = AJ = Aq\left(\frac{D_n n_{p0}}{L_n} + \frac{D_p p_{n0}}{L_p}\right)\left[\exp\left(\frac{qV}{kT}\right) - 1\right] \tag{2-8}$$

式（2-8）就是 PN 结的正向电流和电压关系，在实际应用中，通常写成：

$$I = I_0\left[\exp\left(\frac{qV}{kT}\right) - 1\right] \tag{2-9}$$

其中：

$$I_0 = Aq\left(n_{p0}\frac{D_n}{L_n} + p_{n0}\frac{D_p}{L_p}\right) = Aq\left(\frac{n_i^2}{p_{p0}}\frac{D_n}{L_n} + \frac{n_i^2}{n_{n0}}\frac{D_p}{L_p}\right) \tag{2-10}$$

在常温下，$N_A \approx p_{p0}$，$N_D \approx n_{n0}$，并考虑到 $L_n = \sqrt{D_n \tau_n}$，$L_p = \sqrt{D_p \tau_p}$，则式（2-10）可近似为：

$$I_0 = Aq\left(\frac{n_i^2}{N_A}\frac{L_n}{\tau_n} + \frac{n_i^2}{N_D}\frac{L_p}{\tau_p}\right) \tag{2-11}$$

式中，τ_n 为 P 区非平衡电子寿命；τ_p 为 N 区非平衡空穴寿命。

这样，若已知 PN 结的杂质浓度、结面积和两边载流子的寿命，就能算出在一定的外加

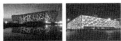

电压下 PN 结的电流。

在常温下一般正向电压 $V \gg \dfrac{kT}{q}$，因此 $\exp\left(\dfrac{qV}{kT}\right) \gg 1$，则式（2-9）可近似为：

$$I = I_0 \exp\left(\dfrac{qV}{kT}\right)$$

对于某一个 PN 结，I_0 是常数，所以 I 是按指数规律迅速增加的。

2.2.2 PN 结的反向特性

扫一扫下载
PN 结的反向
特性微课

1. PN 结的反向抽取作用

图 2-10 为外加反向偏压时 PN 结势垒区的变化示意图。外加电场 E' 与自建电场 E 方向相同，空间电荷区电场加强，电场的增强，使势垒区发生两个变化：一是势垒区宽度变大，由 x_m 变宽为 x_{m2}；二是势垒高度增加，由原来的 qV_D 变成 $q(V_D + V)$。

同时势垒区电场的增强破坏了扩散运动和漂移运动的平衡。同正向偏置相反，现在是漂移作用占了优势，因此要把 P 区边界的电子拉到 N 区，把 N 区边界的空穴拉到 P 区去，如图 2-11 所示。而在 P 区内部的电子和 N 区内部的空穴就要跑到边界去补充，这样就形成了反向电流，方向是从 N 区指向 P 区。但是因为 P 区的电子和 N 区的空穴都很少，所以反向电流就很小。上述情况就好像是 P 区和 N 区的少数载流子不断地被抽出来，所以称为 PN 结的反向抽取作用。

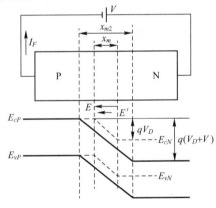
图 2-10 反偏 PN 结的势垒变化

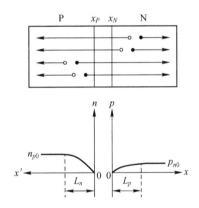
图 2-11 反向电流的产生和少子分布示意图

2. 反向 PN 结电流

用与正向 PN 结类似的方法，可以求出 PN 结反向电流为：

$$I_R = Aq\left(\dfrac{D_n n_{p0}}{L_n} + \dfrac{D_p p_{n0}}{L_p}\right)\left[\exp\left(\dfrac{qV}{kT}\right) - 1\right] \qquad (2\text{-}12)$$

这个表达式与正向电流表达式（2-8）完全相同，只是现在的电压取负值。一般反向电压 V 的数值 $|V| \gg \dfrac{kT}{q}$，$\exp\left(\dfrac{qV}{kT}\right) \to 0$，这样式（2-12）近似为：

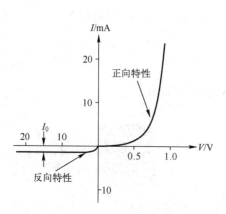

图 2-12　理想 PN 结的伏安特性

$$I_R = -Aq\left(\frac{D_n n_{p0}}{L_n} + \frac{D_p p_{n0}}{L_p}\right)$$

$$= -Aq\left(\frac{n_i^2}{p_{p0}}\frac{D_n}{L_n} + \frac{n_i^2}{n_{n0}}\frac{D_p}{L_p}\right)$$

$$= -I_0$$

即随着反向电压 V 的增大，I_R 将趋于一个恒定值 $-I_0$，它仅与少子浓度、扩散长度、扩散系数有关，称为反向饱和电流，式中的符号表示电流方向与正向时相反。少数载流子浓度与本征载流子浓度的平方成正比，并且随温度升高而快速增大，因此，反向扩散电流会随温度升高而快速增大。

将 PN 结的正向特性和反向特性组合起来，就形成 PN 结的伏安特性，其伏安特性曲线如图 2-12 所示，可见，在正向偏压和反向偏压作用下，曲线是不对称的，表现出 PN 结具有单向导电性（或称为整流效应）。

实验 3　PN 结伏安特性与温度效应

1. 实验目的

（1）测量 PN 结的正、反向伏安特性，理解其单向导电性。
（2）测量 PN 结的温度特性。
（3）掌握测量仪器的使用方法。

2. 实验内容

通过实验，我们用直流逐点测量的方法，得到 PN 结电流与电压的对应值，并且画出 PN 结的伏安特性曲线。同时，观察温度引起特性曲线漂移的现象，进一步理解 PN 结的温度特性。

3. 实验原理

我们在测量伏安特性时，只要在 PN 结两端加一个电压值，并且从小到大逐点改变这个电压值，就可得到一组电流值，测试线路如图 2-13 所示。

PN 结的伏安特性明显依赖于温度。将 PN 结放入装有绝缘油的恒温器内，调节控制 PN 结的环境温度，这样就可以在一个恒定的温度下测到一组 PN 结的电压和电流的数值，从而得到一条伏安特性曲线，再改变一个恒定温度，得到另一条伏安特性曲线。

本次实验用硅二极管测量，先采用室温，再改变温度为 50℃时，测得两组数据。

4. 实验方法

（1）当测量硅 PN 结正向特性时，按图 2-13 接线，将电源"+"与"−"分别接到测

试板的电源输入端。测试板的电源输出端接电流表"+"。电流表"–"、电压表"+"、PN结的"正"三点接同一端点。PN结的另一端接灵敏电子管繁用表"+"且接入指定端点。电压表"–"与灵敏电子管繁用表"–"接测试板的公共点，具体接线位置按图 2-14 所示进行。

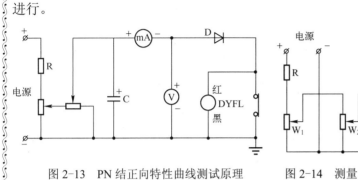
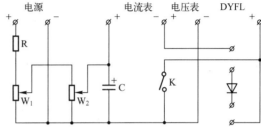

图 2-13　PN 结正向特性曲线测试原理　　图 2-14　测量 PN 结伏安特性测试线路板示意图

（2）当测量硅 PN 结反向时，同样按图 2-13 接线，就是在正向测量的基础上，把 PN结的两端互换，即可以进行测量，其余各点均无须变动，具体接线位置也按图 2-14 所示进行。

注意：当测量时，测试板上的开关均应置于开通位置。

（3）将测试板上的电位器逆时针旋到底，合上直流稳压电源的电源开关，调节电源的输出电压为 5~15V，旋动测试板上的电位器，调节正向电流值，同时在数字电压表上读出对应的正向电压值，然后将测试板电位器逆时针旋到底。

再进行反向测量，调节反向电压值，然后在电流表上读出对应的反向电流值，直到测到反向电流为 1mA 时，读出对应的电压值。

注意：当反向电流小于 30μA 时，则将测试板上的钮子开关拨向断开（即向下），启动 DYFL 灵敏电子管繁用表的电流挡，并改变挡级直到能具体读出数值为准。然后将测试板上的电位器逆时针旋到底，并将钮子开关置于开通（向上）位置。

（4）调节水银导电表，使控制温度为 50℃，合上恒温槽加热器和搅拌电源开关，待温度升至 50℃时，再测量出正向与反向时的电流值。

（5）拆除测试板连接线，列表记录实验数据，将稳压电源的电压挡位放置到最小挡，各电流表、电压表、万用表放在最大位置（或放置在说明书上规定的范围内），关闭各仪器电源，整理实验器材。

5. 测量仪器

DYFL——灵敏电子管繁用表，500 型三用表，JWY30-C 型直流稳压电源，数字万用表、恒温槽、线路板。

2.2.3　影响 PN 结伏安特性的因素

前面推导出了 PN 结的电流–电压表达式，但实验表明，理

扫一扫下载
影响 PN 结伏
安特性的因素
微课

想的电流-电压方程式和小注入下锗 PN 结的实验结果符合较好，与硅 PN 结的实验结果偏离较大。引起偏离的主要原因有：势垒区中的产生与复合、大注入效应、表面效应。

1. 正向 PN 结势垒区复合电流

PN 结正偏时，由于势垒区有非平衡载流子的注入，载流子浓度高于平衡值，故复合率大于产生率，也就是说，从 P 区注入 N 区的空穴和从 N 区注入 P 区的电子在势垒区内复合了一部分，这样就构成了另一股正向电流，称为势垒区复合电流，如图 2-15 所示。

若计入这股复合电流，则流过 PN 结的总电流密度为：

$$J = J_n + J_p + J_{rg}$$

复合电流减少了 PN 结中的少子注入，对于硅来说，在小电流范围内复合电流的影响就必须考虑，这是硅三极管小电流下系数下降的重要原因之一。

2. 反向 PN 结势垒区产生电流

PN 结反偏时，由于势垒区对载流子的抽取作用，内部载流子浓度低于平衡值。这样，势垒区内载流子产生率大于复合率，具有净产生，从而形成另一部分反向电流，称为势垒区的产生电流，如图 2-16 所示。

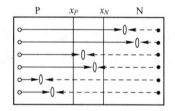

图 2-15　势垒区复合电流

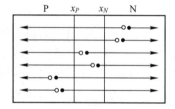

图 2-16　势垒区产生电流

在锗 PN 结的反向电流中，扩散电流起主要作用，然而对硅 PN 结来说，势垒区产生电流往往在反向电流中占主要地位。

势垒区产生电流有一个明显的特点，它不像反向扩散电流那样会达到饱和值，而是随着反向偏压的增大而缓慢增加。这是因为势垒区宽度随着反向偏压的增大而展宽，处于势垒区的复合中心数目增多，载流子产生率增加，所以产生电流增加。

3. 大注入效应

在前面推导正向电流公式时，采用小注入的假设条件，即注入扩散区的非平衡少子浓度比平衡多子浓度小得多。但是当正向偏压较大时，注入扩散区的非平衡少子浓度可能接近或超过该区多子浓度，这就是大注入情况。这时式（2-9）的计算结果将偏离实际的测量结果。

4. 表面效应

目前，硅平面器件的表面都用二氧化硅层进行掩蔽，这对 PN 结起到了保护作用。但是有二氧化硅保护的硅器件表面仍对 PN 结有一定的影响，引进了附加的复合和产生电流，从而影响器件性能。

1）表面复合和产生电流

在硅和二氧化硅交界面处，往往存在着相当数量的、位于禁带中的能级，称为界面态或表面态。它们与体内的杂质能级相似，能接受、放出电子，可以起复合中心的作用。这样就引进了附加的复合和产生电流。

2）表面沟道电流

二氧化硅层中一般都含有一定数量的正电荷（最常见的是工艺沾污引进的钠离子 Na^+），当 P 型衬底的杂质浓度较低、二氧化硅膜中的正电荷较多时，衬底表面将形成 N 型反型沟道（后面将会详细介绍），这个反型沟道的存在相当于增大了 PN 结的结面积，从而导致反向电流的增加，如图 2-17 所示。

3）表面漏电流

在 PN 结的生产过程中，硅片表面很可能沾污了一些金属离子和水汽分子，这就相当于在 PN 结表面并联了一个附加的电导，从而引起表面漏电，使反向电流增加，如图 2-18 所示。

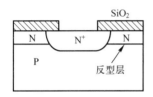

图 2-17　表面沟道

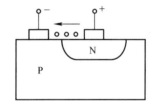

图 2-18　表面漏电

表面效应往往对实际的 PN 结的反向电流起着重要影响，因此在生产工艺上我们通常从3 个方面来考虑：

（1）所选材料要尽量避免掺杂不均匀、位错密度过高和含有过多的有害杂质。

（2）避免氧化层结构疏松和光刻中的针孔、小岛等问题。

（3）注意工艺洁净度，特别要注意减小钠离子的沾污。

2.3　PN 结电容

扫一扫下载 PN结电容的成因及影响微课

2.3.1　PN 结电容的成因及影响

当 PN 结加正向偏压时，势垒区的电场随正向偏压的增加而减弱，势垒区宽度变窄，空间电荷数量减少。因为空间电荷是由不能移动的杂质离子组成，所以空间电荷的减少是由于N 区的电子和 P 区的空穴过来中和了势垒区中的一部分电离施主和电离受主。这就是说，在外加正向偏压增加时，将有一部分电子和空穴"存入"势垒区。反之，当正向偏压减小时，势垒区的电场增强，势垒区宽度增加，空间电荷数量增多，这就是有一部分电子和空穴从势垒区中"取出"。对于加反向偏压的情况可进行类似分析。总之，PN 结上外加电压的变化，引起了电子和空穴在势垒区的"存入"和"取出"作用，导致势垒区的空间电荷数量随外加

电压而变化，这和一个电容器的充放电作用相似。这种 PN 结的电容效应称为势垒电容，用 C_T 表示。

同时，PN 结为正向偏压时，有空穴从 P 区注入 N 区，于是在 N 区一侧的扩散区内，形成了非平衡空穴的积累。当正向偏压增加时，由 P 区注入到 N 区的空穴增加，这些空穴一部分扩散走了，另一部分则增加了 N 区的空穴积累。随着扩散区内积累的非平衡空穴增加，与它保持电中性的电子也相应增加。这就相当于在扩散区内存入了电子和空穴；反过来，如果正向电压减小，载流子的积累减少，相当于在 N 区中的扩散区取出了电子和空穴。对注入到 P 区的电子可做类似的分析。这种由于扩散区积累的电荷数量随外加电压的变化所产生的电容效应，称为 PN 结的扩散电容，用 C_D 表示。

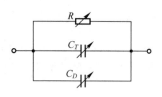

图 2-19 PN 结交流等效电路

因此在交流电压的作用下，PN 结的特性就不再是一个单纯的电阻了，它好像是一个电阻和两个电容的并联，如图 2-19 所示。所以，由于电容具有高通低阻的特性，如果给 PN 结外加一个交流电，在交变频率很低的时候，PN 结有整流作用。如果逐步提高交变频率，PN 结就失去了整流的作用。

PN 结的电容既然会破坏整流特性，它对高频晶体管和集成电路的性质自然也就有影响。所以在设计和制造高频晶体管和半导体集成电路时，必须把电容的因素考虑进去。

实验发现，PN 结的势垒电容和扩散电容都会随外加电压而变化，表明它们是可变电容。为此，引入微分电容的概念来表示 PN 结的电容。

当 PN 结在一个固定直流偏压作用下，叠加一个微小的直流电压 dV 时，这个微小的电压变化所引起的电荷变化为 dQ，dQ 与 dV 的比值称为这个直流偏压下的微分电容，即：

$$C = \frac{dQ}{dV} \tag{2-13}$$

PN 结的直流偏压数值不同，则微分电容也不同。

2.3.2 突变结的势垒电容

扫一扫下载
突变结的势垒
电容微课

1. 突变结势垒区的电场和宽度

为计算突变结的势垒电容，首先要知道势垒区的电场和宽度。在势垒区中，杂质都已电离，载流子已经耗尽，只剩下一些带正、负电荷的杂质离子，而势垒区中正、负离子的电荷总量应该是相等的。对突变结来说，P 区的杂质浓度是均匀的，等于 N_A，N 区的杂质浓度也是均匀的，等于 N_D，势垒区是朝两边扩展的，它在 P 区和 N 区分别扩散了距离 x_P 和 x_N，如图 2-20 所示。

势垒宽度就是：

$$x_m = x_P + x_N \tag{2-14}$$

若结面积为 A，根据势垒区正、负电荷总量相等，就应该有下面的关系：

$$qN_A x_P A = qN_D x_N A = Q \tag{2-15}$$

即：

$$N_A x_P = N_D x_N \qquad (2-16)$$

式（2-16）表明，势垒区内正、负空间电荷区的宽度和该区的杂质浓度成反比。杂质浓度高的一边宽度小，杂质浓度低的一边宽度大。例如，若 $N_A = 10^{16}\,\mathrm{cm}^{-3}$，$N_D = 10^{18}\,\mathrm{cm}^{-3}$，则 x_P 比 x_N 大 100 倍。也就是说，势垒区主要是向杂质浓度较低的那一面扩散，这时势垒区宽度 x_m 基本上就决定于 x_P 的大小。这种 PN 结称为单边突变结。

由于在 PN 结势垒区内，正、负电荷都分布在一定的体积内，而电场线从正电荷出发到负电荷，必然不可能都是从一端到另一端贯穿整个 PN 结。因此，通过各

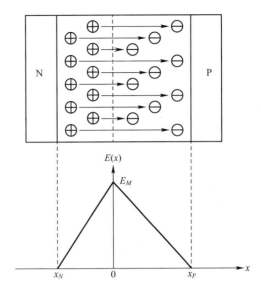

图 2-20 突变结势垒区电场线分布和电场分布示意图

处的电场线数目是不相同的，这意味着电场强度在各处是不相同的。如图 2-20 所示，穿过 P 区和 N 区交界面上的电场线数目最多，因此该处的电场强度最大，因为左边所有的正电荷发出的电场线都要通过交界面到达右边的负电荷。相反，在势垒区边界 x_N 和 x_P 处，由于没有电场线通过，所以电场强度为零。

根据电学中的高斯定理，容易证明，从两个边界到交界面上，电场强度是线性变化的，交界面上的最大电场强度为：

$$E_M = \frac{q N_D x_N}{\varepsilon_r \varepsilon_0} = \frac{q N_A x_P}{\varepsilon_r \varepsilon_0} \qquad (2-17)$$

根据电学原理，势垒区边界 x_N 和 x_P 之间电势差的数值等于 $E(x)$ 曲线包围的面积。而如果忽略势垒区以外的电压降，则这个电势差就是 $V_D - V$，这里的 V 是外加电压，正偏时是正的，反偏时是负的。所以有：

$$V_D - V = \frac{1}{2} E_M x_m$$

将式（2-17）代入上式，则有：

$$V_D - V = \frac{1}{2}\frac{q N_A}{\varepsilon_r \varepsilon_0} x_P x_m$$

由式（2-14）和式（2-16）可得：

$$x_P = \frac{N_D}{N_A + N_D} x_m$$

代入上式可得：

$$V_D - V = \frac{1}{2}\frac{q N_A N_D}{\varepsilon_r \varepsilon_0 (N_A + N_D)} x_m^2 \qquad (2-18)$$

则可解得：

$$x_m = \sqrt{\frac{2\varepsilon_r\varepsilon_0(N_A + N_D)(V_D - V)}{qN_AN_D}} \tag{2-19}$$

式（2-19）就是突变结势垒区宽度的表达式，对于单边突变结，可以写成：

$$x_m = \sqrt{\frac{2\varepsilon_r\varepsilon_0(V_D - V)}{qN_B}} \tag{2-20}$$

式中　N_B——轻掺杂一侧的杂质浓度。

2. 突变结的势垒电容

将式（2-15）代入式（2-14）得到势垒区内单位面积上的电量为：

$$Q = \frac{N_AN_DqAx_m}{N_A + N_D}$$

将式（2-19）代入上式得：

$$Q = A\sqrt{\frac{2\varepsilon_r\varepsilon_0qN_AN_D(V_D - V)}{N_A + N_D}}$$

代入式（2-13）得到 PN 结势垒电容为：

$$C_T = \frac{\mathrm{d}Q}{\mathrm{d}V} = A\sqrt{\frac{\varepsilon_r\varepsilon_0qN_AN_D}{2(N_A + N_D)(V_D - V)}} \tag{2-21}$$

根据式（2-19），可将式（2-21）改写为：

$$C_T = \frac{A\varepsilon_r\varepsilon_0}{x_m} \tag{2-22}$$

这个结果和平行板电容器的电容公式在形式上完全一致。我们可以这样理解：在 PN 结的势垒区中有许多正、负空间电荷，当外加电压变化时，空间电荷的数量也随之变化，这种变化发生在势垒区边界附近的薄层内，如图 2-21 所示。因此我们可以把势垒电容的充、放电看作同板距为 x_m 的平行板电容器的充、放电一样，这两个薄层相当于电容器的两个极板，相对介电常数为 ε_r 的半导体材料构成电容器的介质。当然，PN 结电容与通常的电容还是有很大区别的，通常的电容能隔直流，而 PN 结则明显的允许直流通过。因此不能用 PN 结作隔直电容。

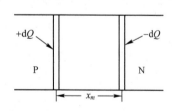

图 2-21　PN 结势垒电容充电电荷

对于 P⁺N 结或 N⁺P 结，式（2-21）可简化为：

$$C_T = A\sqrt{\frac{\varepsilon_r\varepsilon_0qN_B}{2(V_D - V)}}$$

从上式可以看出：

（1）减小结面积、降低轻掺杂一侧的杂质浓度是减小结势垒电容的途径。

（2）势垒电容随外加电压而变化，可利用这一特性制作变容器件。

以上结论在半导体器件的设计和生产中具有重要的意义。

实验 4　PN 结势垒电容的测量

1. 实验目的

（1）测量 PN 结的势垒电容。

（2）了解外加电压与势垒电容之间的关系。

（3）掌握测量仪器的使用方法。

2. 实验内容

利用实验测试板和测量仪器，测出不同反向电压下 PN 结的势垒电容值，并找出其中的规律，与理论分析的结果进行对照。

3. 实验原理

测量原理如图 2-22 所示。

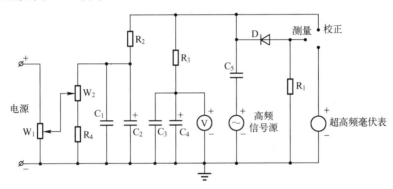

图 2-22　测试原理图

测试板示意图如图 2-23 所示。

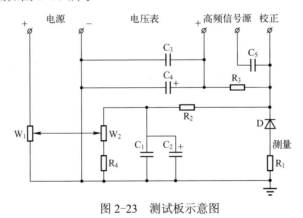

图 2-23　测试板示意图

4. 实验方法

（1）根据测试板示意图将测试板与各仪器相连接，同时将测试板上的电位器逆时针旋到底，并检查接线无误。

（2）将直流稳压电源的电压输出波段转到 12V，开启各仪器电源，预热 10 分钟，校正各仪器。

（3）将信号发生器输出频率调到 10Hz，载波输出在 0～0.1V，倍乘可放在"10 000"处，调幅选择可放在"等幅"处，然后调节载波旋钮，使高频信号发生器的电压指示在"1V"处，再慢慢调节载波输出微调旋钮，使超高频毫伏表电压指示在 0.1V。

注意： 此时，超高频毫伏表的输出探头应放在测试板的校正点上。

（4）用数字万用表电压挡测量直流电压。根据测试需要，毫伏表选用 3～100mV 挡，调节线路板上的电位器，分别测出 PN 结两端反向电压为 0.1V、0.2V、0.3V、0.4V、0.5V、0.6V、0.7V、0.8V、0.9V、1V、2V、3V、4V、5V、10V、15V、20V、25V、30V 时的势垒电容值。

注意： 改变电源电压时，必须相应改变各测量仪器的挡位，超高频毫伏表换挡时，一定要重新校正。

（5）实验结束后，关闭仪器电源，各开关恢复到测量的起始状态，并整理实验数据及材料。

5. 测试仪器

JWY30-C 型直流稳压电源、XFG-7 高频信号发生器、DZ22 超高频毫伏表、数字万用表。

2.3.3 扩散电容

扫一扫下载
PN 结的扩散
电容微课

当 PN 结外加正向偏压时，由于少子的注入，在扩散区内，都有一定量的少子和等量的多子的积累，而且它们的浓度随正向偏压的变化而变化，从而形成扩散电容。

在扩散区中积累的少子是按指数形式分布的，即：

$$\Delta p_n(x) = p_{n0}\left[\exp\left(\frac{qV}{kT}\right) - 1\right]\exp\left(\frac{x_N - x}{L_p}\right)$$

$$\Delta n_p(x) = n_{p0}\left[\exp\left(\frac{qV}{kT}\right) - 1\right]\exp\left(\frac{x_P + x}{L_n}\right)$$

将以上两式在扩散区内积分，就得到单位面积的扩散区内所积累的载流子总电荷量：

$$Q_p = q\int_{x_N}^{\infty}\Delta p_n(x)\mathrm{d}x = qL_p p_{n0}\left[\exp\left(\frac{qV}{kT}\right) - 1\right]$$

$$Q_n = q\int_{-\infty}^{-x_P}\Delta n_p(x)\mathrm{d}x = qL_n n_{p0}\left[\exp\left(\frac{qV}{kT}\right) - 1\right]$$

代入式（2-13），就可以算出两个扩散区单位面积的微分电容分别为：

$$C_{Dp} = \frac{\mathrm{d}Q_p}{\mathrm{d}V} = \left(\frac{q^2 p_{n0} L_p}{kT}\right) \exp\left(\frac{qV}{kT}\right)$$

$$C_{Dn} = \frac{\mathrm{d}Q_n}{\mathrm{d}V} = \left(\frac{q^2 n_{p0} L_n}{kT}\right) \exp\left(\frac{qV}{kT}\right)$$

单位面积上总的微分扩散电容为两者之和，即：

$$C_D' = C_{Dp} + C_{Dn} = \left[q^2 \frac{(n_{p0} L_n + p_{n0} L_p)}{kT}\right] \exp\left(\frac{qV}{kT}\right)$$

若结面积为 A，则 PN 结外加正向偏压时，总的扩散电容为：

$$C_D = \left[Aq^2 \frac{(n_{p0} L_n + p_{n0} L_p)}{kT}\right] \exp\left(\frac{qV}{kT}\right) \tag{2-23}$$

因为这里用的浓度分布是稳态公式，所以式（2-23）只近似适用于低频情况，进一步分析表明，扩散电容随频率的增大而减小。

由于扩散电容随正向偏压按指数关系增加，所以在大的正向偏压下，扩散电容起主要作用。而外加反向偏压时，扩散区中的少子浓度将低于平衡时的浓度，载流子电量随电压的变化很小，因此反偏时的扩散电容可以忽略。

2.4　PN 结的击穿特性

在 PN 结上外加反向电压时，反向电流是随着反向电压的增大而微小地增加的，然后趋于饱和，这时的电流称为反向饱和电流。反向电压继续增大到某一定数值时，反向电流就会剧增，如图 2-24 所示，这种现象称为反向击穿。V_B 就称为击穿电压。

PN 结的击穿电压是半导体的重要参数之一，因此，研究 PN 结的击穿现象对于提高半导体器件的使用电压，以及利用 PN 结击穿现象制造器件（如稳压二极管），都具有很大的实际意义。

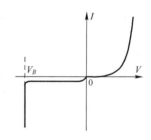

图 2-24　PN 结的击穿

2.4.1　击穿机理

1. 雪崩击穿

扫一扫下载
PN 结的击穿
机理

在外加较高的反向偏压下，由于外界电压基本上降落在势垒区 x_m 上，因此空间电荷区上存在着很强的电场。在势垒区里的电子和空穴都要受到电场的加速，具有很大的能量。这些高速运动的载流子在与硅晶格结点上的原子发生碰撞时，会破坏一个共价键，撞击出一个电子，同时产生一个空穴，如图 2-25 所示。

图中的电子碰撞产生了一对电子–空穴，于是 1 个载流子就变成了 3 个载流子，这 3 个

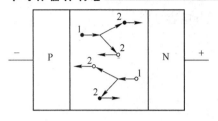

图 2-25 雪崩倍增效应

载流子在强电场的加速下，继续去碰撞产生第三代的电子-空穴对。空穴也是这样，碰撞产生第二代、第三代的载流子……这种现象称为倍增效应。这样的过程继续进行下去，引起载流子在数量上的大大增加。当外加电压再继续增大，这种倍增效应达到了顶点，就出现"雪崩"，使反向电流猛然增加，引起 PN 结的击穿，这种击穿称为雪崩击穿。

由此可见，雪崩击穿的发生，主要是势垒区的电场增强的结果。当反向电压还不够大时，载流子受电场的加速作用较弱，它们在跑出势垒区之前，没有足够的动能去激发新的电子-空穴对，雪崩击穿就不会发生。雪崩击穿不仅取决于电场强度，而且与势垒宽度也有一定的关系，因为载流子受电场加速要走一定的距离，才能达到产生碰撞电离所需的动能，如果势垒区太薄，虽然有很强的电场，仍不能获得足够的动能，所以还是不能产生雪崩击穿。

雪崩击穿与 PN 结内的电场大小密切相关，因此我们希望 PN 结的内电场尽可能小一些，即提高击穿电压 V_B，用什么方法来达到呢？只要降低材料的杂质浓度，使势垒区拉宽即可。因为在外加电压不变时，势垒区越宽，电场就越弱，从而 PN 结比较不容易击穿；反之，在同样的外加电压下，势垒区越小，PN 结内电场越强，PN 结就越容易击穿。

在同样的外加电压条件下，势垒区的宽度取决于 PN 结两侧的杂质浓度（主要取决于轻掺杂一边的杂质浓度），在生产中，就是取决于外延层的电阻率，电阻率越高，杂质浓度越低，PN 结内电场强度就越小，击穿电压就可以提高；反之，电阻率越低，击穿电压也越低，这是一个十分重要的结论。

2．隧道击穿

隧道击穿是在强电场作用下，由于隧道效应（P 区价带中的电子有一定的几率直接穿透禁带而到达 N 区导带中），使大量电子从价带进到导带所引起的一种击穿现象。因为最初是齐纳用这种现象来解释电介质的击穿的，故又称齐纳击穿。图 2-26 是 PN 结外加反向偏压时的能带图，当给 PN 结施加反向偏压时，势垒升高，能带发生弯曲，势垒区导带和价带的水平距离 d 随反向偏压的增加而变窄。我们知道，能带的弯曲是空间电荷区存在电场的缘故，因为这个电场使得电子有一附加的静电势能。当反向偏压足够高时，这个附加的静电势能可以使 P 区一部分价带中的电子在能量上已经达到甚至高于 N 区导带底的能量。例如，图 2-26 价带中 A 点的电子能量和 B 点相等，中间有宽度为 d 的禁带区域，根据量子力学，价带中 A 点的电子将有一定的几率穿透禁带而进入导带的 B 点，穿透几率随着 d 的减少按指数规律增加，这就是隧道效应。外加反向偏压越

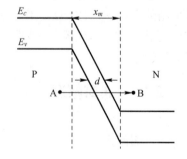

图 2-26 隧道击穿示意图

大，水平距离 d 越小，电场就越强，能带弯曲的陡度越大，穿透几率就越大。因此，只要外加反向偏压足够高，空间电荷区中的电场足够强，就有大量电子由于隧道效应从价带进入导带，反向电流很快增加，从而发生击穿，这就是隧道击穿。

由上述分析可知，掺杂浓度越高，空间电荷区的宽度越窄，水平距离 d 越小，就越容易

发生隧道击穿，因此隧道击穿通常发生在两边重掺杂的 PN 结中。

3．热击穿

当外加在 PN 结上的反向电压增大时，反向电流所引起的热损耗也增大。如果这些热量不能及时传递出去，将引起结温上升，而结温上升又导致反向电流和热损耗的增加。若没有采取有效措施，就会形成恶性循环，一直到 PN 结被烧毁。这种热不稳定性引起的击穿称为热击穿或热电击穿。用禁带宽度小的半导体材料所制成的 PN 结（如锗 PN 结），其反向电流大，容易发生热击穿，但在散热较好、温度较低时，这种击穿并不十分重要。

2.4.2　雪崩击穿电压

扫一扫下载
雪崩击穿电压
微课

锗、硅晶体管的击穿绝大多数是雪崩击穿，故而雪崩击穿是一种重要的击穿机理。但是雪崩击穿电压的推导比较复杂。在器件设计工作中，对于硅、锗、砷化镓和磷化镓 4 种材料，有时使用下面的通用公式作为击穿电压的近似估算。

对于突变结：

$$V_B = 60 \left(\frac{E_g}{1.1} \right)^{3/2} \left(\frac{N_B}{10^{16}} \right)^{-3/4} \tag{2-24}$$

对于线性缓变结：

$$V_B = 60 \left(\frac{E_g}{1.1} \right)^{6/5} \left(\frac{\alpha}{3 \times 10^{20}} \right)^{-2/5} \tag{2-25}$$

图 2-27 给出了单边突变结的雪崩击穿电压与低掺杂一侧杂质浓度的关系曲线，对 N 型

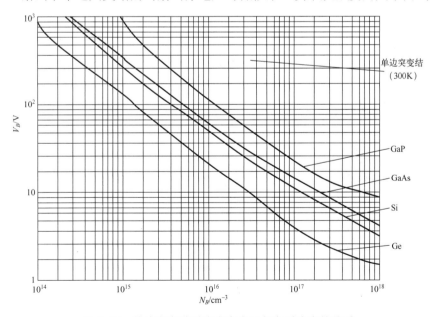

图 2-27　单边突变结雪崩击穿电压与杂质浓度的关系

和 P 型的材料都适用。杂质浓度决定了材料的电阻率，所以为了获得所需的击穿电压，要注意选择合适的原材料的电阻率。

图 2-28 给出了线性缓变结雪崩击穿电压与杂质浓度梯度的关系曲线。从图中可以看出，可以采用降低杂质浓度梯度的方法来提高击穿电压。

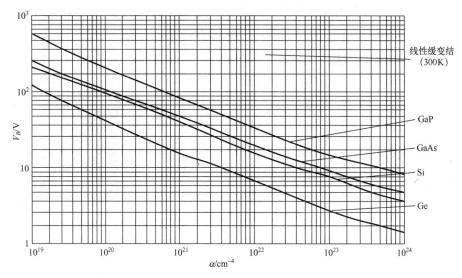

图 2-28　线性缓变结雪崩击穿电压与杂质浓度梯度的关系

从式（2-24）和式（2-25）中可以看出，雪崩击穿电压不光跟低掺杂区的杂质浓度或杂质浓度梯度有关，还跟材料的禁带宽度有关。在相同的条件下，禁带宽度大的材料，雪崩击穿电压高。这是因为雪崩击穿是载流子在强电场作用下与价带电子碰撞并使其电离而获得大于 E_g 的能量达到导带的结果。E_g 越大，就需要较高的电场强度才能发生雪崩倍增效应，雪崩击穿电压就会高些。

2.4.3　影响雪崩击穿电压的因素

扫一扫下载
影响雪崩击穿电压的因素微课

影响 PN 结雪崩击穿电压的因素很多，主要有原材料杂质浓度、外延层厚度和扩散结结深等。

1. 杂质浓度的影响

从式（2-24）和式（2-25）可以知道，如果衬底杂质浓度低或杂质浓度梯度小，则 PN 结的雪崩击穿电压就高。因为如果 N_B 低或 α 小，那么在同样的外加反向偏压下，势垒区宽度 x_m 较大，电场强度较低，所以要达到雪崩击穿所需的电压就会提高。因此，要得到反向耐压高的 PN 结，可选用低掺杂的高阻材料作为衬底，或通过深扩散以减小 α。

2. 外延层厚度的影响

在制造 PN 结的工艺过程中，为了保证硅片的机械强度，对其厚度有一定的要求，一般为 $500\,\mu m$，同时，为了满足 PN 结击穿电压的要求，硅片的掺杂浓度较低，电阻率

较高，所以 PN 结的串联电阻较大。为了减小 PN 结体电阻，通常在 N⁺ 衬底上生长一层很薄的 N⁻ 外延层，然后在外延层上制作 PN 结，这样既减小了体电阻又满足了反向击穿电压的要求。也就是说，高电阻率一侧的厚度是有一定限制的，这对 PN 结的击穿电压有直接的影响。

下面以 P⁺NN⁺ 结构为例。设低掺杂的 N 区（外延层）的宽度为 W，如果 $W > x_{mB}$（PN 结击穿时的势垒区宽度），则 PN 结发生击穿时，势垒区全部在 N 区，击穿电压由 N 区的电阻率（掺杂浓度）决定；如果 N 区外延层比较薄，即有 $W < x_{mB}$，那么在较低的反向电压下，势垒区就占满甚至超过低掺杂的半导体层，进入高掺杂区。在 N⁺ 区中，只要势垒区宽度略有增加，势垒区中空间电荷数就会增加很多，这时，势垒区宽度基本上不随外加偏压增大而增大，但势垒区的电场强度却随着偏压的增大而增大，如图 2-29 所示。在相同的反向偏压作用下，$E(x)$ 函数曲线下的面积应相等，所以在 $W < x_{mB}$ 的情况下，电场强度较大，从而降低了反向击穿电压。

为了防止外延层穿通，击穿电压降低，外延层厚度必须大于结深 x_j 和 x_{mB} 之和。

3. 扩散结结深的影响

用平面工艺制造的 PN 结，杂质原子由表面向体内扩散的同时，也会沿表面横向扩散，其扩散深度可以近似地认为与纵向的扩散深度相同。因此，扩散结的底部是一个平面，称为平面结；而其侧面近似为 1/4 个圆柱形曲面，称为柱面结；如果扩散掩膜中有尖锐的角（如矩形扩散窗口的 4 个顶角），则尖角附近结的形状近似为 1/8 个球面，称为球面结，如图 2-30 所示。

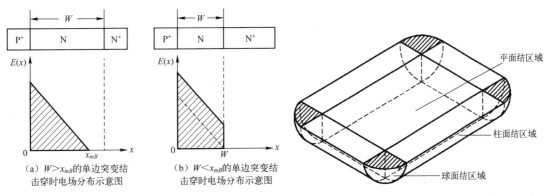

(a) $W > x_{mB}$ 的单边突变结击穿时电场分布示意图　　(b) $W < x_{mB}$ 的单边突变结击穿时电场分布示意图

图 2-29　单边突变结电场分布示意图　　　图 2-30　矩形窗口扩散区各部位 PN 结结面形状图

柱面结和球面结区域都会发生电场集中效应，其电场强度要比平面结区域大，所以在这些区域首先会发生击穿，从而使 PN 结的击穿电压降低。这种效应在扩散结结深较小时比较严重，因为结深越小，柱面和球面的曲率半径越小，结面弯曲越明显，电场强度更集中，更容易发生击穿。图 2-31 给出了各种衬底浓度的硅 PN 结，在不同的结深情况下，平面结、柱面结和球面结击穿电压与结深的关系曲线。

为了减少结深对击穿电压的影响，可采取下面的一些措施：

（1）深结扩散，通过增大曲率半径，减弱电场集中现象，从而提高雪崩击穿电压。

（2）磨角法，将电场集中的柱面结和球面结磨去，形成台面 PN 结。

（3）采用分压环，即在 PN 结周围增加环状 PN 结来分担电压。

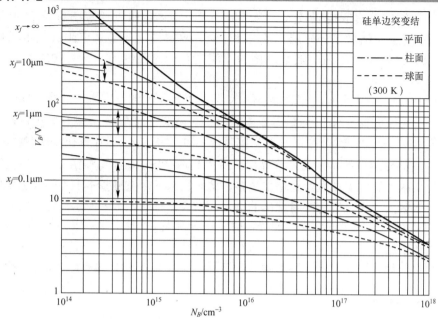

图 2-31　硅平面结、柱面结、球面结的击穿电压和原材料杂质浓度及结深的关系

2.5　PN 结的开关特性

　　从 PN 结的两端各引出一个电极就成为 PN 结二极管（以下简称二极管），所以 PN 结的开关特性实际上就是指二极管的开关特性。二极管大量应用于开关电路中，因此对 PN 结开关特性的讨论具有重要意义。

2.5.1　PN 结的开关作用

扫一扫下载
PN 结的开关
作用微课

　　PN 结具有单向导电性，我们可利用二极管正、反向电流相差悬殊这一特点，把它作为开关来使用。

　　如果将一只二极管接在如图 2-32 所示的线路里，如在输入端外加一个正的电压（1 端比 2 端电压高），这个电压可以是一个正脉冲（持续时间很短的正电压），也可以是一个正的电平（持续时间相当长的正电压），这时二极管处于正向导通状态，故它的电阻很小，假如把它忽略，这个电路就可以看成如图 2-32（b）所示。当输入端加入一个负脉冲或负电平，如图 2-32（c）所示，那么二极管处于反向状态，故电阻很大。假如把它看成无穷大，这个电路就相当于如图 2-32（d）所示的情形。在这个电路里，二极管的作用就好像是一个开关 K，当正脉冲或正电平输入时，二极管处于开态，开关 K 接通；当负脉冲或负电平输入时，二极管处于关态，开关 K 切断。这个开关作用是由电脉冲信号来控制的，所以开关的速度极快。这是机械开关远不能比的。

　　把二极管当作一个理想的开关 K，只是一种近似的比拟，因为理想的开关在开的时候电阻为零，在它上面的压降也是零。而实际的二极管在正向导通状态时，它上面总有一定的压降。

对硅管，V_D 约为 0.7V；对锗管，V_D 约为 0.25V。而在关断状态时，二极管总有一定的反向电流，也和理想的开关有所差别。正常情况下，硅 PN 结的反向漏电流很小，只有纳安数量级。

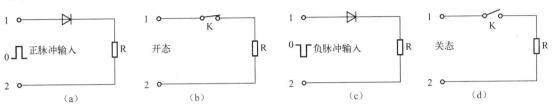

图 2-32　二极管的开关作用

2.5.2　PN 结的反向恢复时间

扫一扫下载
PN 结的反向
恢复时间微课

开关二极管主要用在脉冲电路中，假设外加脉冲的波形如图 2-33（a）所示。

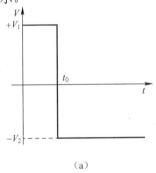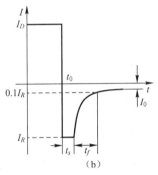

图 2-33　二极管外加脉冲与电流的关系图

当输入电压为 $+V_1$ 时，二极管处于开态，流过二极管的正向电流是：

$$I_D = \frac{V_1 - V_D}{R_L}$$

二极管从关态转变到开态所需的开启时间一般是很短的，故同关闭时间相比，它对开关速度的影响要小得多，所以正向电流建立的过程并未在图中表示出来。

下面只讨论二极管的关闭时间，这个时间一般又称为二极管的反向恢复时间。

当电压在某一时刻 t_0 突然从 $+V_1$ 下降到 $-V_2$ 时，如果二极管是一个理想的开关，那么流过二极管的电流就应当从正向比较大的数值 I_D 突然变到很小的反向漏电流 I_0。但实际情况是这样：当二极管的电压突然从正变到负时，电流将从正向的 I_D 先变到一个很大的反向电流 I_R：

$$I_R \approx \frac{V_2}{R_L}$$

这个电流在维持一段时间 t_s 以后，开始下降，再经过时间 t_f 后下降到 $0.1 I_R$，然后再逐渐趋向反向漏电流 I_0，二极管进入反向截止状态。实际二极管从开态转变到关态所经过的这样一个反向恢复过程，可用图 2-33（b）表示。我们把 t_s 称为储存时间，把 t_f 称为下降时间，$t_r = t_s + t_f$ 称为反向恢复时间。

二极管为什么会存在反向恢复过程呢？实际上，当二极管上的正脉冲跳变为负脉冲时，正向时积累在 P 区和 N 区的大量少子要被反向偏置电压拉回到原来的区域，如图 2-34（a）所示。所以在开始的瞬间，反向电流很大，经过一段时间后，原本积累的少数载流子的一部分被复合掉，另一部分回流到原来的区域，少子分布就从图 2-34（b）的实线变成虚线所示的情况，反向电流也恢复到正常情况下的反向漏电流值。这种正向导通时少数载流子积累的现象称为电荷储存效应，二极管的反向恢复过程就是由电荷储存效应引起的。

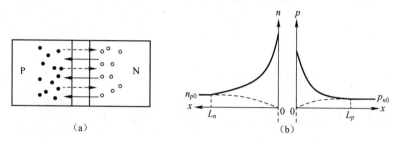

图 2-34　电荷储存效应

反向恢复时间限制了二极管的开关速度。如果脉冲持续时间比二极管的反向恢复时间长得多，这时负脉冲能使二极管彻底断开，起到良好的开关作用；如果脉冲持续时间和二极管的反向恢复时间差不多甚至更短的话，由于反向恢复过程的影响，负脉冲不能使二极管真正关断。所以要保持良好的开关作用，脉冲持续时间不能太短，也就是说，脉冲的频率不能太高，所以开关速度受到了影响。

由于反向恢复时间 t_r 是影响开关速度的主要因素，因此必须减小反向恢复时间，以提高开关二极管的开关速度。为此可以采用以下措施：

（1）在电路应用中，应尽可能使用小的正向电流 I_D 和大的反向抽取电流 I_R。I_D 小则储存的少数载流子电荷就少，I_R 大则抽出少数载流子电荷就快。但实际上 I_D、I_R 常受其电路条件的限制。

（2）降低少数载流子寿命 τ。τ 小，则正偏时储存的少数载流子电荷就少，同时在反偏时少数载流子的复合损失也就增加。这样，反向恢复时间较短。金在硅中是有效的复合中心，因此在开关二极管中常用掺金的方法来提高二极管的开关速度。

小贴士：快恢复二极管

快恢复二极管（简称 FRD）是一种具有开关特性好、反向恢复时间短特点的半导体二极管，主要应用于开关电源、PWM 脉宽调制器、变频器等电子电路中，作为高频整流二极管、续流二极管或阻尼二极管使用。快恢复二极管的内部结构与普通二极管不同，它是在 P 型、N 型硅材料中间增加了基区 I，构成 P-I-N 硅片，工艺上多采用掺金措施。由于基区很薄，反向恢复电荷很小，不仅大大减小了 t_r 值，还降低了瞬态正向压降，使二极管能承受很高的反向工作电压。快恢复二极管的反向恢复时间一般为几百纳秒，正向压降约为 0.6V，正向电流是几安培至几千安培，反向峰值电压可达几百伏到几千伏。快恢复二极管的反向恢复电荷进一步减小，使其 t_r 可低至几十纳秒。

知识梳理与总结

1. 平衡 PN 结

PN 结是指 P 区和 N 区之间存在的一层很薄的过渡层，制作 PN 结有合金法、扩散法、离子注入法；PN 结按照杂质的分布情况，可分为突变结和缓变结；理解平衡 PN 结的形成过程、自建电场以及载流子分布是学习后续内容的基础；掌握 PN 结的接触电势差的计算：

$$V_D = \frac{kT}{q}\ln\frac{N_D N_A}{n_i^2}$$

2. PN 结的直流特性

PN 结正向电流为：

$$I = I_0 \exp\left(\frac{qV}{kT}\right)$$

PN 结反向电流为：

$$I_R = -I_0$$

实际 PN 结的伏安特性偏离上述表达式与势垒区的产生与复合、大注入效应、表面效应有关。

3. PN 结电容

理解势垒电容和扩散电容的形成和计算公式。

4. PN 结的击穿特性

PN 结的击穿机理有雪崩击穿、隧道击穿和热击穿；影响雪崩击穿电压的因素有杂质浓度、外延层厚度以及扩散结结深。

5. PN 结的开关特性

理解 PN 结的开关作用；理解 PN 结的开关过程；PN 结从开态转变为关态所需时间称为反向恢复时间：

$$t_r = t_s + t_f$$

思考题与习题 2

 扫一扫下载本习题参考答案

1. 简述平衡 PN 结的形成过程。
2. 在平衡 PN 结中，费米能级 E_F 有何意义？
3. 试用费米能级概念说明为什么 N_D 和 N_A 越大，V_D 也越大？

4. 有一硅 PN 结，若 $N_D = 10^{20} \text{cm}^{-3}$，$N_A = 5 \times 10^{17} \text{cm}^{-3}$，试计算室温下（300K）该 PN 结的接触电势差 V_D。

5. 一个硅 PN 结，N 区掺杂浓度 $N_D = 10^{16} \text{cm}^{-3}$，$L_p = 10 \mu\text{m}$，$A = 5 \times 10^{-6} \text{cm}^2$，$D_p = 13 \text{cm}^2/\text{s}$，如果外加正向电压为 0.75V，试求在 300K 时的正向电流。

6. 试分析锗 PN 结的正向起始电压比硅 PN 结的正向起始电压低的物理意义（可以从禁带宽度，本征载流子浓度的不同去分析）。

7. 已知突变结两边的杂质浓度为 $N_A = 10^{16} \text{cm}^{-3}$，$N_D = 10^{20} \text{cm}^{-3}$，反向电压为 10V，求势垒区高度和势垒区宽度。

8. 已知 $N_A = 5 \times 10^{17} \text{cm}^{-3}$，$V_D = 0.8\text{V}$，分别计算硅 N$^+$P 结在正向电压为 0.6V，反向电压为 40V 时的势垒区宽度。

9. 已知 $N_D = 5 \times 10^{15} \text{cm}^{-3}$，$V_D = 0.7\text{V}$，分别计算硅 P$^+$N 结在平衡和反向电压为 45V 时的势垒区中最大电场强度。

10. PN 结势垒电容和扩散电容在物理机构上有何区别？反偏时的 PN 结有无扩散电容？

11. 有一硅 N$^+$P 结，P 区杂质浓度为 10^{16}cm^{-3}，结面积为 $A = 10^{-4} \text{cm}^2$，求外加反向电压为 5.2V 时，该 N$^+$P 结的势垒电容和势垒宽度。

12. 为什么势垒很薄的 PN 结不容易产生雪崩击穿？为什么隧道击穿不受这一影响？

13. 有一硅扩散结，衬底浓度 $N_0 = 2 \times 10^{16} \text{cm}^{-3}$，扩散表面浓度 $N_S = 4 \times 10^{18} \text{cm}^{-3}$，结深为 $10 \mu\text{m}$，试用线性缓变结近似求该 PN 结的击穿电压。

14. 某扩散结原来结深为 $1 \mu\text{m}$，后来结深增加了 $3 \mu\text{m}$，若其他条件不变，问此时 x_m 变大还是变小？V_B 变大还是变小？

第3章

双极晶体管及其特性

本章要点

扫一扫下载
本章教学课
体

双极晶体管是最早出现的具有放大功能的三端半导体器件，至今仍是最重要的半导体器件之一。习惯上，常用 BJT（Bipolar Junction Transistor）代表双极晶体管，简称为晶体管。晶体管自 1947 年由贝尔实验室的研究小组发明以来，对于电子工业产生了空前的冲击力，在高速计算机、汽车和卫星、现代通信和电力领域都是关键的部件。因此对双极晶体管原理和特性的透彻了解十分重要。

尽管晶体管的种类繁多，比如，按用途可分为低频管和高频管、小功率管和大功率管、高反压管及开关管等；按制造工艺和管芯结构可分为合金管、扩散管、台面管、平面管等。这些晶体管的结构和特性也各有差异，但它们的一些基本原理是相似的。本章首先介绍晶体管的结构和电流放大原理，然后依次论述晶体管的电流放大系数、伏安特性和晶体管的反向电流和击穿电压，最后简要介绍晶体管的频率特性、功率特性和开关特性。

3.1 晶体管结构与工作原理

扫一扫下载晶体管中的杂质分布微课

3.1.1 晶体管的基本结构与杂质分布

要分析晶体管的工作原理，首先要了解晶体管的结构。各种晶体管的结构基本相同，都是由两个彼此十分靠近的背靠背的 PN 结组成。这两个 PN 结分别称为发射结和集电结，它们将晶体管划分为 3 个区：发射区、基区、集电区。从 3 个区引出的电极则称为发射极、基极、集电极，分别用符号 E、B、C 表示。晶体管的基本形式可分为 PNP 型和 NPN 型两种。它们的结构和符号如图 3-1 所示。在实际应用中，PNP 管用得很少，所以如果不做特别说明，本章内容讨论的都是 NPN 管。

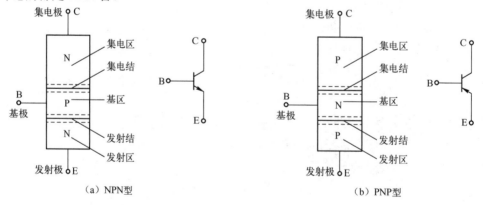

（a）NPN型　　　　　　　　　　　　　（b）PNP型

图 3-1　晶体管的基本结构和符号

不同工艺制造出的晶体管，其基区杂质分布有很大不同，而杂质分布情况将对晶体管的性能产生重大影响。下面简单介绍合金管和平面管的制作工艺、杂质分布、管芯结构和性能特点。

1. 合金管

合金管是早期发展起来的晶体管，以 PNP 型合金晶体管为例，是在 N 型的锗片上一面

放上 P 型杂质——铟镓球，另一面放上铟球，经烧结冷却后形成 PNP 结构，其管芯结构和杂质分布如图 3-2 所示。

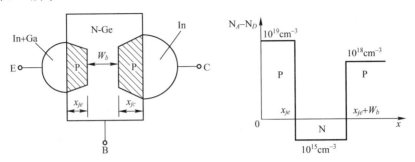

图 3-2　合金管的管芯结构和杂质分布

图中 W_b 为基区宽度，x_{je} 和 x_{jc} 分别为发射结和集电结的结深。合金结 3 个区的杂质分布是均匀的，其发射结和集电结都是突变结，发射区和集电区的杂质浓度远远大于基区的杂质浓度。

合金管的主要缺点是基区较宽，一般只能做到 $10\mu m$ 左右，所以合金管的频率特性较差，只能应用于低频场合。

2．平面管

采用平面工艺制造的平面晶体管是目前生产的最主要的一种晶体管。它是在 N 型硅片上生长一层二氧化硅膜，在氧化膜上光刻出一个窗口，进行硼扩散，形成 P 型基区，然后在此 P 型层的氧化膜上再光刻出一个窗口，进行高浓度的磷扩散，得到 N^+ 发射区，并用蒸铝和光刻工艺制造基极与发射极的引出电极，N 型基片用作集电极，其管芯结构和杂质分布如图 3-3 所示。

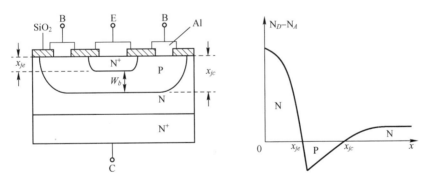

图 3-3　平面管的管芯结构和杂质分布

由图中可以看到，3 个区域的杂质分布是不均匀的。由于此晶体管的基区和发射区是由两次扩散工艺形成的，因此称为双扩散管。

在平面工艺基础上又发展出一种外延平面工艺技术，其方法是在高浓度的低阻 N^+ 衬底上先生长一层高阻的 N 型外延层，然后再按前面讲的平面工艺在外延层上制作基区和发射区，制成外延平面管。由于衬底电阻率比较低，集电极串联电阻小，使集电极饱和压降减小，这样，外延平面管在开关速度、工作频率、直流特性和功耗等方面都有较大的改善。

平面工艺可以使晶体管基区做到很薄，而且管芯可以做到很小，所以增益和频率特性显著改善，性能大大提高。

综上所述，晶体管的基区杂质分布有两种形式：一种是均匀分布，称为均匀基区晶体管，如合金管。在均匀基区晶体管中，载流子在基区内的传输主要靠扩散进行，故又称为扩散型晶体管。另一种是缓变的，称为缓变基区晶体管，如平面管。这种晶体管的基区存在自建电场，载流子在基区内既有扩散运动又有漂移运动，而且往往以漂移运动为主，故又称为漂移型晶体管。

3.1.2　晶体管的电流传输

扫一扫下载晶体管中的电流传输微课

1. 晶体管的载流子分布

以 NPN 型的合金管为例，设发射区、基区和集电区的杂质皆为均匀分布，其中发射区为高掺杂，杂质浓度最高，而基区的杂质浓度要高于集电区。在晶体管的三端不加外电压时（即平衡状态下），晶体管的载流子分布如图 3-4 所示。

当该晶体管工作在放大状态时，发射结正偏，集电结反偏。此时，晶体管的发射结和集电结处于非平衡状态。由于发射结正偏，发射区向基区注入电子（非平衡少子），在基区边界积累，并向基体内扩散，边扩散边复合，最后形成稳定分布，其分布函数用 $n_b(x)$ 表示。同时，基区也向发射区注入空穴（非平衡少子），并形成稳定分布，记作 $p_e(x)$。对于集电结，由于处于反向偏置，将对其两侧的少数载流子起抽取作用，集电结两侧边界的少子浓度下降为零，集电区少子（空穴）浓度用 $p_c(x)$ 表示，如图 3-5 所示。

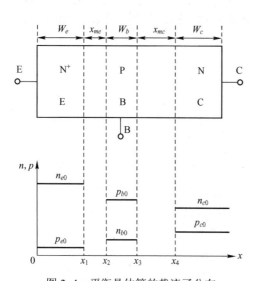

图 3-4　平衡晶体管的载流子分布

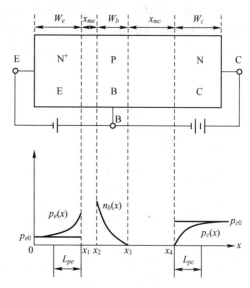

图 3-5　非平衡晶体管的载流子分布

2. 晶体管的载流子传输

图 3-6 示意地画出载流子的传输过程，从中可见整个传输过程分为 3 个阶段。

1）发射结的注入

发射结外加了正向偏压，就会引起电子从高掺杂的发射区注入到基区。注入的电子流产

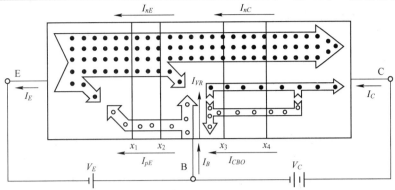

图 3-6　晶体管中的载流子传输和电流关系示意图

生了一个电子电流 I_{nE}，它的方向是和注入电子流方向相反。同时，空穴从基区注入到发射区，形成空穴电流 I_{pE}。这股空穴电流在发射区内边扩散边复合，经过扩散长度 L_{pE} 后基本复合消失，转换成电子电流。总的发射极电流应该是电子电流和空穴电流的总和，即：

$$I_E = I_{pE} + I_{nE} \tag{3-1}$$

2）基区中的输运和复合

发射区注入到基区的电子，在基区内形成了一个浓度梯度，所以就要从界面 x_2 向界面 x_3 扩散，这时的基区就起着输运电子的作用。在输运过程中，有一部分电子要同基区中的空穴复合，而形成基区的复合电流 I_{VR}，其余的电子可以输运到集电结边界，被集电结抽取到集电区，形成集电结电流 I_{nC}，所以 I_{nC} 要比 I_{nE} 小一些，即：

$$I_{nC} = I_{nE} - I_{VR} \tag{3-2}$$

需要指出的是，大部分电子能从发射区输运到集电区，这是因为基区很窄，若不满足这个条件，基区宽度 W_b 比电子的扩散长度 L_{nB} 还要大，那么电子没有到达边界 x_3 就已经差不多复合光了，输运就不起作用了。这时，发射结和集电结就成了两个互不联系的 PN 结了，这样的 NPN 结构就不能成为晶体管，只能算是两只二极管。

从图上可以看出，基极电流由 3 部分组成：基区复合电流 I_{VR}、基区注入到发射区的空穴电流 I_{pE} 以及集电结反偏的反向漏电流 I_{CBO}。所以基极电流的表达式为：

$$I_B = I_{pE} + I_{VR} - I_{CBO} \tag{3-3}$$

3）集电结的收集

集电结外加的是反向偏压，所以电子扩散到界面 x_3 就全部被集电结抽取到集电区，成为集电极电流的主要部分，集电极电流除了这部分电流 I_{nC} 外，还有集电结的反向漏电流 I_{CBO}，所以总的集电极电流可以写成：

$$I_C = I_{nC} + I_{CBO} \tag{3-4}$$

最后，根据电流的连续性，应有：

$$I_E = I_B + I_C \tag{3-5}$$

综上所述，对于 NPN 晶体管，电子电流是主要成分。电子从发射极出发，通过发射区到达发射结，由发射结注入到基区，再由基区输运到集电结边界，然后由集电结收集到集电区并到达集电极，最终称为集电极电流。这就是晶体管内部载流子的传输过程。

电子电流在传输过程中有两次损失：一是在发射区，与从基区注入过来的空穴复合损失；二是在基区体内和空穴的复合损失。因此，$I_{nC} < I_{nE} < I_E$。实际上还有其他方面的损失，将在以后讨论。

3.1.3 晶体管的直流电流放大系数

1. 电流放大系数的定义和电流放大能力

晶体管放大电流的能力可以用电流放大系数来描述。放大电路的接法不同，其电流放大能力不同，电流放大系数也不同。

扫一扫下载
电流放大系数
的定义微课

1）共基极直流电流放大系数 α_0

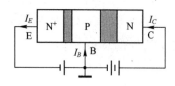

图 3-7　晶体管的共基极接法

对于共基极接法的晶体管，如图 3-7 所示，以发射极为输入端，集电极为输出端。

其直流电流放大系数 α_0 定义为集电极输出电流与发射极输入电流之比，即：

$$\alpha_0 = \frac{I_C}{I_E} \tag{3-6}$$

α_0 反映出发射极输入电流 I_E 中有多大比例传输到集电极成为输出电流 I_C，或者说由发射极发射的电子有多大比例传输到集电极。由于前面讲到的传输过程中的两次损失，α_0 总是小于 1。为了反映两次损失的程度，我们定义了下面两个参数。

（1）发射效率 γ_0。

对于 NPN 管，发射效率定义为注入基区的电子电流与发射极电流的比值，即：

$$\gamma_0 = \frac{I_{nE}}{I_E} \tag{3-7}$$

由式（3-1）可得：

$$\gamma_0 = \frac{I_{nE}}{I_{nE} + I_{pE}} = \frac{1}{1 + \dfrac{I_{pE}}{I_{nE}}} \tag{3-8}$$

可见，要想提高发射效率，就要减小 $\dfrac{I_{pE}}{I_{nE}}$。实际上，就是要使发射区杂质浓度比基区杂质浓度高得多，这样发射区注入到基区的电子电流就远远大于基区注入到发射区的空穴电流，发射效率非常接近于 1。

（2）基区输运系数 β_0^*。

对于 NPN 管，基区输运系数定义为到达集电极的电子电流与注入基区的电子电流之比，即：

$$\beta_0^* = \frac{I_{nC}}{I_{nE}} \tag{3-9}$$

根据式（3-2）可得：

$$\beta_0^* = \frac{I_{nE} - I_{VR}}{I_{nE}} = 1 - \frac{I_{VR}}{I_{nE}} \tag{3-10}$$

可见，减小基区体内复合电流 I_{VR} 是提高 β_0^* 的有效途径，而减小 I_{VR} 的主要措施是减小基区宽度 W_b，使基区宽度远小于电子在基区的扩散长度 L_{nB}。所以在晶体管生产中，必须严格控制基区宽度，从而得到合适的电流放大系数。

根据式（3-7）和式（3-9），式（3-6）可变换为：

$$\alpha_0 = \frac{I_C}{I_E} \approx \frac{I_{nC}}{I_E} = \frac{I_{nE}}{I_E}\frac{I_{nC}}{I_{nE}} = \gamma_0 \beta_0^* \qquad (3-11)$$

在共基极电路中，通过 I_E 控制 I_C，α_0 越大，说明晶体管的放大性能越好，性能良好的晶体管的 α_0 是非常接近 1 的。虽然共基极接法的晶体管不能放大电流，但是由于集电极可以接入阻抗较大的负载，所以仍然能够进行电压放大和功率放大。

2）共发射极直流电流放大系数

对于共发射极接法的晶体管，如图 3-8 所示，以基极为输入端，集电极为输出端。

其直流电流放大系数 β_0 的定义为集电极输出电流 I_C 与基极输入电流 I_B 之比，即：

$$\beta_0 = \frac{I_C}{I_B} \qquad (3-12)$$

β_0 也是晶体管的重要参数之一。共发射极电路是用 I_B 去控制 I_C 以实现电流放大的。

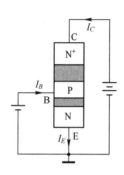

图 3-8　晶体管的共发射极接法

3）α_0 和 β_0 的关系

根据式（3-5）和式（3-6），式（3-12）可变换为：

$$\beta_0 = \frac{I_C}{I_B} = \frac{I_C}{I_E - I_C} = \frac{\frac{I_C}{I_E}}{1 - \frac{I_C}{I_E}} = \frac{\alpha_0}{1-\alpha_0} \qquad (3-13)$$

4）晶体管的放大能力和具备放大作用的条件

因为 α_0 非常接近于 1，从式（3-13）可知，β_0 远大于 1，一般在 20～200 之间。因此，I_B 的微小变化将引起 I_C 的很大变化，也就是说，晶体管具有电流放大能力。

从上面的分析还可以看出，NPN 晶体管要具有放大能力，必须满足下列条件：

（1）发射区杂质浓度比基区杂质浓度高得多，以保证发射效率 γ_0 很接近于 1。

（2）基区宽度 W_b 远小于 L_{nB}，保证基区输运系数 β_0^* 接近于 1。

（3）发射结正偏，使电子从发射区注入基区；集电极反偏，将电子从基区收集到集电区。

2. 缓变基区晶体管的电流放大系数

1）缓变基区晶体管中存在的自建电场

平面晶体管或集成电路中的晶体管，基区中的杂质分布是不均匀的，是逐渐变化的，称它为"缓变基区晶体管"。

扫一扫下载缓变基区晶体管的自建电场微课

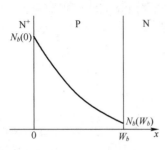

图 3-9　缓变基区晶体管基区杂质分布

NPN 型缓变基区平面晶体管的基区杂质分布如图 3-9 所示。在基区中杂质浓度从发射结边缘开始逐渐下降，到集电结边缘下降为零，因此，基区存在杂质浓度梯度。同时基区多数载流子空穴也存在浓度梯度，因此就要往浓度低的方向扩散，其结果是破坏了基区的电中性条件，使基区靠近发射区的一侧带负电（受主杂质离子多于空穴），靠近集电区的一侧带正电（空穴多于受主杂质离子），这样就形成一个自右向左的电场。该电场阻止空穴进一步扩散，平衡时该电场作用下的空穴漂移电流和空穴扩散电流大小相等、方向相反，相互抵消，这种平衡时的基区电场称为自建电场。

既然自建电场是由于基区存在杂质浓度梯度所引起的，那么自建电场的大小就和基区杂质浓度的分布有关。设基区杂质浓度的分布是 $N_b(x)$，它基本上就是基区的空穴浓度。在平衡时，自建电场作用下空穴的漂移电流密度应该和空穴扩散电流密度相抵消，即：

$$q\mu_{pb}N_b(x)E = qD_{pb}\frac{\mathrm{d}N_b(x)}{\mathrm{d}x}$$

所以自建电场 E 为：

$$E = \frac{D_{pb}}{\mu_{pb}}\frac{1}{N_b(x)}\frac{\mathrm{d}N_b(x)}{\mathrm{d}x} = \frac{kT}{q}\frac{1}{N_b(x)}\frac{\mathrm{d}N_b(x)}{\mathrm{d}x} \tag{3-14}$$

由式（3-14）可见，基区自建电场 E 由基区的杂质浓度分布决定，某处电场强度的大小和该处的杂质浓度梯度成正比，和该处的杂质浓度成反比。

2）缓变基区晶体管的电流密度

根据式（3-6）和式（3-8），晶体管的电流放大系数要通过电流求出，下面就求解缓变基区晶体管的 I_{nE}、I_{pE}、I_E 和 I_{VR}。

对于缓变基区晶体管（还是以 NPN 管为例），由于基区有自建电场，所以注入到基区的电子，不仅有扩散电流，而且有电场作用下的漂移电流，电子扩散电流和漂移电流的方向相同。所以通过基区的电子电流为：

$$I_{nE} = -A_e\left[q\mu_{nb}n_b(x)|E| + qD_{nb}\frac{\mathrm{d}n_b(x)}{\mathrm{d}x}\right]$$

将式（3-14）代入上式可得：

$$I_{nE} = -A_eqD_{nb}\left[\frac{\mathrm{d}n_b(x)}{\mathrm{d}x} + \frac{n_b(x)}{N_b(x)}\frac{\mathrm{d}N_b(x)}{\mathrm{d}x}\right]$$

将上式两边乘以 $N_b(x)$，然后在基区内积分，即从 0 积到 W_b，并使 $n_b(W_b)=0$，得：

$$I_{nE} = A_eqD_{nb}n_b(0)N_b(0)\frac{1}{\displaystyle\int_0^{W_b}N_b(x)\mathrm{d}x}$$

式中　$n_b(0)$ 是 x=0 处的电子浓度 $n_{b0}\mathrm{e}^{\frac{q}{kT}V_E}$；

　　　$N_b(0)$ 是 x=0 处的杂质浓度，可以认为是平衡时空穴的浓度 p_{b0}，代入上式并注意到

$n_{b0}p_{b0}=n_i^2$，可得：

$$I_{nE}=A_e q D_{nb}n_i^2 e^{\frac{q}{kT}V_E}\frac{1}{\int_0^{W_b}N_b(x)\mathrm{d}x}\tag{3-15}$$

一般的双扩散晶体管发射区深度 x_{je} 比空穴扩散长度 L_{pe} 小，根据式（1-26），由基区向发射区注入的空穴电流近似写成：

$$I_{pE}=A_e q\frac{D_{pe}}{x_{je}}p_{e0}e^{\frac{q}{kT}V_E}=A_e q\frac{D_{pe}n_i^2}{x_{je}N_e}e^{\frac{q}{kT}V_E}\tag{3-16}$$

在计算基区体内复合电流时，同样根据式（1-26），基区电子浓度近似为线性分布，这样，基区平均非平衡电子浓度为：

$$\Delta n_b\approx\frac{\Delta n_b(0)+\Delta n_b(W_b)}{2}=\frac{n_{b0}}{2}e^{\frac{q}{kT}V_E}$$

基区电子的平均复合率为：

$$\frac{\Delta n_b}{\tau_{nb}}=\frac{n_{b0}}{2\tau_{nb}}e^{\frac{q}{kT}V_E}$$

基区电子平均复合率乘以基区有效体积就是整个基区单位时间内复合的电子数目，再乘以单位电荷量 q 就是基区复合电流：

$$I_{VR}=A_e W_b q\frac{\Delta n_b}{\tau_{nb}}=A_e\frac{qW_b n_{b0}}{2\tau_{nb}}e^{\frac{q}{kT}V_E}\tag{3-17}$$

3）缓变基区晶体管的发射效率

首先介绍方块电阻的概念。方块电阻又叫薄层电阻，是为了描写一个薄层，如扩散层、外延层、淀积金属薄膜层的导电能力的强弱而引入的物理量。方块电阻的定义是正方形片状材料的一边到对边所测量到的欧姆电阻。如图 3-10 所示，对于一个边长为 a，厚度为 W，电阻率为 ρ 的薄层体，其方块电阻为：

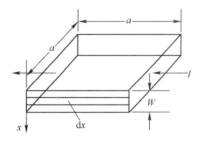

图 3-10 方块电阻示意图

$$R_S=\rho\frac{a}{aW}=\frac{\rho}{W}\tag{3-18}$$

可见，方块电阻和正方形材料的边长无关。将式（1-21）代入可知，它的大小决定于单位面积薄层中所含的杂质总量。在生产中，方块电阻很容易用四探针法来测量。

若薄层内杂质分布不均匀，则：

$$R_S=\frac{\bar\rho}{W}$$

式中，$\bar\rho$ 为平均电阻率。

根据式（3-8），把式（3-15）和式（3-16）代入可得缓变基区晶体管的发射效率为：

$$\gamma_0=\frac{1}{1+\dfrac{I_{pE}}{I_{nE}}}=\frac{1}{1+\dfrac{q\mu_{pb}\int_0^{W_b}N_b(x)\mathrm{d}x}{q\mu_{ne}N_e x_{je}}}\tag{3-19}$$

式（3-19）计算中应用了 $\dfrac{D_n}{D_p}=\dfrac{\mu_n}{\mu_p}$，并且假设基区和发射区同种载流子的迁移率相同，即 $\mu_{nb}=\mu_{ne}$、$\mu_{pb}=\mu_{pe}$。

这样，式（3-19）分母中的两项可以用发射区和基区的方块电阻来表示：

$$\frac{1}{q\mu_{ne}N_e x_{je}}=\frac{\overline{\rho}_e}{x_{je}}=R_{Se}$$

注意到 $\dfrac{\int_0^{W_b} N_b(x)\mathrm{d}x}{W_b}=p_{b0}$，左边为基区平均杂质浓度，大约等于多子空穴浓度，则：

$$\frac{1}{q\mu_{pb}\int_0^{W_b} N_b(x)\mathrm{d}x}=\frac{\overline{\rho}_b}{W_b}=R_{Sb}$$

因此，式（3-19）可写成：

$$\gamma_0=\frac{1}{1+\dfrac{R_{Se}}{R_{Sb}}}=\frac{1}{1+\dfrac{\overline{\rho}_e W_b}{\overline{\rho}_b x_{je}}} \tag{3-20}$$

4）缓变基区晶体管的基区输运系数

根据式（3-10），把式（3-15）和式（3-17）代入可得缓变基区晶体管的基区输运系数为：

$$\beta_0^*=1-\frac{I_{VR}}{I_{nE}}=1-\frac{W_b^2}{4\tau_{nb}D_{nb}}=1-\frac{W_b^2}{4L_{nb}^2} \tag{3-21}$$

5）缓变基区晶体管的电流放大系数

根据式（3-11），把式（3-20）和式（3-21）代入可得缓变基区晶体管的电流放大系数为：

扫一扫下载
缓变基区晶体
管的电流放大
系数微课

$$\alpha_0=\gamma_0\beta_0^*=\frac{1}{1+\dfrac{R_{Se}}{R_{Sb}}}\left(1-\frac{W_b^2}{4L_{nb}^2}\right) \tag{3-22}$$

可见，提高电流放大系数的途径是提高 R_{Sb} 或减小 R_{Se}，以及减小 W_b。其实质就是减小基区平均掺杂浓度、减小基区宽度 W_b 以提高 R_{Sb}，提高发射区平均掺杂浓度以减小 R_{Se}。

另外，提高基区杂质浓度梯度，加快载流子传输，减少复合；提高基区载流子的寿命和迁移率，以增大载流子的扩散长度，都可以提高电流放大系数。实际应用中要注意结合其他因素进行综合考虑。

实例 3-1 一缓变基区 NPN 晶体管，其发射区方块电阻为 $5\Omega/\square$，基区方块电阻为 $2500\Omega/\square$，基区宽度为 $0.8\mu m$，基区电子扩散长度为 $10\mu m$，试计算其电流放大系数。

解 $\alpha_0=\dfrac{1}{1+\dfrac{R_{Se}}{R_{Sb}}}\left(1-\dfrac{W_b^2}{4L_{nb}^2}\right)=\dfrac{1}{1+\dfrac{5}{2500}}\left(1-\dfrac{0.8^2}{4\times10^2}\right)=0.9964$

3.2 晶体管的直流特性

3.2.1 晶体管的伏安特性曲线

晶体管的伏安特性曲线形象地表示出晶体管各电极电流与电压的关系，反映出晶体管内部所发生的物理过程，以及晶体管各直流参数的优劣。它不仅对于晶体管的使用者，而且对于晶体管的设计和制造者都十分重要。

晶体管的特性曲线主要有两组，一组是输入特性曲线，另一组是输出特性曲线。在晶体管线路中，共基极接法和共发射极接法应用比较普遍，下面我们主要讨论这两种接法的晶体管的特性曲线。

1. 共基极晶体管特性曲线

共基极接法如图 3-7 所示，其输入特性曲线表示输出电压 V_{CB} 一定时，输入电流 I_E 和输入电压 V_{BE} 之间的关系，如图 3-11（a）所示。

由于发射结正向偏置，所以实际上输入特性曲线就是正向 PN 结的特性曲线，但也存在着差别：在同样的 V_{BE} 下，I_E 随着 V_{CB} 的增大而增大。这是因为 V_{CB} 增大，集电结的势垒区变宽，因而有效基区宽度减小，使得在同样的 V_{BE} 下，基区少子浓度梯度增大，从而引起发射区向基区注入的电子电流 I_{nE} 增加，因而发射极电流 I_E 就增大。所以，

扫一扫下载
共基极伏安特性曲线微课

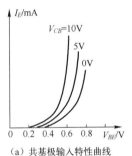

（a）共基极输入特性曲线

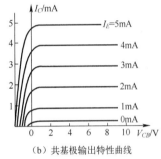

（b）共基极输出特性曲线

图 3-11 共基极晶体管特性曲线

输入特性曲线随 V_{CB} 增大而左移。这种有效基区宽度随 V_{CB} 的变化而变化的现象，就是后面要讨论的基区宽度调变效应。

共基极输出特性曲线是指输出端电流 I_C 随输出电压 V_{CB} 变化的关系曲线，如图 3-11（b）所示。从图上可以看到，当 $V_{CB}>0$ 时，$I_C \approx I_E$，而且基本与 V_{CB} 无关。这是因为 $I_C = \alpha I_E$，$\alpha \approx 1$。若 I_E 取不同的数值，就得到一组基本上相互平行的曲线族。但是要注意两点：第一，当 $I_E = 0$ 时，$I_C \neq 0$。实际上 $I_C = I_{CBO}$，这时的输出特性就是集电结的反向特性，公式要修正为 $I_C = \alpha I_E + I_{CBO}$。第二，当 $V_{CB} = 0$ 时，I_C 仍保持不变，这是因为 $V_{CB} = 0$ 时，基区靠近集电结势垒区边界处的电子浓度等于平衡时的电子浓度，但是因为基区中仍然存在电子的浓度梯度，不断有电子向集电结边界扩散，为了保证该处电子浓度等于平衡时的电子浓度，漂移通过集电结的少子必须大于从集电结扩散到基区的少子，因而虽然 $V_{CB} = 0$，但是 $I_C \neq 0$。要使 $I_C = 0$，必须在集电结上外加一个小的正向偏压，使基区靠近集电结势垒区边界处也开始积累电子，最终基区中电子浓度梯度接近于零方可。

2. 共发射极晶体管特性曲线

共发射极接法如图 3-8 所示，其输入特性曲线表示在输出电

扫一扫下载
共射极伏安特性曲线微课

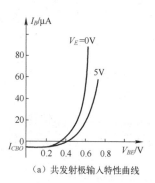

（a）共发射极输入特性曲线

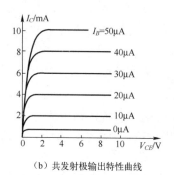

（b）共发射极输出特性曲线

图 3-12　共发射极晶体管特性曲线

压 V_{CE} 一定时，输入电流 I_B 和输入电压 V_{BE} 的关系，如图 3-12（a）所示。由于发射极正偏，如将输出端短路，即 $V_{CE}=0$ 时，就相当于将发射结和集电结并联，所以输入特性曲线与正向 PN 结伏安特性相似。当集电结处于反偏时，由于基区宽度减小，基区内载流子的复合损失减少，I_B 也就减少。所以，特性曲线随 V_{CE} 的增加而右移。而且，当 $V_{BE}=0$ 时，I_{pE} 和 I_{VR} 都等于零，由式（3-3）可知，$I_B=-I_{CBO}$。这是因为 V_{CB} 不为零，集电结还处于反偏状态，所以流过基极的电流为集电结反向饱和电流。

共发射极输出特性曲线是指当基极电流 I_B 确定时，输出电流 I_C 随 V_{CE} 变化的关系曲线。对应不同的 I_B 值，有一组关系曲线，如图 3-12（b）所示。因为：

$$I_C=\beta I_B+I_{CEO} \qquad (3\text{-}23)$$

当 $I_B=0$ 时，$I_C=I_{CEO}$。当 I_B 增加时，集电极电流 I_C 按 βI_B 的规律增加。值得注意的是，当 V_{CE} 增大时，晶体管的基区宽度减小，电流放大系数 β 增大，特性曲线微微向上倾斜。

在制造和使用晶体管时，常用半导体管特性图示仪来测试晶体管的直流特性曲线。因为半导体管特性图示仪输入的阶梯信号 I_B 变量相同，根据 $\beta_0=\dfrac{\Delta I_C}{\Delta I_B}$，从特性曲线的疏密程度就可以看出电流放大系数的大小。如图 3-12（b）所示，小电流下特性曲线比较密，说明 β_0 在小电流下较小，这是因为发射结势垒复合引起发射效率下降的缘故。

仿真实验 1　共发射极晶体管伏安特性仿真

大家往往熟悉集成电路设计过程中的电路仿真，但是在进行器件设计生产的过程中，存在很多不确定的因素，参数、条件的设置都可能需要经过多次实验才能得到最佳方案。但是半导体器件的生产成本高昂，而采用仿真是一种很有效的措施，可以降低成本，缩短开发周期和提高成品率。也就是说，仿真可以虚拟生产并指导实际生产。

如图 3-13 所示，显示了工艺仿真、器件仿真与电路仿真三者间的关系。

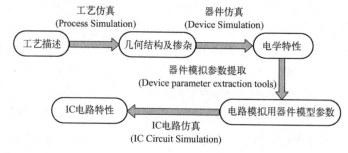

图 3-13　工艺仿真、器件仿真和电路仿真间的关系

半导体的仿真主要包括工艺仿真和器件仿真,工艺仿真可以实现离子注入、氧化、刻蚀、光刻等工艺过程的模拟;可以用于设计新工艺,改良旧工艺。器件仿真可以实现电学特性仿真,电学参数提取;可以用于设计新型器件,进行旧器件改良,验证器件的电学特性。例如,MOS 型晶体管、二极管、双极晶体管,等等。提取器件参数,或建立简约模型以用于电路仿真。

1. Silvaco 的基本功能与使用流程

Silvaco 是一款多功能的仿真软件,既可以实现工艺仿真也可以实现器件仿真。用来模拟半导体器件电学性能,进行半导体工艺流程仿真,还可以与其他 EDA 工具组合起来使用(比如 spice),进行系统级电学模拟。其中 Athena 是工艺仿真器,而 Atlas 是器件仿真器。如图 3-14 所示,显示了 Athena 工艺仿真器和 Atlas 器件仿真器之间的联系及软件的一般使用流程。可以看出,通过 Athena 工艺仿真可以得到具体的器件结构,而在 Atlas 中利用已生成的具体结构,又可以实现对器件特性的仿真。

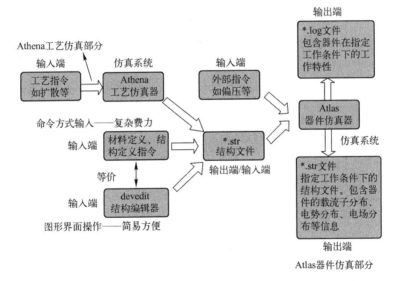

图 3-14　Silvaco 软件的一般使用流程

2. 共发射极晶体管特性仿真

晶体管的伏安特性主要描述的是三极管的电流 I_C 与电压 V_{CE} 之间的关系,且根据基极电流 I_B 的不同,会得到不同的关系曲线。

要使用 Silvaco 对晶体管的伏安特性进行仿真,首先要定义该晶体管的结构,然后设定仿真的条件,也就是给出 I_B 和 V_{CE} 的变化范围。现将仿真语句展示如下。

```
go atlas
TITLE Bipolar Gummel plot and    IC/VCE with constant IB
# Silvaco International 1992, 1993, 1994
```

```
mesh
x.m l=0    spacing=0.15
x.m l=0.8 spacing=0.15
x.m l=1.0 spacing=0.03
x.m l=1.5 spacing=0.12
x.m l=2.0 spacing=0.15

y.m l=0.0    spacing=0.006
y.m l=0.04 spacing=0.006
y.m l=0.06 spacing=0.005
y.m l=0.15 spacing=0.02
y.m l=0.30 spacing=0.02
y.m l=1.0    spacing=0.12

region num=1 silicon

electrode num=1 name=emitter left length=0.8
electrode num=2 name=base       right length=0.5 y.max=0
electrode num=3 name=collector bottom

doping reg=1 uniform n.type conc=5e15
doping reg=1 gauss    n.type conc=1e18 peak=1.0 char=0.2
doping reg=1 gauss    p.type conc=1e18 peak=0.05 junct=0.15
doping reg=1 gauss    n.type conc=5e19 peak=0.0    junct=0.05
x.right=0.8
doping reg=1 gauss    p.type conc=5e19 peak=0.0    char=0.08 x.left=1.5
```

*上述部分都在定义三极管的结构

```
# set bipolar models
models conmob fldmob consrh auger print
contact name=emitter n.poly surf.rec
```

*设置三极管仿真时所参考的模型，并定义接触电极材料
```
solve init

save outf=bjtex04_0.str

tonyplot    bjtex04_0.str -set bjtex04_0.set
```

```
#IC/VCE with constant IB
#ramp Vb
log off
solve init
solve vbase=0.025
solve vbase=0.05
solve    vbase=0.1 vstep=0.1 vfinal=0.7 name=base
```
*设定基极电位

```
# switch to current boundary conditions
contact name=base current
```
*根据基极电位得到相应的基极电流

```
# load in each initial guess file and ramp VCE
load inf=bjtex04_1.str master
log outf=bjtex04_1.log
solve vcollector=0.0 vstep=0.25 vfinal=5.0 name=collector

load inf=bjtex04_2.str master
log outf=bjtex04_2.log
solve vcollector=0.0 vstep=0.25 vfinal=5.0 name=collector

load inf=bjtex04_3.str master
log outf=bjtex04_3.log
solve vcollector=0.0 vstep=0.25 vfinal=5.0 name=collector

load inf=bjtex04_4.str master
log outf=bjtex04_4.log
solve vcollector=0.0 vstep=0.25 vfinal=5.0 name=collector

load inf=bjtex04_5.str master
log outf=bjtex04_5.log
solve vcollector=0.0 vstep=0.25 vfinal=5.0 name=collector
```
*设定 V_{CE} 的变化范围
```
# plot results
tonyplot −overlay    bjtex04_1.log bjtex04_2.log bjtex04_3.log
bjtex04_4.log
bjtex04_5.log    −set bjtex04_1_log.set
quit
```

通过上述语句定义，就可以得到如图 3-15 所示的仿真结果。由图中可以看到，随着 V_{CE} 由 0～5V，I_C 经历了先上升再基本不变这样的变化，也就是对应了晶体管从饱和到放大工作状态的转变。图中共有 5 条不同的曲线，对应了 5 个不同的 I_B，随着 I_B 增大 I_C 也增大，因此可见 I_B 对于 I_C 有影响。

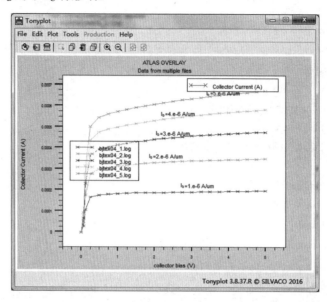

图 3-15　共发射极晶体管伏安特性仿真结果

实验 5　半导体管特性图示仪测试晶体管的特性曲线

1. 实验目的

（1）测晶体管的输出特性曲线。

（2）估算晶体管的电流放大系数。

（3）学会使用半导体管特性图示仪。

2. 实验内容

正确使用半导体管特性图示仪测量 NPN 小功率晶体管的输出特性曲线，并根据输出特性曲线估算晶体管的电流放大系数。

3. 实验方法

（1）开启半导体管特性图示仪的电源，预热 15 分钟。

（2）调整辉度、聚焦和辅助聚焦，使线条较细且辉度清晰。

（3）将集电极扫描的全部旋钮都调到估计需要的范围。例如，测试管为 NPN 小功率

管，即峰值电压范围可放至 0～10V，极性为"+"，峰值电压为 10V 处，功耗电阻在 200Ω～1kΩ 范围。

（4）将 Y 轴作用调到需要读测的范围（如 1～2mA），同时将 X 轴作用调到 0.5～1V 范围，移位旋钮放置左端。

（5）将阶梯极性放置"+"，阶梯选择放至 0.01～0.02mA/度，阶梯作用位于重复。

（6）将测试台上的测试选择置于适当位置，然后插上被测晶体管，此时即有输出特性曲线显示。

（7）估算出该晶体管的 β 值。

（8）以 NPN 型 C9013 三极管为例，测试过程中面板功能项的范围或量程参见表 3-1。

表 3-1 晶体管特性曲线测试面板功能项的范围或量程

面板功能项	范围（或量程）	面板功能项	范围或量程
峰值电压范围	0～10V	阶梯选择 I_B	5μA/级
峰值电压	10V	级/族	10 级
极性（集电极）	(+)	功耗电阻	1kΩ
极性（阶梯）	(+)	Y 轴作用 I_C	1mA/度
阶梯作用	重复	X 轴作用 V_C	1V/度

注：XJ4810 型半导体管特性图示仪面板功能参见附录 A。

3.2.2 晶体管的反向电流

扫一扫下载晶体管的反向电流微课

晶体管的反向电流是晶体管重要的直流参数，包括 I_{CBO}、I_{EBO}、I_{CEO}。反向电流对放大作用没有贡献，又不受输入电流控制，而且消耗能量使晶体管发热，影响工作的稳定性。因此希望反向电流要尽可能小。

1. I_{CBO} 和 I_{EBO}

I_{CBO} 定义为发射结开路时，集电极-基极（即集电结）的反向电流；I_{EBO} 定义为集电结开路时，发射极-基极的反向电流。

I_{CBO} 和 I_{EBO} 与第 2 章讨论的 PN 结反向饱和电流没什么区别，理论上由反向扩散电流和反向势垒产生电流两部分组成。但是，实际上晶体管的反向扩散电流和反向势垒产生电流都很小，引起反向电流过大的原因往往是表面漏电流太大。因此，在生产过程中要做好表面清洁处理，严格按工艺规范操作，减少沾污，是减小反向电流的关键。

2. I_{CEO}

I_{CEO} 定义为基极开路时，集电极-发射极间的反向电流。

对于 NPN 管，如图 3-16 所示，E、C 之间加了一个电压 V_{CE}，基极开路，这时 V_{CE} 的压降分在两个 PN 结上，集电极处于反向偏置，发射极处于正向偏置，这和晶体管正常工作情况类似。结果是 V_{CE} 大部分降落在集电结，引起集电结的反向电流 I_{CBO}，造成基区有空穴积

累；小部分降落在发射结，使发射区有电子注入基区，注入基区的大部分电子传输到集电区形成集电极电流 I_{nC}。同时基区积累的空穴的一部分在基区与电子复合，另一部分注入发射区与发射区电子复合。这些空穴看成由 I_{CBO} 提供，所以这个 I_{CBO} 相当于晶体管正常工作时的 I_B。所以有：

$$I_{nC} = \beta I_{CBO}$$
$$I_{CEO} = I_{CBO} + I_{nC} = (1+\beta)I_{CBO}$$

式中，β 为当集电极电流为 I_{CEO} 时的小电流放大系数，比正常工作时的 β 要小得多。

因此，一般来讲，I_{CEO} 比 I_{CBO} 大不了多少。

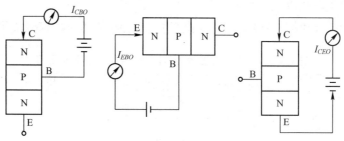

图 3-16　晶体管反向电流测试示意图

3.2.3　晶体管的击穿电压

扫一扫下载
晶体管的击穿
电压微课

晶体管的击穿电压是晶体管的另一个重要参数，它是晶体管承受电压的上限。晶体管参数中规定了 BV_{CBO}、BV_{CEO}、BV_{EBO} 3 个击穿电压的参数。

1. BV_{EBO} 和 BV_{CBO}

BV_{EBO} 是当集电极开路时，发射极与基极间的击穿电压，它由发射结的雪崩击穿电压决定。对于平面管来说，由于发射结由两次扩散形成，表面处结两边杂质浓度最高，因此雪崩击穿电压在结侧面最低，BV_{EBO} 由基区扩散层表面杂质浓度 N_{BS} 决定，所以 BV_{EBO} 只有几伏。

BV_{CBO} 是发射极开路时，集电极与基极间的击穿电压，一般为集电结雪崩击穿电压。根据对 PN 结击穿的讨论可知，BV_{CBO} 主要决定于轻掺杂一侧的电阻率。如果是外延平面管，当外延层厚度小于在击穿电压下的势垒区宽度 x_{mB} 时，击穿电压将降低。

如果把多次高温工艺中高掺杂衬底向外延层中反扩散的厚度 x 考虑在内，则外延层总厚度至少应为：

$$W_C = x_{jc} + x_{mB} + x \tag{3-24}$$

2. BV_{CEO}

BV_{CEO} 是当基极开路时，集电极与发射极间的击穿电压。如图 3-17 所示为测量 BV_{CEO} 的电路原理图，基极开路，当增大电源电压时，电流 I_{CEO} 随之而增加，当 I_{CEO} 达到规定的电流值时所对应的电压即为 BV_{CEO}。

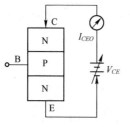

图 3-17　测量 BV_{CEO} 的电路原理图

BV_{CEO} 和 BV_{CBO} 通常满足：

$$BV_{CEO} \approx \frac{BV_{CBO}}{\sqrt[n]{\beta}}\tag{3-25}$$

式中，n 为常数。

集电结低掺杂区为 N 型时，硅管 $n=4$，锗管 $n=3$；集电结低掺杂区为 P 型时，硅管 $n=2$，锗管 $n=6$。

仿真实验 2　BV_{CEO} 仿真

BV_{CEO} 指的是当三极管基极开路时，集电极和发射极之间的击穿电压。当在 C、E 间加上反向电压且增大到一定值时，就可能引起 C、E 间击穿。要想仿真得到晶体管的击穿电压，也就是要将 C、E 间的反向电压逐渐增大，同时观察对应的电流情况，如果观察到明显的电流迅速增加的现象，就表示三极管击穿了。

```
go atlas
TITLE Bipolar BVCEO simulation
# Silvaco International 1994

mesh
x.m l=0 spac=0.1
x.m l=2 spac=0.1

y.m l=0 spac=0.002
y.m l=1 spac=0.10

region num=1 silicon

electrode num=1 name=emitter left length=0.8
electrode num=2 name=base      right length=0.5 y.max=0
electrode num=3 name=collector bottom

doping reg=1 uniform n.type conc=5e15
doping reg=1 gauss    n.type conc=1e18 peak=1.0 char=0.2
doping reg=1 gauss    p.type conc=1e18 peak=0.05 junct=0.15
doping reg=1 gauss    n.type conc=5e19 peak=0.0   junct=0.05
x.right=0.8
doping reg=1 gauss    p.type conc=5e19 peak=0.0   char=0.08 x.left=1.5
*设定晶体管各工作区的掺杂浓度
save outf=bjtex05_0.str
tonyplot  bjtex05_0.str -set bjtex05_0.set
```

```
            # set poly emitter
            contact name=emitter n.poly surf.rec

            material taun0=5e-6 taup0=5e-6

            # set models
            models bipolar print
            impact selb

            solve init

            method   newton trap

            solve prev
            solve vbase=0.025
            solve vbase=0.05
            solve vbase=0.2

            contact name=base current

            method   newton trap ir.tol=1.e-20 ix.tol=1.e-20

            solve ibase=3.e-15

            log outf=bjtex05.log master

            # ramp collector voltage
            solve vcollector=0.25
            solve vcollector=0.5
            solve vcollector=1
            solve vcollector=3
            solve vcollector=5

            solve vstep=0.5 vfinal=10   name=collector compl=5.e-11 e.comp=3

            # plot results
            tonyplot   bjtex05.log -set bjtex05_log.set

            quit
```

BV_{CEO} 仿真结果如图 3-18 所示。由图可以看到，在 V_{CE} 还比较小时，电流基本不变，但当 V_{CE} 增大到 7V 以上时，电流迅速增加，此时就称晶体管击穿。

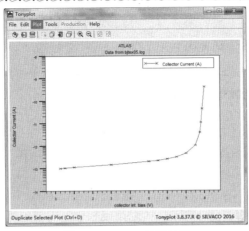

图 3-18　BV_{CEO} 仿真结果

击穿电压与晶体管的结构参数有关，提高集电区的掺杂浓度，再重新仿真，如图 3-19 所示。对比可以看出，击穿电压明显下降。说明 BV_{CEO} 与集电区掺杂浓度成反比。

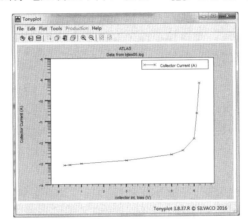

图 3-19　提高集电区掺杂浓度后的 BV_{CEO} 仿真结果

实验 6　晶体管直流参数测量

1. 实验目的

（1）测量晶体管的直流特性参数。
（2）进一步理解晶体管的基本工作原理。

2. 实验内容

利用半导体管特性图示仪测量晶体三极管的直流特性参数，即管子的击穿特性、漏电流和饱和压降等。

3. 实验原理

1) I_{CBO}——集电结本身的反向电流，I_{CEO}——穿透电流

我们知道，当发射极开路时，在一定的集电结反向偏压下的集电极电流数值为 I_{CBO}，对于硅管来说，它主要是集电结势垒区内的产生电流：

$$I_{CBO} = A_C q \frac{n_i}{2\tau} X_{MC}$$

式中，X_{MC} 为集电结的势垒厚度，随着反向电压 V_{CB} 的增大而增大，所以在测试中，规定测试电压为 10V。

而当基极开路时，在 C、E 之间加了一定的反向电压（对集电结），集电极电流即为 I_{CEO}，而穿透电流 I_{CEO} 要比 I_{CBO} 大得多，所以集电极的反向漏电流在共发射极接法时要比共基极接法大得多。因而得出：

$$I_{CEO} = (1 + \beta) I_{CBO}$$

2) 反向击穿电压

BV_{CEO}：当基极开路时，集电极和发射极间的击穿电压值。

BV_{CBO}：当发射极开路时，集电结反向击穿电压值。

BV_{EBO}：当集电极开路时，发射结反向击穿电压值。

3) 饱和压降 V_{CES}

V_{CES}：当晶体管处于饱和态时，集电极和发射极之间的电压降，这是一个很重要的开关参数。它标志着晶体管的输出特性，直接影响晶体管的输出电平。

4. 实验方法

（1）开启 XJ4810 半导体管特性图示仪的电源，预热 5 分钟。

（2）调整辉度、聚焦和辅助聚焦，使线条较细且辉度清晰。

（3）将各功能按钮和旋钮的位置放在如表 3-2 所示位置。

表 3-2 晶体管直流参数测量功能项的范围或量程（以 NPN 型 C9013 三极管为例）

功能项 ＼ 测试种类	I_{CBO}	BV_{CBO}	I_{CEO}	BV_{CEO}	V_{CES}
峰值电压范围	0~10V	0~100V	0~10V	0~100V	0~10V
峰值电压	50%	0 至击穿	10V	0 至击穿	0 至 3V
极性（集电极）	(+)	(+)	(+)	(+)	(+)
Y 轴作用	I_C 10μA/度	I_C 0.1mA/度	I_C 10μA/度	I_C 1mA/度	I_C 1mA/度
X 轴作用	V_{CE} 1V/度	V_{CE} 10V/度	V_{CE} 1V/度	V_{CE} 10V/度	V_{CE} 0.05V/度
功耗电阻	1kΩ	1kΩ	1kΩ	1kΩ	0
阶梯作用	关	关	关	关	重复
阶梯选择	任意	任意	任意	任意	0.1mA/级
零电流零电压	零电流	零电压	零电流	零电压	—

（4）把晶体管的发射极、基极、集电极分别插入测试台的 E、B、C 孔。

（5）先把"峰值电压%"调至最小值（逆时针转到底），然后再选择适当的峰值电压范围。

（6）改变"峰值电压%"，使集电极电压达到适当值。

（7）除了采用零电流、零电压法外，还可以用晶体管的两个引脚直接测试，具体方法如下：

测试 I_{CBO}、BV_{CBO} 时，集电极、基极分别插入测试台的 C、B 孔，发射极悬空。

测试 I_{CEO}、BV_{CBO} 时，集电极、发射极分别插入测试台的 C、E 孔，基极悬空。

3.2.4 晶体管的穿通电压

扫一扫下载
晶体管的穿通
电压微课

当有些晶体管 B、C 之间加了太高的反向电压，虽然还没有引起它的击穿，但会引起势垒穿通现象，这时电流 I_C 也会突然增大，特性曲线会显示出和击穿时差不多的图形。这种势垒穿通现象也是限制晶体管反向耐压的一个因素。

势垒穿通现象的成因是：随着集电结反向电压的升高，它的势垒向两边扩展，使基区有效宽度减小。在一般的双扩散型晶体管中，因为基区杂质浓度比集电区高，集电结势垒区主要向集电区扩展，而向基区扩展的比较少，不容易和发射结势垒区相连。但是，由于材料缺陷或者工艺不良等原因，发射结结面会出现如图 3-20 所示的尖峰，该处的基区宽度较小，这样局部穿通就有可能发生，势垒穿通时的 B、C 间反向电压称为 V_p。

当 B、C 间的反向电压超过了 V_p 后，发射结同集电结势垒穿通了，发射区的电位会受到集电极电压的影响而上升为正电位（设基极电位为零），使得 E、B 处于反向偏置状态。当 B、C 间电压达到 $V_p + BV_{EBO}$ 以后，就不仅发生了势垒穿通，同时 E、B 间的反向偏压也将达到击穿电压的数值，E、B 就击穿了，电流可以从集电极 C 经过穿通的势垒区和发射区流到基极 B 去。这样使得集电极电流迅速上升，表现出与击穿时相似的 特性。

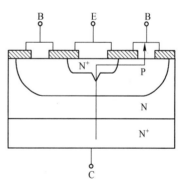

图 3-20 势垒穿通现象

综上所述，基区穿通时，$BV_{CBO} = V_p + BV_{EBO}$。平面晶体管的 BV_{EBO} 一般只有 6～9V，若 V_p 很小，则 BV_{CBO} 远小于集电区电阻率决定的雪崩击穿电压。也就是说，发生势垒穿通时，晶体管的 B、C 间击穿电压 BV_{CBO} 会降低。

3.3 晶体管的频率特性

前面两节对晶体管的分析仅限于直流情况。但当输入为交流信号且频率高到一定程度时，就必须考虑传输的瞬态过程和寄生电容的影响。随着频率的升高，一方面，晶体管内 PN

结寄生电容的容抗下降,对结电容的充放电电流将增加;另一方面,由于信号变化节奏的加快,载流子的传输时间也会影响信号的传输。这两个因素最终将导致晶体管电流放大能力的下降和信号相移的增加。也就是说,晶体管的使用频率是受限制的。

本节首先介绍高频工作时晶体管电流放大系数下降的现象和原因,然后介绍晶体管的交流电流放大系数和频率特性参数,并讨论如何从结构和工艺上来改善晶体管的频率特性。

3.3.1 晶体管频率特性和高频等效电路

扫一扫下载晶体管的频率特性和高频等效电路微课

1. 晶体管的频率特性和频率参数

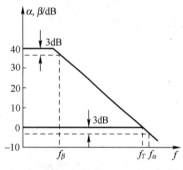

图 3-21 晶体管幅频特性曲线示意图

在使用晶体管时,常常会发现,当工作频率较低时,晶体管的放大作用比较正常,电流放大系数基本不因工作频率而改变。但当工作频率高到一定程度时,电流放大系数将随工作频率的升高而下降,同时也发生了相移。频率越高,输出电流幅度下降越大,相移也越明显,如图 3-21 所示为晶体管幅频特性曲线示意图,反映了晶体管的放大倍数随频率变化的大致情况。

图上纵坐标的单位是分贝(dB),生产上常常用电流放大系数的分贝(dB)值来表示晶体管的电流放大能力,称为电流增益。定义如下:

$$\beta(\mathrm{dB}) = 20\lg\beta$$
$$\alpha(\mathrm{dB}) = 20\lg\alpha$$

高频时电流放大系数下降的现象是一切晶体管都具有的共同特点,但各类晶体管放大系数开始显著下降时的频率却大不相同,也就是可正常工作的频率范围不同,为了表示晶体管频率特性的这种区别,在生产和应用中采用了一系列的"频率参数":α 截止频率为 f_α,β 截止频率为 f_β,特征频率为 f_T,最高振荡频率为 f_m。

f_α 是当共基极电流放大系数的幅值 $|\alpha|$ 下降到 $\frac{1}{\sqrt{2}}\alpha_0$ 时所对应的工作频率,若电流放大系数用分贝值来表示,则:

$$\alpha(\mathrm{dB}) = 20\lg|\alpha| = 20\lg\frac{\alpha_0}{\sqrt{2}} = 20\lg\alpha_0 - 3(\mathrm{dB}) = \alpha_0(\mathrm{dB}) - 3(\mathrm{dB})$$

此时,α 的分贝值比直流时下降 3dB。当工作频率小于 f_α 时,通常可认为放大倍数基本不变;当工作频率大于 f_α 时,则认为放大倍数显著下降。

f_β 是当共发射极电流放大系数的幅值 $|\beta|$ 下降到 $\frac{1}{\sqrt{2}}\beta_0$ 时所对应的工作频率,此时,β 的分贝值比直流时下降 3dB。

如上所述,当 $f > f_\beta$ 时,β 将下降到 $\frac{1}{\sqrt{2}}\beta_0$ 以下,但由于 β_0 本身较大,晶体管实际上仍然能放大电流。为了反映晶体管具有电流放大作用的最高频率极限,引入了特征频率 f_T,定义为随着频率的增加,$|\beta|$ 下降到 1 时对应的工作频率。当信号频率超过 f_T 时,$|\beta|<1$,晶体

管失去了对电流的放大能力，所以说，特征频率 f_T 是判断晶体管能否起到电流放大作用的一个重要依据，也是晶体管设计的一个重要参数。

在正常工作状态下，一般晶体管的输出阻抗大于输入阻抗。因此，当工作频率 $f > f_T$ 时，虽然晶体管失去了电流放大作用，但还可能有功率放大作用。因此，f_T 仅仅是晶体管具有电流放大作用的最高频率，但还不是具有功率放大能力的最高频率。最高振荡频率 f_m 定义为：最佳功率增益 $G_{pm} = 1$ 时对应的工作频率，它反映了晶体管具有功率增益的频率极限。

后面将具体讨论共基极接法和共发射极接法晶体管的电流放大系数与所加信号频率的关系，对上述频率特性参数将做进一步阐述。

2．共基极高频等效电路

那么，为什么随着频率的升高，晶体管的电流放大倍数会下降呢？我们必须去分析交流信号在晶体管中的传输过程。为分析问题方便，常常用电阻、电容、恒流源构成的线性电路来等效晶体管的放大与输入、输出特性。应当注意，用线性电路来表示非线性的晶体管，只有在晶体管的输入、输出信号都比较小的条件下才成立。因为只有在小信号下，本来是非线性的晶体管在工作点附近的小范围内才可看成是线性的。

如图 3-7 所示为晶体管共基极放大电路，对于输入部分，由于晶体管的发射结在正常工作时是正偏的，可以用一个发射结动态电阻 r_e 和发射结电容 C_e 的并联电路来表示；发射区可等效为电阻 r_{es}，串联在电路中。

对于输出部分，由于集电结是反偏的，因此可以用一个大的集电结电阻 r_c 和集电结电容 C_c 并联来表示；集电区也等效为一个电阻 r_{cs}，串联在电路中。

基区可等效为一个电阻 r_b，称为基区体电阻，低频时 r_b 在几十欧姆到几百欧姆之间。

对于共基极放大电路来说，是用输入电流 i_e 来控制输出电流 i_c 的，因此必须用一个与 r_c 并联的、内阻为无穷大的受控电流源 αi_e 来反映出这一控制关系。这样就得到了晶体管的共基极高频"T"型等效电路了，如

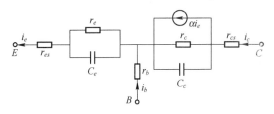

图 3-22　共基极高频等效电路

图 3-22 所示。用等效电路来分析晶体管，可以使问题简化而且容易理解。

3.3.2　高频时晶体管电流放大系数下降的原因

扫一扫下载
高频时晶体管电
流放大系数下降
的原因微课

直流电流在晶体管内部的传输过程中有两次电流损失：一是与发射结反向注入电流的复合；二是基区输运过程中在基区体内的复合。而对于交流小信号电流，其传输过程和直流情况有很大不同，一些原本不必考虑的因素开始起作用了。总的来说，主要是以下 4 个因素：

（1）发射结势垒电容充放电效应对电流放大系数的影响；

（2）发射结扩散电容充放电效应对电流放大系数的影响；

（3）集电结势垒区渡越过程对电流放大系数的影响；

（4）集电结势垒电容充放电效应对电流放大系数的影响。

半导体器件物理

下面我们就来分析这些因素对电流放大系数造成的影响。

1. 发射结势垒电容充放电效应对电流放大系数的影响

根据 PN 结理论，晶体管的发射结不仅有内阻 r_e，还有势垒电容 C_{Te}，它们之间是并联关系，如图 3-23 所示。当发射极输入交流信号时，需要一部分电子电流对发射结势垒电容进行充放电。由图中可以看出，就是有一部分电子电流被势垒电容分流成为 $i_{C_{Te}}$。这样，注入到基区的电流占总电流的比例相比直流时变小，实际上就是减小了发射效率，最终使电流放大系数减小。

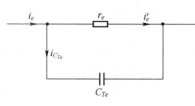

图 3-23　发射结等效电路

我们定义直流发射效率 γ_0 时，只考虑发射区的复合损失，而交流发射效率 γ 还要考虑上述分流作用。根据电阻、电容并联电路可计算出，分流之后电流所剩的比例为：

$$\frac{i'_e}{i_e} = \frac{\dfrac{1}{j\omega C_{Te}}}{r_e + \dfrac{1}{j\omega C_{Te}}} = \frac{1}{1 + j\omega r_e C_{Te}}$$

所以交流发射效率为：

$$\gamma = \gamma_0 \frac{1}{1 + j\omega r_e C_{Te}} \tag{3-26}$$

令 $r_e C_{Te} = \tau_e$，它是发射结势垒电容充放电时间常数，一般称为发射极延迟时间，则式（3-26）变形为：

$$\gamma = \gamma_0 \frac{1}{1 + j\omega \tau_e} \tag{3-27}$$

显然，信号频率越高，C_{Te} 容抗越小，通过 C_{Te} 的分流电流越大，交流发射效率就越低。此外，由于对发射结势垒电容充放电需要一定的时间，因而使电流传输过程产生延迟。由此可见，交流小信号电流发射效率的大小随工作频率升高而下降，并产生相位延迟。

2. 发射结扩散电容充放电效应对电流放大系数的影响

发射结除了势垒电容之外，还存在着扩散电容 C_{De}。发射极注入到基区的电子电流本来在基区传输过程中有少量复合，我们用直流基区输运系数 β_0^* 来反映这种损失。在交流信号作用下，注入到基区的电子电流还要分出一部分用于扩散电容的充放电过程。这样，基区输运系数要减小，电流放大系数又要下降。

交流基区输运系数 β^* 的分析计算的方法和交流发射效率 γ 完全一样，即：

$$\beta^* = \beta_0^* \frac{1}{1 + j\omega \tau_b} \tag{3-28}$$

式中，$\tau_b = r_e C_{De}$，它是发射结扩散电容充放电时间常数，C_{De} 为发射结在基区侧的扩散电容。

τ_b 也可称为基区渡越时间，意思就是电子穿越基区所用的时间。从这个角度考虑的话，τ_b 和基区宽度以及电子在基区的扩散速度有关，可以证明：

$$\tau_b = \frac{W_b^2}{\lambda D_{nb}} \tag{3-29}$$

式中，λ 为与自建电场有关的常数，即其是由基区中杂质分布决定的。

对于均匀基区，$\lambda=2$；对于缓变基区，由于自建电场的作用，电子既有扩散又有漂移，相当于扩散系数增大，一般取 $\lambda=5$。

3．集电结势垒区渡越过程对电流放大系数的影响

通常，集电区电阻率较高，应用时集电结上的反向偏压较大，所以集电结势垒区较宽，电子渡越势垒区的时间不能忽略。实际上，当势垒区电场超过 $10^4\,\text{V/cm}$ 时，载流子速度就达到饱和，载流子将以极限漂移速度 v_m 穿过势垒区，对于硅材料，$v_m=8.5\times10^6\,\text{cm/s}$。这样，载流子以极限速度穿过集电结势垒区所需的时间为：

$$\tau_s=\frac{x_m}{v_m}$$

与上面所讲的传输过程的系数进行类似的定义，集电结势垒区输运系数为：

$$\beta_d=\frac{1}{1+j\omega\tau_d}=\frac{1}{1+\dfrac{j\omega\tau_s}{2}} \tag{3-30}$$

式中，τ_d 为集电结势垒区延迟时间，它等于载流子以极限速度穿越势垒区所需时间的 $1/2$。

这是因为集电极电流并不是穿越势垒区的电子到达集电极才产生的。当载流子还在穿越集电结势垒区的过程中，就在集电极产生了感应电流。可以证明，延迟时间 τ_d 只是 τ_s 的 $1/2$。

4．集电结势垒电容充放电效应对电流放大系数的影响

从发射极注入到基区的电子穿越集电结势垒区流到集电区，但这些电子并不能全部形成集电极电流 i_C。这是因为，到达集电区的交变电子电流，在通过集电区时，将在体电阻 r_{cs} 上产生一交变的电压降，这一交变的电压降叠加在集电结上，就要对集电结势垒电容充放电。

需要指出的是，电流放大系数 α 是在输出短路的情况下测得的，这主要是为了避免输出端对输入端的影响，因此，基极与集电极之间是交流短路的。因为集电极处于反向偏置，r_c 很大，而 r_{cs} 是集电区体电阻，比 r_c 要小得多，所以集电结电容 C_{Tc} 的充放电主要通过 r_{cs} 和基极电阻 r_b 进行。通常 r_b 比 r_{cs} 小得多，可以忽略。

如图 3-24 所示为简化的集电结交流等效电路，流出集电结势垒区的电流中的一部分通过 r_{cs} 流到外电路形成集电极电流 i_C，另一部分对 C_{Tc} 充电形成 $i_{C_{Tc}}$，从而引起电流放大倍数的下降。

我们定义集电区衰减因子 α_c 来反映这部分电流损失：

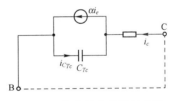

图 3-24　集电结交流等效电路

$$\alpha_c=\frac{i_c}{i_c+i_{C_{Tc}}}=\frac{1}{1+j\omega r_{cs}C_{Tc}}=\frac{1}{1+j\omega\tau_c} \tag{3-31}$$

式中，$\tau_c=r_{cs}C_{Tc}$，它是集电结势垒电容充放电延迟时间常数，称为集电极延迟时间。

综上所述，与直流传输情况相比，在交流信号的传输过程中，信号电流增加了下列 4 种损失：

（1）发射极发射过程中的势垒电容充放电电流；

（2）基区输运过程中扩散电容的充放电电流；

（3）集电结势垒区渡越过程中的衰减电流；

（4）集电区输运过程中对集电结势垒电容的充放电电流。

这4种分流电流随着信号频率的增加而增大，同时使信号产生的附加相移也增加。因此，造成电流放大倍数随频率升高而下降。

3.3.3 晶体管的电流放大系数

扫一扫下载
高频晶体管的
电流放大系数
微课

1. 共基极交流电流放大系数

共基极交流电流放大系数 α 定义为：当晶体管共基极接法时，将集电极交流短路，此时的集电极输出交流电流 i_c 与发射极输入交流电流 i_e 之比，即：

$$\alpha = \frac{i_c}{i_e}\bigg|_{V_{CB}=C} \tag{3-32}$$

考虑到前面分析的交流信号在晶体管中的传输过程，晶体管的共基极交流电流放大系数可表示为：

$$\alpha = \gamma\beta^*\beta_d\alpha_c = \frac{\gamma_0\beta_0^*}{(1+j\omega\tau_e)(1+j\omega\tau_b)(1+j\omega\tau_d)(1+j\omega\tau_c)} \tag{3-33}$$

将式（3-33）的分母展开，并忽略频率的二次项及二次以上各项，可得：

$$\alpha = \frac{\alpha_0}{1+j\omega(\tau_e+\tau_b+\tau_d+\tau_c)} = \frac{\alpha_0}{1+j\omega\tau_{e0}} = \frac{\alpha_0}{1+j2\pi f\tau_{e0}} \tag{3-34}$$

式中，$\tau_{e0} = \tau_e + \tau_b + \tau_d + \tau_c$，是发射极到集电极总的延迟时间。

可见，电流放大系数的幅值随频率升高而下降，相位随频率升高而增大。前面讲到晶体管的 α 截止频率为 f_α，根据定义和式（3-34）有：

$$|\alpha| = \left|\frac{\alpha_0}{1+j2\pi f_\alpha\tau_{e0}}\right| = \frac{\alpha_0}{\sqrt{2}}$$

解得：

$$f_\alpha = \frac{1}{2\pi\tau_{e0}} \tag{3-35}$$

代入式（3-34）可得：

$$\alpha = \frac{\alpha_0}{1+j\dfrac{f}{f_\alpha}} \tag{3-36}$$

上面得出的电流放大系数和截止频率的表达式无论是对均匀基区晶体管还是对缓变基区晶体管都适用。计算时只需要代入各自的延迟时间即可。对于一般高频管，由于基区宽度较大，τ_b 往往比 τ_e、τ_d、τ_c 大得多，所以通常在 $f_\alpha<500\text{MHz}$ 时，在4个时间常数中，τ_b 往往起主要作用。为了对截止频率有一个数量级的概念，可参考下列数据：普通合金管在基区宽度为 $10\,\mu\text{m}$ 左右时，f_α 能达到 $0.5\sim1\text{MHz}$；合金高频管的 f_α 能达到 $10\sim20\text{MHz}$；缓变基区晶体管由于采用双扩散工艺，基区可以做得很窄并且存在自建电场，因此 τ_b 较小，截止频率较高。当基区宽度减小到 $0.5\sim3\,\mu\text{m}$ 时，f_α 可达到 $100\,\text{MHz}\sim4\text{GHz}$；若采用浅结工艺，$f_\alpha$ 可做得更高。

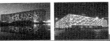

2．共发射极交流电流放大系数

共发射极交流电流放大系数 β 定义为：当晶体管共发射极接法时，集电极交流短路，集电极输出交流电流 i_c 与输入交流电流 i_b 之比，即：

$$\beta = \frac{i_c}{i_b}\bigg|_{V_{CE}=C} \tag{3-37}$$

可以证明，直流情况下的关系式 $\beta = \dfrac{\alpha}{1-\alpha}$ 近似成立，将式（3-36）代入整理可得：

$$\beta = \frac{\beta_0}{1 + \mathrm{j}\dfrac{f}{f_\alpha(1-\alpha_0)}}$$

利用 $\beta_0 \approx \dfrac{1}{1-\alpha_0}$，代入可得：

$$\beta = \frac{\beta_0}{1 + \mathrm{j}\dfrac{\beta_0 f}{f_\alpha}} \tag{3-38}$$

前面讲到晶体管的 β 截止频率为 f_β，根据定义和式（3-38）有：

$$|\beta| = \left|\frac{\beta_0}{1 + \mathrm{j}\dfrac{\beta_0 f_\beta}{f_\alpha}}\right| = \frac{\beta_0}{\sqrt{2}}$$

解得：

$$f_\beta = \frac{f_\alpha}{\beta_0} \tag{3-39}$$

将式（3-39）代入式（3-38）可得：

$$\beta = \frac{\beta_0}{1 + \mathrm{j}\dfrac{f}{f_\beta}} \tag{3-40}$$

式（3-39）反映了 f_β 和 f_α 之间的关系。一般来说晶体管的 β_0 是比较大的，可见，$f_\beta \ll f_\alpha$。因此共基极电路比共发射极电路频带更宽，常见于宽频和高频电路中。

3.3.4　晶体管的极限频率参数

扫一扫下载
晶体管的特征
频率微课

1．特征频率

特征频率 f_T 是重要的高频参数，它是晶体管具有电流放大能力的极限频率。根据前面的定义，f_T 是晶体管具有使 $|\beta|$ 下降到 1 时对应的工作频率，即当 $f = f_T$ 时，$|\beta| = 1$，代入式（3-40）有：

$$|\beta| = \frac{\beta_0}{\sqrt{1 + \left(\dfrac{f_T}{f_\beta}\right)^2}} = 1$$

即：

$$\frac{1}{\beta_0^2} + \left(\frac{f_T}{\beta_0 f_\beta}\right)^2 = 1$$

通常有 $\frac{1}{\beta_0^2} \ll 1$，所以上式整理可得：

$$f_T \approx \beta_0 f_\beta = f_\alpha = \frac{1}{2\pi\tau_{e0}} \qquad (3\text{-}41)$$

可见，特征频率是由 4 个时间常数决定的。

当工作频率 $f \gg f_\beta$ 时：

$$|\beta| = \frac{\beta_0}{\sqrt{1 + \left(\dfrac{f}{f_\beta}\right)^2}} \approx \frac{\beta_0 f_\beta}{f}$$

所以有：

$$|\beta| f \approx \beta_0 f_\beta \approx f_T \qquad (3\text{-}42)$$

也就是说，当工作频率比 f_β 大得多时，工作频率和电流放大系数的乘积是一个常数，这个常数就是 f_T。

在式（3-42）中，β 反映了晶体管对电流的增益作用，f 代表了从低频到频率 f 的频带宽度，所以 $f_T = |\beta| f$ 又称为增益带宽乘积，可以作为选用晶体管的一个参数。例如，若某一电路要求晶体管在 0～50MHz 带宽内的 $|\beta|$ 大于 10，那么就应该选用 f_T 大于 500MHz 的晶体管。

用 f_T 作为频率参数，在实际应用中还给测量带来了很大方便，由于 $f_T = |\beta| f$，所以测量 f_T 时，就不需要真正去测量 $|\beta| = 1$ 时的频率，而只要在高于几倍 f_β 的某一频率 f 上测出 $|\beta|$ 数值，两者的乘积就是特征频率 f_T。根据这一特点，例如，某一晶体管的 f_T 是 400MHz，它的低频 β 值是 20，我们不必在 400MHz 的高频去测试它的特征频率，而只要在较低的频率（如 50MHz）测出它的 β 值（等于 8），由 f 和 β 的乘积就得出 f_T 为 400MHz。由于测量 f_T 可以在比 f_T 低得多的频率下进行，这就给测试设备、测试操作和测量误差等方面带来了不少的方便和好处。

2. 提高特征频率的途径

要提高特征频率 f_T，必须减小传输延迟时间 τ_{e0}。

在 f_T 不太高时，τ_{e0} 中起主要作用的是基区渡越时间 τ_b，因此，减小 τ_b 是提高 f_T 的有效途径。为了减小 τ_b，由式（3-29）可知，一是可以采用浅结工艺制作薄基区，以减小基区宽度；二是适当减小基区杂质浓度以提高少子在基区的扩散系数；三是制作缓变基区，用自建电场来加快少子的传输。

随着 τ_b 的减小，晶体管的特征频率得到提高，这时，其他 3 个延迟时间 τ_e、τ_d 和 τ_c 的作用已不能忽略。为进一步提高 f_T，必须尽量减小 τ_e、τ_d 和 τ_c。在进行晶体管设计时，应尽量减小发射结面积以减小发射结势垒电容 C_{Te}，从而减小 τ_e；适当降低集电区电阻率和减小集电区厚度以减小集电区串联电阻，减小集电结面积以减小集电结势垒电容，从而减小 τ_c。

3.最高振荡频率

扫一扫下载
晶体管的最高
振荡频率微课

f_T 是晶体管具有电流放大能力的最高工作频率，但并不是具有功率放大能力的最高频率，我们可以通过下面的简单推导来说明。

对于图 3-25 中所示的功率放大电路来说，在频率较高时，晶体管的输入阻抗大约等于基区电阻 r_b，所以，功率放大倍数（功率增益）为：

$$G_p = \frac{P_0}{P_i} = \frac{i_c^2 R_c}{i_b^2 r_b} = \beta^2 \frac{R_c}{r_b}$$

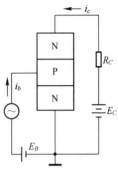

图 3-25　功率放大电路

可见，虽然在 $f > f_T$ 时，$|\beta| < 1$，但负载电阻 R_c 可以比 r_b 大得多，所以仍然有 $G_p > 1$，即晶体管仍然有功率放大能力。

但是当频率继续升高时，R_c 的数值就不能取得太大了。这是因为要得到最大功率输出，负载阻抗必须与晶体管的输出阻抗相等，这就是所谓的阻抗匹配。由于晶体管的集电结电容是并联在输出端的，随着频率升高，C_c 的容抗减小，输出阻抗也随之变小，因此 R_c 的取值也要减小。同时，频率升高，$|\beta|$ 也在下降。这样就使得 G_p 随频率的升高而下降，频率高到一定程度时 G_p 将小于 1。

为了能准确地描述晶体管的功率放大能力随频率的变化，我们定义晶体管的最佳功率增益 G_{pm}，它是指晶体管向负载输出的最大输出功率与晶体管获得的最大输入功率之比，也就是晶体管的输入输出阻抗各自匹配时的功率增益。可以证明，晶体管在高频工作时的最佳功率增益为：

$$G_{pm} = \frac{f_T}{8\pi r_b C_c f^2} \tag{3-43}$$

式中，C_c 为集电结总电容，包括集电结势垒电容、延伸电极电容和管壳寄生电容等。

从式（3-43）可以看出，最佳功率增益 G_{pm} 与 f_T 成正比，与 $r_b C_c$ 成反比，而且随 f^2 减小。

当频率很高时，发射极引线电感对功率增益的影响不可忽略，晶体管的功率增益的表达式（3-43）修正为：

$$G_{pm} = \frac{f_T}{8\pi (r_b + \pi f_T L_e) C_c f^2} \tag{3-44}$$

式中，L_e 为发射极引线电感。

按前面定义，当晶体管工作频率 f 等于最高振荡频率 f_m 时，最佳功率增益 $G_{pm} = 1$。代入式（3-44）可得：

$$G_{pm} = \frac{f_T}{8\pi (r_b + \pi f_T L_e) C_c f_m^2} = 1$$

解得：

$$f_m = \sqrt{\frac{f_T}{8\pi (r_b + \pi f_T L_e) C_c}} \tag{3-45}$$

可见，晶体管的最高振荡频率主要决定于其内部参数，即晶体管的输入阻抗、输出电容、

引线电感及特征频率等。当 r_b、L_e 和 C_c 较小时，f_m 大于 f_T。反之，则 f_m 可能小于 f_T。

比较式（3-44）和式（3-45）可得：

$$G_{pm}f^2 = f_m^2 = \frac{f_T}{8\pi(r_b + \pi f_T L_e)C_c} \tag{3-46}$$

式中，G_{pm} 为功率增益；f 为频带宽度；$G_{pm}f^2$ 为晶体管的高频优值，又称为功率增益-带宽积。

显然，对于特定的晶体管，要想获得较高的功率增益，频带宽度必然减小，要想获得较大的频带宽度，功率增益必然降低。高频优值全面反映了晶体管的频率和功率性能，而且只与晶体管本身的参数有关。因此，高频优值是设计和制造高频功率晶体管的重要依据之一。

由以上分析可知，提高高频优值的主要途径是：提高晶体管的特征频率 f_T；适当提高基区杂质浓度，以减小基极电阻 r_b；尽量缩小集电结和延伸电极面积，以减小势垒电容和延伸电极电容；选用合适的管壳以减小管壳寄生电容；尽量减小发射极引线电感和其他寄生参数。

3.4 晶体管的功率特性

在电路应用中经常用到较大功率的晶体管，需要晶体管工作在大电流条件下。而在大电流区域，晶体管的直流和交流特性都会发生明显变化，特别是电流增益和特征频率都会随着集电极电流增大而迅速下降，从而使集电极工作电流受到限制。

下面就来分析晶体管特性参数随电流变化的原因。

3.4.1 大电流工作时产生的三个效应

1. 基区电导调制效应

扫一扫下载
基区电导调制
效应微视频

前面分析晶体管的特性时，均假定为小注入的情况，以 NPN 管为例，即注入到基区的电子浓度远小于平衡时的空穴浓度。随着晶体管的工作电流增大，注入到基区的电子越多。当注入基区的电子浓度 $n(0)$ 可以和基区平衡时的多数载流子浓度相接近或更大时，称为基区大注入情况。如图 3-26 所示，比较了 NPN 晶体管在小注入和大注入情况下的基区内载流子分布。图 3-26（a）表示小注入情况下基区载流子的分布，这时由于注入到基区的电子浓度很小，则为了维持基区电中性而由基极供应到基区的空穴浓度与原来基区内的空穴的平衡浓度相比，是可以忽略的。但是，在大注入情况下，注入到基区的电子浓度已经接近或大于空穴的平衡浓度，这时为了维持基区电中性，就必须在基区建立起与注入电子有同样的浓度梯度的空穴浓度分布，如图 3-26（b）所示。在这种情况下，基区空穴浓度将显著增加，从而使基区电阻率明显下降，这种现象称为基区电导调制效应。

根据式（3-20），基区电阻率的下降会造成发射效率 γ_0 的下降，这样就造成了大注入时的 β_0 下降。

2. 基区扩展效应

扫一扫下载
基区扩展效应
微课

在大电流时，会出现少数载流子渡越基区的距离大于几何基区宽度的现象，这被称为基区扩展效应，它会使 β 和 f_T 随工作电流的增加而下降。下面以 NPN 晶体管为例来说明这种效应。

为了简便，假设集电结为突变结，如图 3-27（a）所示。在耗尽层近似下，集电结势垒区电场分布如图 3-27（b）所示。

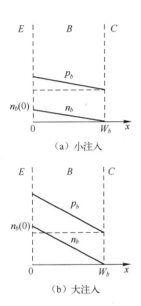

（a）小注入

（b）大注入

图 3-26　小注入和大注入情况下基区的载流子分布

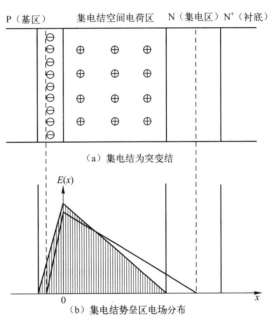

（a）集电结为突变结

（b）集电结势垒区电场分布

图 3-27　集电结空间电荷区及电场分布

图中斜线部分面积（即电场分布曲线下的面积）等于集电结上压降 $|V_C|$，而 $|V_C| = V_D + |V_{CB}|$，其中 V_D 为集电结接触电势差，$|V_{CB}|$ 为集电极外加反向偏压。

当通过集电极的电流增大时，通过集电结空间电荷区的电子浓度也增大，这将会影响集电结空间电荷区中的电场分布。这是因为电子带负电荷，它与集电结空间电荷区基区一侧的电离受主所带的电荷同号，与集电区一侧电离施主所带的电荷异号。它的存在使集电结势垒区的负空间电荷浓度增加了 qn，正空间电荷浓度减少了 qn。如果集电极压降不变，靠基区一侧的负空间电荷区将缩小，而靠集电区一侧的正空间电荷区将往衬底方向扩大，如图 3-27（b）所示。集电极电流越大，也就是可动电子浓度 n 的数值越大，则靠基区一侧的负空间电荷区缩小得也越多，集电区一侧的正空间电荷区扩大也越多。图 3-28 给出了在固定的 $|V_C|$ 下，3 种不同集电极电流情况下的集电结电场分布曲线。图中 $I_c(c) > I_c(b) > I_c(a)$，3 种情况的电场分布曲线下的面积都等于 $|V_C|$。

在集电极电流较小，即可动电子浓度 $n \ll N_c$ 时，可动电子对集电结电场分布的影响是不明显的。图 3-28 中 a 代表此情况下的电场分布曲线。当 I_c 增加，n 与 N_c 相比不能忽略时，电场分布变为 b 的情况。当 I_c 增大到 $n = N_c$ 时，电离施主的正电荷恰好为电子所带负电荷所抵消，此时集电区外延层不能形成正空间电荷区，正空间电荷区将移到衬底 N^+ 区靠外延层

交界处的薄层内（因为 N$^+$ 衬底的施主浓度很高，远大于 n），同时，基区一侧的负空间电荷区也将进一步缩小。这样，正、负空间电荷将位于集电区外延层的两端，而集电区外延层内则没有净空间电荷，电场强度分布均匀，这相当于图 3-28 中 c 的情况。

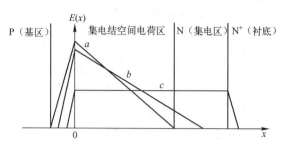

图 3-28　集电结电场分布随电流增大的变化

当 I_c 增大到 $n = N_c$ 时，我们将此时的集电区电流密度称为集电区临界电流密度 J_{cr}。这时，靠基区一侧的势垒区宽度变得很窄，基区厚度几乎等于 P 区厚度；当 I_c 进一步增大时，将发生基区扩展效应。对于基区扩展效应有两种观点：基区纵向扩展效应和横向扩展效应。

基区纵向扩展效应：随着 I_c 进一步增大，集电结的电流密度大于 J_{cr}，集电结空间电荷区将向衬底方向移动，使有效基区宽度增大，如图 3-29（a）所示。

基区横向扩展效应：集电结的电流密度不能大于 J_{cr}，而 I_c 的增加是靠增加电流通道的有效面积来实现的。如图 3-29（b）所示，注入基区的电子流将沿着基区横向散开，这使得一部分电子通过基区的路程加长了，相当于有效基区宽度增大。

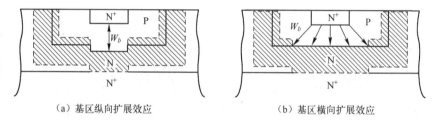

（a）基区纵向扩展效应　　　　　　　（b）基区横向扩展效应

图 3-29　基区扩展效应示意图

无论基区是横向扩展还是纵向扩展，最终结果是使 W_b 增大，一方面，根据式（3-21），基区输运系数减小，直流电流放大系数 β_0 将下降；另一方面，根据式（3-29）和式（3-41），基区渡越时间增大，晶体管的特征频率 f_T 将下降。因此，J_{cr} 是防止基区出现扩展效应的最大集电结电流密度，也是一般平面晶体管的最大电流密度限制。

如前所述，当集电区内电场强度超过 $10^4\,\mathrm{V/cm}$ 时，载流子速度就会达到饱和，载流子将以极限漂移速度 v_m 穿过势垒区，对于硅材料中的电子，$v_m = 8.5 \times 10^6\,\mathrm{cm/s}$，这时的临界电流密度可近似为：

$$J_{cr} \approx q v_m N_c \qquad\qquad (3\text{-}47)$$

3. 发射极电流集边效应

1）发射极集边效应及其原因

扫一扫下载
发射极电流集
边效应微课

晶体管工作在大电流状态时，较大的基极电流流过基极电阻，将在基区中产生较大的横向压降，使发射结的正向偏置电压从边缘到中心逐渐减小，发射极电流密度则由中心到边缘逐渐增大，由此产生发射极电流集边效应。

晶体管的基极电流是平行于结面横向流动的多数载流子复合电流，基极电流流过基极电

阻产生横向压降，横向压降将使发射结的电流密度分布不均匀。如图 3-30 所示，横向压降将随着基区薄层电阻的增大而增大。通常，发射极条宽越宽，距离发射极中心越远，则基区横向压降越大，造成的发射极电流集边效应越显著。此外，工作电流越大，基区横向压降也越大。特别是对于大功率晶体管而言，通常工作电流较大，发射极电流集边效应尤为显著。

为了形象地说明上述道理，如图 3-31 所示，我们可以把发射结底下的基区电阻用 r_{b1}、r_{b2}、r_{b3} 串联来表示。很容易看出，由于横向压降不同，发射结各个位置的偏压是不一样的，显然有 $V_1 > V_2 > V_3 > V_4$。这样，从边缘到中心的发射结电流密度逐渐减小。发射极电流密度随发射结电压降的变化是很灵敏的，如果发射结电压降减小了 $\dfrac{kT}{q}$（室温下约 0.026V），由肖克莱方程可知，发射极电流就会下降到原来的 $\dfrac{1}{e}$。所以当基极电流较大或基区电阻较大时，发射极边缘处的电流密度将远远大于中央部分的电流密度，甚至使发射极中央附近的电流密度降为零。

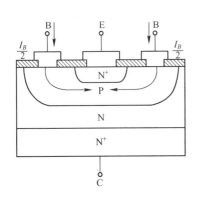

图 3-30　晶体管基极电流

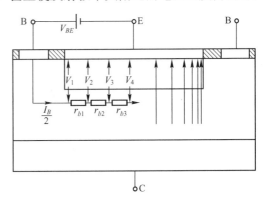

图 3-31　电流集边效应原理图

由于电流集边效应会使晶体管发射结有效面积变小，从而使得在较小的发射极电流下，通过集电区的电流密度就有可能达到了临界电流密度 J_{cr}，这样，β_0 和 f_T 就会下降。克服集边效应的关键在于减小发射结下面的基区电阻。

2）发射结有效宽度

为了减小横向压降，防止发射极电流集边效应，应适当缩小发射极宽度。一般规定，从发射结中心到边缘，基区横向压降变化 $\dfrac{kT}{q}$ 时的条宽为发射结有效条宽，有效宽度的一半称为发射极有效半宽度，用 d'_e 表示，则有效条宽为 $2d'_e$。如图 3-32 所示，A 点到 B 点之间的距离为发射极有效半宽度，有：

$$V_{eb}(A) - V_{eb}(B) = \frac{kT}{q}$$

通常近似认为，图中 B、C 之间通过的电流很小，可以忽略，只有在有效宽度内发射结才真正起

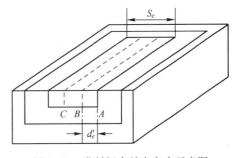

图 3-32　发射极有效半宽度示意图

作用。从上式可导出，发射极有效半宽度为：

$$d'_e = \sqrt{\frac{kT}{q}\frac{3\beta_0}{J_{cr}R_{Sb}}} \tag{3-48}$$

式（3-48）的结果仅供设计晶体管时参考。实际在晶体管中，最小条宽的选择往往受光刻和制版工艺水平的限制。因此在选择条宽时，既要考虑电流集边效应，使发射结面积得到充分利用，而尽量选用较小的条宽，但又不能选取过小的条宽，使工艺难度增大。

3）发射极单位周长的电流容量

由于发射极电流集边效应，一个晶体管的电流容量不再与发射结面积成正比，而基本上与发射结的周长成正比。周长越长，允许通过发射结的电流越大，晶体管集电结最大电流 I_{CM} 也越大。在设计晶体管时，单位发射极周长的电流容量是决定发射极总周长的重要依据。

可以证明，直流或低频情况下发射极单位周长电流容量为：

$$I_0 = \sqrt{\frac{kT}{q}\frac{3\beta_0 J_{cr}}{R_{Sb}}} \tag{3-49}$$

对于高频情况，式（3-49）中的电流放大系数应用交流的电流放大系数来代替。也就是说，I_0 将随着工作频率的增大而减小。

3.4.2　晶体管的最大耗散功率和热阻

晶体管的输出功率，除了受电学性能方面限制以外，还受其热学性能的限制。对于大功率晶体管或高频大功率晶体管来说，热学性能对输出功率的限制更是设计和制造时必须考虑的问题。

扫一扫下载
晶体管的最大
耗散功率和热
阻微课

当晶体管工作时，发射结和集电结均会由于电流热效应而发热。由于发射结正偏，电阻小，一般为数十欧姆到数百欧姆；而集电结反偏，电阻可高达 $10^5 \ \Omega$ 以上。所以集电结的发热量远远超过发射结的发热量，可以认为功率管的热源在集电结。如果集电结电流过大，则由于结温过高会使晶体管参数变化甚至被烧毁。

既然晶体管的功率主要耗散在集电结上，因此耗散功率可近似写成：

$$P_C = I_C V_{CB}$$

晶体管要消耗一定的功率而发热，热量由管芯通过管壳向外散发。根据热传导的基本原理，当单位时间内管芯上产生的热量和散发出去的热量相等时，管芯温度就达到稳定值。考虑到散热速度与发热物体和周围环境的温差成正比，此时有：

$$P_C = Q = K(T_j - T_a) \tag{3-50}$$

式中，K 为一个常数，称为热导，由晶体管散热能力而定；T_j 为管芯的结温；T_a 为环境温度。

在晶体管的散热情况和环境温度一定时，消耗的功率 P_C 越大，管芯的结温 T_j 就越高。若将晶体管能长期可靠工作的结温称为 T_{jm}，则代入式（3-50）可求出晶体管的最大允许耗散功率 P_{Cm}，即：

$$P_{Cm} = K(T_{jm} - T_a) \tag{3-51}$$

由式（3-51）可知，晶体管的最大耗散功率 P_{Cm} 和最高结温 T_{jm} 有关，T_{jm} 越高，P_{Cm} 也越大；同时，P_{Cm} 也和晶体管本身的散热能力有关，散热性能越好（K 越大），P_{Cm} 也就越大。

衡量晶体管散热能力的另一个参数是热阻 R_T，它是热导 K 的倒数，这样，式（3-51）可写成：

$$P_{Cm} = \frac{T_{jm} - T_a}{R_T}$$ （3-52）

一般来说，硅平面晶体管的 T_{jm} 规定在 150～200℃ 的范围内。因为环境温度不受晶体管的设计者控制，所以减小热阻 R_T 是提高 P_{Cm} 的一项关键措施。

3.4.3 功率晶体管的安全工作区

1．集电结最大工作电流 I_{Cm}

由前面的分析可知，晶体管的电流放大系数 β_0 不仅与晶体管自身参数有关，还与晶体管的工作电流有关，实际测量的 β_0 随 I_C 的变化而变化，如图 3-33 所示。可见 I_C 较小时，随着 I_C 的增加 β_0 不断增大，直至达到最大值，然后快速下降，所以晶体管的工作电流受到限制。通常规定，共发射极电流放大系数 β_0 下降到最大值 β_{0M} 的 1/2 时所对应的集电极电流为集电极最大工作电流 I_{Cm}。I_{Cm} 越大，说明此晶体管的功率特性越好。

2．晶体管的二次击穿

二次击穿是功率晶体管早期失效或损坏的重要原因，它已成为影响功率晶体管安全可靠使用的重要因素，也是晶体管制造时需要关注的问题。

1）二次击穿现象

当集电结反向偏压增大到某一数值时，集电结电流急剧增加，这时出现的击穿现象就称为一次击穿。如图 3-34 所示，当集电结反向偏压进一步增大，I_C 增大到某一个临界值时，晶体管上的压降突然降低，而电流继续增长，这个现象称为二次击穿。如果没有限流保护电路，电流将继续增加，在微秒级甚至更短的时间内，晶体管将被烧毁。

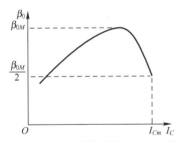

图 3-33 电流放大系数随集电极电流的变化

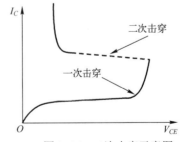

图 3-34 二次击穿示意图

在晶体管的输出特性曲线上，将不同的 I_B 下出现的二次击穿临界点连接起来构成曲线，称为二次击穿临界线或二次击穿功耗线，如图 3-35 所示。

2）二次击穿机理

对于二次击穿的机理，一般分为热型（又称热不稳定型）和电流型（又称雪崩注入型）

两种。

热不稳定型：晶体管内部由于大电流下发射极电流的高度集边、材料不均匀以及制造过程（如扩散）造成的不均匀，引起电流局部集中。因为电流集中处的电流特别大，所以温度较高且热量不易散出，出现过热点。随着温度迅速升高，该处电流将进一步增加，如此恶性循环下去，在过热点处将发生热击穿，即出现二次击穿。实践表明，$I_b > 0$ 时，二次击穿主要是热不稳定型。通常用发射极镇流电阻来改善热型二次击穿。

雪崩注入型：当集电结反向偏压加大到足以使集电结内发生雪崩倍增时，雪崩倍增主要发生在结的交界面附近。当集电结上的电压进一步增大，雪崩区将从结的交界面移向衬底和外延层的交界面，雪崩区将向集电区中的非雪崩区注入空穴，引起二次击穿。当 $I_b < 0$，晶体管工作在截止区，二次击穿主要是雪崩注入型。增加外延层的厚度对改善电流型二次击穿有明显效果。

3）晶体管的安全工作区

晶体管的安全工作区，就是指晶体管参数没有恶化，晶体管尚能正常工作的范围。由于到现在还没有关于二次击穿的完善理论，而二次击穿又是引起功率晶体管失效的一个重要原因，因此，为了

扫一扫下载
晶体管的安全
工作区微课

保证功率晶体管能够安全工作，就提出了安全工作区的概念，作为设计和使用功率晶体管的依据。

安全工作区一般是指由电流极限线 $I_C = I_{Cm}$、电压极限线 $V_{CE} = BV_{CEO}$ 和最大耗散功率线 P_{Cm} 所限定的区域。但是，由于存在二次击穿，因此晶体管在上述区域内工作时仍不一定安全可靠，仍然会有烧毁晶体管的情况。所以真正的安全工作区，应该是由最大耗散功率线、热不稳定二次击穿临界线、雪崩注入二次击穿临界线与电流极限线、电压极限线所限制的区域，即如图 3-36 所示画有斜线的区域。一般安全工作区应标明管壳（或环境）温度，以便使用时参考。

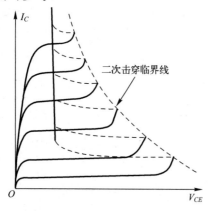

图 3-35　二次击穿临界线

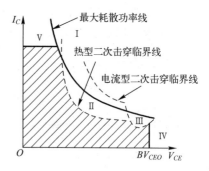

图 3-36　功率晶体管直流安全工作区

区域 I（功耗线右边）为功率耗散过荷区，耗散功率过大，结温过高，将造成引线熔断和镍铬电阻烧毁等。区域 II 为热型二次击穿区，工作在该区域的晶体管将产生过热点，最终导致材料局部融化，结间产生熔融孔而损坏。III 区为雪崩注入二次击穿区，IV 区为雪崩击穿区，如果采用限流措施，即使工作点不慎进入这两个区域，晶体管也可避免永久失效。V 区为电流过荷区，该区域的 β_0、f_T 等参数明显下降，晶体管性能恶化。

安全工作区的大小还和外电路的工作状态有关。但从设计和制造的角度考虑，扩大安全工作区的方法主要是：改善器件的二次击穿特性；通过选择合适的材料和正确的设计，进一步提高器件的耐压和工作的最大电流；降低热阻，提高晶体管的耗散功率。

3.5 晶体管的开关特性

很多时候，晶体管工作在放大状态。而在数字电路、电力电子等领域，晶体管还被广泛用作开关元件，这是因为晶体管具有良好的开关特性。

3.5.1 晶体管的开关作用

开关电路中的晶体管一般都采取共发射极接法。如图 3-37 （a）所示，当晶体管输入是正脉冲或正电平时，基极就有了注入电流，将引起很大的集电极电流。这时晶体管输出端（C、E 之间）的阻抗很小，可近似看作短路。此时晶体管的作用相当于一个接通的开关 S。当输入是负脉冲或零电平时，如图 3-37 （b）所示，那么基极没有注入电流，集电极只有很小的漏电流，也就是晶体管 C、E 之间的阻抗很大，可近似看作断路。此时晶体管的作用就好像一个被切断的开关。所以，晶体管的开关作用是由基极输入脉冲或电平来控制集电极回路的通断实现的。

扫一扫下载晶体管的开关作用微课

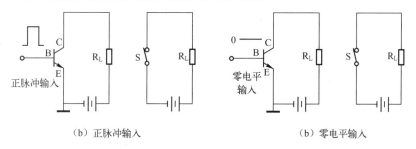

（b）正脉冲输入 （b）零电平输入

图 3-37 晶体管的开关作用

同二极管的开关作用相比较，晶体管在开关的过程中，还可以有放大电压和电流的作用，这是晶体管比二极管开关优越的地方。为具备良好的开关特性，晶体管要满足以下要求：

（1）导通时的压降要小，接通性良好。

（2）截止时反向漏电流要小，关断性良好。

（3）开关时间要短，开关速度快。

（4）从截止态转变为饱和导通时的启动功率要小。

（5）开关功率要大，即要求在截止态时能承受较高的反向电压，在导通时允许通过较大的电流。

3.5.2 开关晶体管的工作状态

在开关运用时，晶体管通常处于两个工作状态。如图 3-38 所示电路，对于 NPN 晶体管，当输入电压为零电平或负脉冲时，

扫一扫下载开关晶体管的工作状态微课

晶体管处于关态，又称截止态。这时基极电流为零，集电极电流很小。因此电路相当于被晶体管断开了。当输入电压为正脉冲且较大时，晶体管处于开态，又称饱和态。截止态和饱和态这两个概念，对于晶体管的开关应用是很重要的。

因此，我们可以将前面介绍过的晶体管特性曲线划分为 3 个具有不同特性的区域。

（1）在 $I_B = 0$ 的特性曲线下面的区域，称为截止区，如图 3-39 所示。在截止区，晶体管的基极没有注入，输出电压（即晶体管 C、E 两端的管压降）非常接近于电源电压。

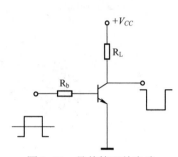

图 3-38　晶体管开关电路

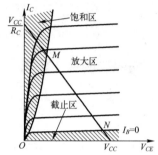

图 3-39　晶体管共发射极输出特性曲线

（2）在负载线上 MN 这一段范围，是晶体管的放大区。在这个区域中，集电极电流同基极电流始终保持 $I_C = \beta I_B$ 的关系，因此适宜做线性放大、振荡等运用，而用于开关则比较少。

（3）当负载线上的工作点上移到 M 以上，就开始进入饱和区范围。

下面着重讨论晶体管处于饱和区和截止区的特性。

1）饱和区

在如图 3-38 所示电路中，输出回路的电压方程为：

$$V_{CE} = V_{CC} - I_C R_L$$

当基极电流 I_B 增大时，I_C 随之而增大，V_{CE} 则随之而减小。当管压降下降到 $V_{CE} = V_{CC} - I_C R_L = V_{BE}$ 时，集电结由反偏变为零偏，使集电结收集载流子的能力减弱，I_C 随 I_B 增长的速度开始变慢，这时晶体管进入到临界饱和状态。临界饱和时集电结电流为：

$$I_{CS} = \frac{V_{CC} - V_{BE}}{R_L} \approx \frac{V_{CC}}{R_L}$$

晶体管达到临界饱和时的基极电流称为临界饱和基极电流 I_{BS}，即：

$$I_{BS} = \frac{I_{CS}}{\beta}$$

当基极电流 $I_B \geqslant I_{BS}$ 时，晶体管处于饱和状态。

若 $I_B > I_{BS}$，则定义基极过驱动电流为：

$$I_{BX} = I_B - I_{BS}$$

在线性放大区，$I_C = \beta I_B$，基极电流提供的空穴，一部分用来补充在基区复合掉的空穴，另一部分则注入到发射区。而当 $I_B > I_{BS}$ 时，集电结电流受 R_L 和 V_{CC} 的限制，基本上等于 I_{CS} 而不会明显增大。过驱动基极电流 I_{BX} 将使流入基区的空穴大于用于复合和注入的空穴数量，造成空穴在基区中积累。为保持基区的电中性，储存在基区中的电子也要相应地增加积累，于是电子密度的分布曲线上移。同时，这部分空穴还会注入到集电结，使集电结势垒区变窄，集电结由零偏变为正偏。这样，过驱动基极电流 I_{BX} 提供的空穴同时注入到集电区，在集电区形成空穴的积累。如图 3-40 所示，画斜线的部分表示饱和态时在基区和集电区超量储存的电荷。

需要指出的是，超量储存电荷不会无限增长，储存电荷越多，复合也相应增加。当过驱动电流正好补充超量储存电荷因复合而消失的空穴数时，晶体管进入稳定的深度饱和状态。过驱动基极电流 I_{BX} 越大，饱和深度越深，超量储存电荷越多，集电结的正偏电压也越高，深度饱和时管压降将降到 0.2V 甚至更低。

2）截止区

如果晶体管的发射结和集电结都加上反偏电压，晶体管就处于截止区。由于反偏 PN 结的抽取作用，基区和集电区的少子分布如图 3-41 所示。这时晶体管内只有反向漏电流流过，基极电流很小，因此可以用输出特性曲线中 $I_B = 0$ 这条线作为放大区和截止区的分界线。在截止区，集电极电流很小，管压降非常接近于电源电压 V_{CC}。

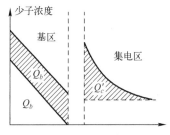

图 3-40 饱和态时少子的超量储存

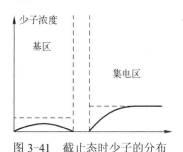

图 3-41 截止态时少子的分布

3.5.3 晶体管的开关过程

1. 理想晶体管和实际晶体管的开关波形

在如图 3-38 所示的开关电路中，基极输入的是不断变化着的正、负电平或正、负脉冲。当输入端是负电压时，晶体管截止，这时输出端就是一个接近于电源电压 V_{CC} 的高电平；而当输入端是正电压时，晶体管将进入饱和态，这时输出电压等于晶体管的饱和压降 V_{CES}，是一个低电平。理想晶体管开关的输入电压 V_{in} 和输出电压 V_{out} 的波形如图 3-42 所示，输出波形和输入波形完全相仿，只是被放大和倒相了。但是，实际情况和理想情况有很大的差别。

实际的输出波形如图 3-43 所示。由图可见，实际晶体管的输出波形相对于输入波形有时间上的延迟和幅度上的变化。为了反映这种延迟和变化，引入了一些标志开关过程的时间参数。

（1）延迟时间 t_d：从输入信号 V_{in} 开始变为正电平起（就是输入端开始输入）到集电极电流 I_C 上升到饱和值 I_{CS} 的 10%，即 $0.1 I_{CS}$ 所需的时间。

（2）上升时间 t_r：输出电流从 $0.1 I_{CS}$ 上升到 $0.9 I_{CS}$ 所需的时间。

（3）储存时间 t_s：从输入信号 V_{in} 开始变为负电平到 I_C 下降到 $0.9 I_{CS}$ 所需的时间。

（4）下降时间 t_f：输出电流从 $0.9 I_{CS}$ 下降到 $0.1 I_{CS}$ 所需的时间。

上述 4 个时间总称为晶体管的开关时间，通常把延迟时间和上升时间合起来称为开启时间 t_{on}，即 $t_{on} = t_d + t_r$；而把储存时间和下降时间合并起来称为关闭时间 t_{off}，即 $t_{off} = t_s + t_f$。

常用开关晶体管的开关时间大致在几纳秒到几十微秒范围内。

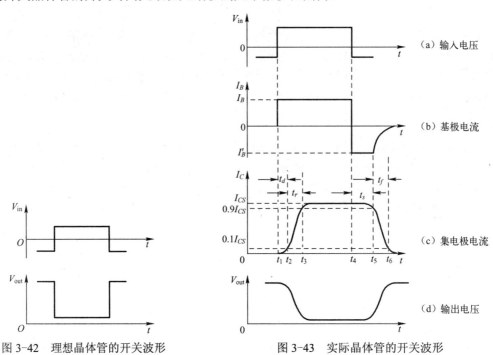

图 3-42　理想晶体管的开关波形　　　　图 3-43　实际晶体管的开关波形

　　同二极管一样，由于开关时间的存在，晶体管的开关速度受到了限制。当输入负脉冲的持续时间和开关时间相当，甚至比开关时间更小时，晶体管可能尚未彻底关断就又开始导通，也就是失去了开关作用。这样，就要求输入脉冲的宽度不能太窄，频率不能太高。

2. 晶体管的开关过程

　　为了提高晶体管的开关速度，就必须了解造成延迟、上升、储存、下降时间的原因和决定因素是什么。这样才能为寻找提高开关速度的途径提供理论依据。

扫一扫下载
开关晶体管的
导通过程微课

扫一扫下载
开关晶体管的
截止过程微课

　　1）延迟过程

　　在开启之前，晶体管处于截止状态，发射结和集电结都处于反偏状态，它们的势垒区都较宽。基区中的电子浓度如图 3-44 所示的曲线"1"。如果忽略晶体管的反向漏电流，那么这时 I_B、I_C、I_E 都等于零。

　　当输入信号 V_{in} 开始变为正电平时，基极电流 I_B 产生，但没有马上产生集电极电流 I_C。这是因为输入电压刚刚变正时，发射结的势垒区仍保持原样，还是很宽。从另一个角度说，发射结势垒电容上的电压不能突变，也就是发射结仍然保持在负偏压的状态，没有电子从发射区注入到基区。这时 I_B 的作用是将空穴注入到基区，对发射结和集电结的势垒电容充电，使得这两个结的势垒区变窄。这样，随着充电过程的进行，发射结的偏压就逐渐从负变为零，再变到正。当发射结的偏压变正后，就有电子从发射区注入到基区，并产生一定的电子浓度梯度，如图 3-44 所示斜线"2"。电子输运到集电结，形成集电极电流 I_C，并于 t_2 时刻上升到 $0.1I_{CS}$。延迟时间为 $t_d = t_2 - t_1$。

综上所述，延迟时间 t_d 的长短取决于基极电流对发射结和集电结电容充电的快慢。

2）上升过程

在延迟过程结束后，基极电流继续给发射结势垒电容充电，发射结正向偏压要继续上升，一直到 0.7V 左右。于是发射区向基区注入的电子增多，电子的浓度梯度增大，集电极电流 I_C 也要随着增大，这就是上升过程。在图 3-45 中画出了上升过程中基区电子浓度梯度逐渐增大的情况，它将从斜线"1"变到斜线"3"。

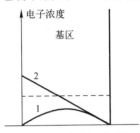

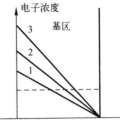

图 3-44　延迟过程中基区电子浓度分布　　　图 3-45　上升过程中基区电子浓度梯度的变化

上升过程要持续到集电极电流增大到 $0.9I_{CS}$ 时为止。也就是说，当基区中电子浓度逐渐增大到斜线"3"的分布后，电子浓度梯度基本上就不再增加了，因为这时的集电极电流受到负载电阻 R_L 的限制，不会再明显上升。上升时间为 $t_r = t_3 - t_2$。

在集电极电流增大的同时，负载电阻 R_L 上的电压 $I_C R_L$ 也增大，这就使得输出电压 V_{CE} 下降，这样集电结的负偏压也就逐渐减小，一直减小到零偏压附近。这时 $V_{CE} \approx 0.7V$。这就表明晶体管进入了临界饱和状态。

综上所述，上升时间依然取决于基极电流对发射结和集电结电容充电的快慢。

3）超量储存电荷的产生和消失过程

实际上晶体管作为开关器件使用时，通常处于过驱动状态。这样，上升过程结束后，集电极电流由 $0.9I_{CS}$ 继续增大到 I_{CS}，晶体管进入到饱和状态，基区和集电区将产生超量储存电荷 Q_b' 和 Q_c'。

当基极输入信号由正电平突然变为负电平时，如 2.6.2 节所述，基极电流将有较大的反向抽取电流，其作用是抽出基区和集电区中储存的电荷。但是在 Q_b' 和 Q_c' 完全消失之前，晶体管还是处在饱和状态，晶体管 C、E 之间的电压仍然很小，集电极电流仍保持在最大值 I_{CS}，基区中电子浓度梯度不变。直到 Q_b' 和 Q_c' 消失之时，I_C 才下降到 $0.9I_{CS}$。这段时间就是储存时间 t_s，即 $t_s = t_4 - t_3$。超量储存电荷的消失过程如图 3-46 所示。

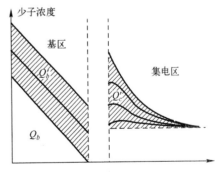

图 3-46　超量储存电荷消失过程

显然，储存时间 t_s 的长短取决于超量储存电荷 Q_b' 和 Q_c' 的多少，以及它们消失的快慢。所以要减小 t_s，就要：

（1）减小 Q_b' 和 Q_c'，即基极驱动电流 I_B 不能太大，避免晶体管进入深饱和。

（2）增大基极反向抽取电流 I_B'。

（3）缩短基区和集电区少数载流子寿命，使复合加快；同时，减小集电区的少数载流子寿命，也就减小了扩散长度 L_p，也可使储存电荷 Q'_c 减小。

（4）减小外延层厚度，当集电区厚度小于少数载流子的扩散长度时，空穴的积累就会大大减少，从而使 Q'_c 减小。

4）下降过程

在储存时间结束时，超量储存电荷 Q'_b 和 Q'_c 已经消失，晶体管中的电荷分布又回到上升过程结束时的情形，就像图 3-45 中曲线"3"那样。这时集电极电流 I_C 等于 $0.9I_{CS}$，基区中还有积累电荷 Q_b 存在。

但是，由于 I'_B 继续要从基区中抽出空穴，加上基区中积累的电子和空穴还在不断复合，就使得基区中积累的电荷量继续减少，电子和空穴的浓度梯度也随之减小，这样集电极电流就从 $0.9I_{CS}$ 逐渐下降到 $0.1I_{CS}$，这就是下降过程。在下降过程中，基区电子浓度的变化刚好和上升过程相反，即由图 3-45 中的斜线"3"变到斜线"1"。另外，在下降过程中，势垒电容放电，集电结从零偏压变到负偏压，发射结的正向偏压也从 0.7V 开始下降。

下降过程实际是上升过程的逆过程。不同的是，在这两个过程中基区载流子的复合作用所起的影响是不同的。在上升过程中，复合作用阻碍了电子和空穴的积累，所以起到了延缓上升过程、增大上升时间的作用；而在下降过程中，复合作用则加快了电子和空穴的消失，所以起到了加快下降过程、缩短下降时间的作用。

下降时间的大小取决于发射结和集电结势垒电容、载流子寿命和基极抽取电流。

下降过程结束后，晶体管内部的变化还在继续进行。只有当发射结和集电结都反偏时，晶体管才处于稳定的截止状态。

3.5.4 提高晶体管开关速度的途径

影响晶体管开关速度的内因是势垒电容的充放电、电荷的储存与消失及载流子的复合等，这些都取决于晶体管的内部结构和材料性质；外因则是外电路对晶体管的注入和抽取作用，它取决于晶体管的使用条件。

由于在晶体管的 4 个开关时间中，储存时间往往最长，是影响开关速度的主要因素，所以提高开关速度的主要途径是减少电荷的储存。

1. 掺金

金在硅中是一种有效的复合中心，它可以起到加速非平衡载流子复合的作用，从而大大减小少数载流子的寿命，这样既减小了饱和时的超量储存电荷 Q'_c，同时又加速了 Q'_c 的复合，有效地缩短了储存时间。

2. 减小发射结和集电结的面积

由于晶体管的延迟、上升、下降过程都直接与发射结、集电结电容的充、放电过程有关，减小结面积则可以使结电容减小，缩短充、放电时间，故可提高开关速度。但是减小发射结面积有可能使晶体管的电流容量减小，所以必须全面考虑。另外，结面积的最小尺寸要受到工艺水平的限制。

3．减小基区宽度

晶体管的上升和下降过程都涉及到基区储存电荷的建立和消失过程。减小基区宽度使临界饱和时基区储存电荷 Q'_b 变少，对减小上升时间 t_r 和下降时间 t_f 有利。

4．减小外延层厚度，降低外延层的电阻率

在保证集电结耐压的前提下，尽量减小外延层厚度，降低外延层的电阻率。这样可以限制 Q'_c，减小集电区少子寿命，缩短储存时间。但在掺金情况下，这两种方法作用不大。

3.6　晶体管的版图和工艺流程

扫一扫下载双极型晶体管的图形结构微课

3.6.1　晶体管的图形结构

晶体管的图形结构种类繁多，从电极配置上分，有延伸电极和非延伸电极；从图形形状上分，有圆形、梳状、网格、覆盖、菱形等不同的几何图形。众多的图形结构各有其特点，不同类型的晶体管可以根据其性能要求，分别选取不同的图形，这是版图设计中十分重要的一环。图形结构是否合理将直接影响电路性能。

1．梳状结构

在晶体管版图设计中，为了提高晶体管电流的承受能力，同时又要考虑到发射极电流集边效应，另外，频率特性又要求结面积尽可能小，因此，在设计图形结构时要尽可能提高发射结周长和结面积之比。

如图 3-47 所示的为双基极条形结构，常用于双极型集成电路。而对于分立的中小功率晶体管，普遍采用梳状结构。频率要求不太高的大功率管也可采用此种结构。为提高发射结周长和面积之比，它是在双基极条形结构的基础上，把发射区分割成许多接近条状的结构，然后再将这些条状发射区并联起来工作，在发射区之间的是基区，如图 3-47 所示。由于发射极电极和基极电极像两把梳子相互交叉插入，因而称为梳状结构。梳子的柄延伸到基区外的厚 SiO_2 层上，形成延伸电极。如图 3-47（c）所示，虚线框内的基本单元相当于一个双基极条形结构。

梳状结构的优点是：减小了电流集边效应，降低了基极电阻和硅片本身的热阻，改善了频率特性和功率特性；图形结构简单，易于设计制造；基极和发射极为相互平行的条状结构，无跨接，因而成品率较高；可以在条状电极上串接发射极镇流电阻，改善了二次击穿特性。

梳状结构的缺点是：为提高高频优值，发射极条宽势必要减小，但受到了工艺水平的限制（包括制版、光刻、套版和腐蚀等）；金属电极过细，通过的电流密度增大，由于铝的电迁移造成器件失效的可能性增大。另外，减小电极宽度将使输入阻抗中的电感增加，功率增益下降。

2．覆盖结构

覆盖结构示意如图 3-48 所示，它是将梳状结构中的发射区分割成许多长方形的小发射

区，每个发射区都被低掺杂的基区（淡基区）包围起来，淡基区又被高掺杂的基区（浓基区）所包围；基极电极从浓硼网格的纵条上引出，发射极电极垂直于小发射区的长度方向，并覆盖在横向浓硼条上（当然中间由 SiO_2 层隔开），覆盖结构由此得名。

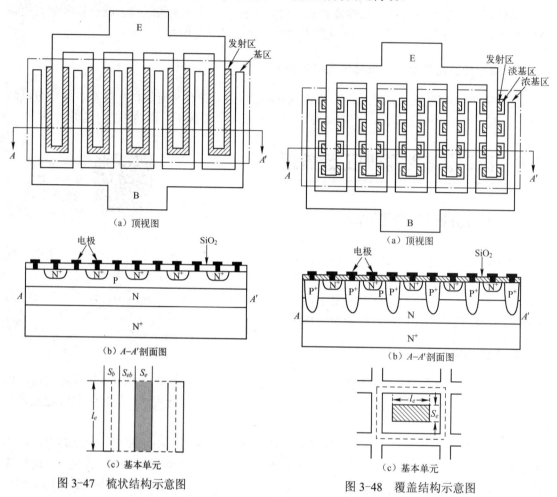

（a）顶视图

（b）A–A'剖面图

（c）基本单元

图 3-47　梳状结构示意图

（a）顶视图

（b）A–A'剖面图

（c）基本单元

图 3-48　覆盖结构示意图

　　覆盖结构的优点是：发射极条宽与金属电极的宽度无关，可以大大减小，因此覆盖结构的发射极周长和结面积之比可以做得比梳状结构大，频率特性比梳状结构好；覆盖结构的浓硼区除了能作为基极部分引线外，同时能减小基极电阻，提高击穿电压；发射极电极条宽不受发射极条宽的限制，可以做得较大，电极电流密度较小，铝不容易发生电迁移；覆盖结构和梳状结构一样也能串接镇流电阻，改善二次击穿特性。

　　覆盖结构的缺点是：覆盖结构的部分基极引线由浓硼网格代替，浓硼条上的压降限制了发射极条长的增加，并使发射极条电流不均匀；深结浓硼网格的横向扩散限制了浓硼区和发射区之间的间隔进一步减小，也就是基区面积的减小受到限制；覆盖结构中存在电极跨接问题，会影响到成品率。

　　不同的图形结构各有其优缺点。选择图形结构要从器件的性能要求和现实的工艺水平等角度全面考虑。切不可脱离实际的工艺水平，片面追求提高图形结构的发射极周长与面积之比。

3.6.2 双极晶体管的工艺流程

扫一扫下载双极型晶体管的工艺流程微课

从 20 世纪 50 年代起，由于氧化、光刻、扩散、外延等技术的相结合，使得硅平面工艺技术有了突飞猛进的发展，制造出的硅晶体管的频率特性、功率特性等性能指标大大超过了锗器件，为集成电路制造技术奠定了基础。

下面以小功率的梳状结构 NPN 管为例介绍硅外延平面晶体管的工艺流程，如图 3-49 所示。

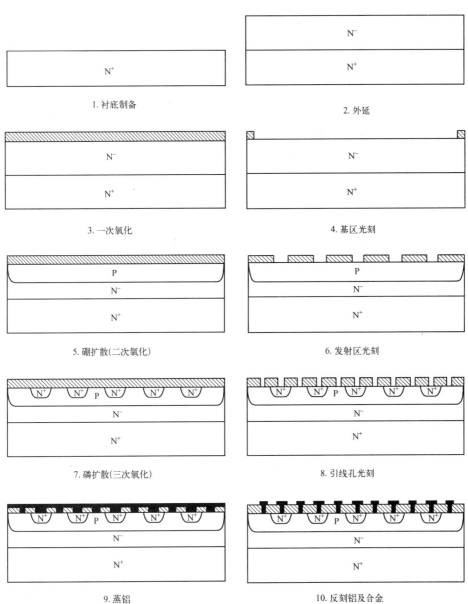

图 3-49 硅外延平面晶体管工艺流程示意图

1．衬底制备

选择掺杂浓度很高的 N^+ 型硅单晶圆片，表面光亮平整、无伤痕，厚度为 $400 \sim 600\mu m$，缺陷密度控制在允许范围内。

2．外延

紧接着进行外延生长，生长一层 N^- 型硅单晶外延层，厚度控制在 $10\mu m$ 左右，电阻率约为 $1\Omega \cdot cm$。

3．一次氧化

将硅片在高温下氧化，使其表面生成一层厚度在 $1\mu m$ 左右的 SiO_2 层。

4．基区光刻

在氧化层上用光刻的方法开出基区窗口，使硼杂质能通过此窗口进入硅中。

5．硼扩散（二次氧化）

光刻出晶体管基区窗口后，进行硼扩散，形成 P 型基区，通常分为预淀积和再扩散两步进行。基区硼扩散参数一般控制表面浓度在 $10^{18}/cm^3$ 的数量级上，结深 $x_{jc} = 2 \sim 3\mu m$，方块电阻 $200\Omega/\square$ 左右。预淀积完成之后，在再分布时通氧，进行二次氧化，厚度控制在 $0.5 \sim 0.6\mu m$ 左右，作为发射区磷扩散时的杂质扩散掩蔽膜。

6．发射区光刻

用光刻方法开出发射区窗口，使硼杂质能通过此窗口进入硅中。

7．磷扩散（三次氧化）

由浓磷扩散形成晶体管的发射区。发射区磷扩散工艺参数一般控制为结深 $x_{je} = 1.5\mu m$，表面浓度 $N_s = 10^{20} \sim 10^{21}/cm^3$。磷扩散通常也分为预淀积与再分布两步进行，在再分布时同时通氧，进行三次氧化。

8．引线孔光刻

刻出基区和发射区的电极引线接触窗口。

9．蒸铝

在硅片表面通过蒸发或溅射形成一层高纯度铝膜，膜厚约为 $1 \sim 1.5\mu m$。

10．反刻铝及合金

进行金属膜光刻，以去除不需要的铝膜，保留需要的铝膜（即互连线）。金属光刻后的硅片，可在真空或氮气中经 500℃ 左右的温度进行合金化 $10 \sim 20$ 分钟，使铝电极硅形成良好的欧姆接触。

在合金化后的硅片表面淀积一层氮化硅（Si_3N_4）或磷硅玻璃（PSG）等钝化膜（厚度约为 1μm），再光刻出键合的压点。最后将电路进行中测、划片、烧结、键合、封装、成测等工序，形成器件成品。

光刻版图形如图 3-50 所示。

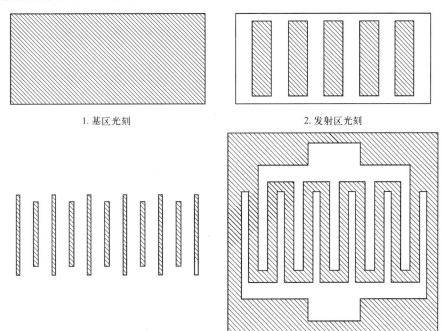

1. 基区光刻

2. 发射区光刻

3. 引线孔光刻

4. 铝反刻

图 3-50　光刻版图形

知识梳理与总结

1. 晶体管结构与工作原理

双极晶体管具有 PNP 或者 NPN 的基本结构；晶体管工作时可分为发射结注入、基区输运和复合、集电结收集 3 个阶段；理解共基极接法和共发射极接法的电流放大系数，掌握缓变基区晶体管的电流放大系数表达式，理解提高电流放大系数的途径。

$$\alpha_0 = \gamma_0 \beta_0^* = \frac{1}{1 + \dfrac{R_{Se}}{R_{Sb}}}\left(1 - \frac{W_b^2}{4L_{nb}^2}\right)$$

2. 晶体管的直流特性

理解共基极晶体管和共发射极晶体管的伏安特性，理解晶体管的反向电流、击穿电压、穿通电压的概念和成因。

3．晶体管的频率特性

晶体管的电流放大系数随工作频率的升高而下降的现象称为频率特性；发射结、集电结电容对晶体管的交流电流放大系数存在明显的影响。

共基极交流电流放大系数：

$$\alpha = \frac{\alpha_0}{1 + \mathrm{j}\dfrac{f}{f_\alpha}}$$

共发射极交流电流放大系数：

$$\beta = \frac{\beta_0}{1 + \mathrm{j}\dfrac{f}{f_\beta}}$$

能够理解提高晶体管特征频率、高频优值和改善频率特性的办法。

4．晶体管的功率特性

晶体管在大电流工作时会出现基区电导调制效应、基区扩展效应、发射极电流集边效应，理解其成因及改善方法；理解晶体管的最大耗散功率、热阻以及二次击穿的概念，理解晶体管的安全工作区及其改善办法。

5．晶体管的开关特性

晶体管作为开关运用时，通常处于截止态和饱和态；晶体管的开关过程分为延迟、上升、储存、下降 4 个过程；提高晶体管开关速度有掺金、减小结面积、减小基区宽度等方法。

6．晶体管的版图与工艺流程

晶体管的主要图形结构可分为梳状结构和覆盖结构；初步了解晶体管的工艺流程。

思考题与习题 3

扫一扫下载
本习题参
考答案

1. 发射效率 $\gamma_0 = 0.98$，基区输运系数为 $\beta_0^* = 0.99$，试求该晶体管的 α、β。设 $I_e = 1\mathrm{mA}$，试求基极电流 I_b 和集电极电流 I_c。

2. 某 NPN 晶体管，基区厚度 $W_b = 1\mu\mathrm{m}$，基区杂质是线性分布，若要 β_0^* 不小于 0.975，则要求基区电子扩散长度 L_{nb} 不小于多少微米？如果基区电子平均扩散系数为 $14\mathrm{cm}^2/\mathrm{s}$，则基区电子寿命应不小于多少微秒？

3. 集电结外加正向偏压能否注入？发射结外加反向偏压能否收集？晶体管能否将发射

极当集电极、集电极当发射极来运用（通常称为反向运用）？为什么？

4．f_α、f_β、f_T 3 个频率参数的定义有什么不同？测量这 3 个参数时所选用的频率有什么区别？为什么绝大多数晶体管都用 f_T 来描述其特征频率？

5．定性说明工作频率升高时电流放大系数下降的原因。

6．试比较 NPN 结构的硅平面管与 PNP 结构的硅平面管，哪一种结构的频率特性好？为什么？

7．在生产中要提高晶体管的特征频率，可以采取什么措施？要提高最高振荡频率的措施是什么？

8．有一硅平面管：$r_b = 4\Omega$，$C_c = 2 \times 10^{-12}\,\text{F}$，$f_T = 7 \times 10^8\,\text{Hz}$。试计算该晶体管的最高振荡频率 f_m 和功率增益 G_{pm}（用分贝表示）。

9．某晶体管的耗散功率为 200W，热阻为 0.75℃/W，问结温将比环境温度高多少？设晶体管的环境温度不变，若要它承受的功率增加一倍，问在无法改变最高结温的条件下，应选其热阻为多少？

10．什么是二次击穿？其产生的原因主要有哪些？

第4章

半导体的表面特性

┌─ **本章要点** ─┐

扫一扫下载
本章教学课
体

几乎所有的半导体器件与半导体集成电路是以 PN 结和 MOS 结构这两种基本结构为基础的。如果认为一个普通的 PN 结，其特性主要决定于半导体材料的体内性质，那么一个 MOS 结构的特性则更多地取决于半导体材料的表面性质。MOS 是微电子行业对这种三层两端结构的一个简称，其全称应当是金属（Metal）-氧化物（Oxide）-半导体（Semiconductor），这里各取了它们 3 个对应的英文单词的第一个字母来构成缩写，即 MOS。也有人把今天的 MOS 结构称为 MOS 电容，使它更具有泛称的含义。构成其一端（极）的金属薄膜材料也常被另外一种掺杂多晶硅薄膜所取代，中间的氧化物则主要是由二氧化硅（SiO_2）介质层来构成的，但它也可能是由其他介质材料，甚至是由多种复合介质薄膜材料所构成的，另外一端的半导体，也称它为衬底，主要是指硅（Si）材料，或者是砷化镓（GaAs）材料，本章重点介绍的是硅材料。MOS 结构是当今构成 MOS 型晶体管的核心结构，因此，它的特性几乎决定了 MOS 型晶体管的主要特性。然而，MOS 结构的特性却十分依赖于半导体表面性质的好坏。

1960 年，两位美国科学家发明了现代意义上的 MOS 型晶体管，创立了一个半导体晶体管的新家族。MOS 型晶体管的发明，为 20 世纪 60 年代后期开始出现的以 MOS 型晶体管为基础的数字大规模集成电路奠定了物质基础。从时间上说，MOS 型晶体管的发明比双极晶体管的发明晚了整整 13 年（双极晶体管发明于 1947 年），这也正好说明了人们对半导体材料的认识是从内部逐步扩展到表面的，并且是随着时间的推移而不断深化的。

4.1　半导体表面与 Si-SiO$_2$ 系统

目前工业化大批量制造晶体管或集成电路，一般都使用硅片或称作晶圆的硅薄片，它们通常是由某种晶向的硅单晶锭经切割、研磨并抛光而成，其中制作器件的一面往往需抛光至镜面程度，以确保将机械损伤层降至最低，并保持硅片具有良好的平整度，通常将这种硅片的厚度控制在几百微米至 1 毫米不等。整个器件制备的工艺过程就是在这个硅片的一个平面上进行的，因而也将其称为平面工艺。下面就来探讨这个硅片（晶圆）表面（即半导体表面）的相关特性。

4.1.1　理想的半导体表面

从晶体结构的完整性角度出发，可以给理想的半导体表面下一个定义，所谓理想的半导体表面是指原子完全有规则地排列且终止于同一个平面上，其示意如图 4-1 所示。当从这个定义去考察硅晶圆的表面时，它应当是没有任何机械损伤、平整，也不存在任何晶体缺陷的，即是一个洁净完整的表面。然而，仔细来观察这个洁净的表面，在表面处排列整齐的硅原子与体内及左右相邻的硅原子互相形成共价键，但位于表面处的每个硅原子显然各存在一个未饱和的共价键，将其称为"悬挂键"。该悬挂键对应一个电子状态，称为表面态。

从能带角度来讲，该表面态对应的能级一般位于禁

扫一扫下载理想的半导体表面微课

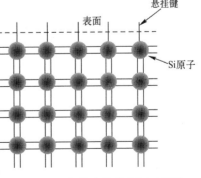

图 4-1　理想的半导体表面示意图

带中。在通常情况下，该表面态能级既可以表现为施主，也可以表现为受主，呈现出施主型表面态与受主型表面态两种情形，即当它在与晶体内部交换载流子时，可以表现为释放出一个电子或者释放出一个空穴，从而使得表面态能级本身带上正电荷或者负电荷。另外，研究还发现，表面态与体内交换载流子的时间也不尽相同，并据此可以将其分为快态和慢态。由理论计算与实验测量得知，半导体晶面的原子面密度约在 $10^{15}/cm^2$ 量级，据此推测，表面悬挂键面密度（即表面态密度）也应当在此数量级。

但理想的硅表面往往并不实际存在。一是半导体晶体表面虽经过仔细研磨、抛光与清洁处理，但仍然或多或少地存在少许缺陷、杂质、吸附离子以及不平整性；二是硅元素本身并非惰性元素，它具备良好的化学活性，能与多种化学元素特别是氧、氯、氮等元素发生化学反应，最常见的就是氧元素，从而形成一层天然的二氧化硅（SiO_2）膜层（一般在十几埃量级），这也就是自然界几乎不可能存在单质硅形态的直接原因。另外，硅以化合物形态存在的另一种最常见的物质就是大家所熟知的硅酸盐。

一方面，在晶圆整个加工制备（简称为流片）过程中，需要确保晶圆裸露部分的硅表面尽量地洁净；而另一方面，制备好的硅器件表面也常常需要用绝缘介质膜层保护起来（称为钝化），以便使器件免受外来物质和离子的沾污，确保它具备良好的稳定性和可靠性。生长或淀积了 SiO_2 层的 Si 表面示意如图 4-2 所示。

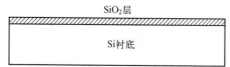

图 4-2　生长或淀积了 SiO_2 层的 Si 表面示意图

在硅表面形成介质薄膜可以有多种制备方法，最直接和最简单的方法当然就是热生长 SiO_2 薄膜（简称为 SiO_2 层）。SiO_2 层在器件制备过程中具有多种特殊的用途，这是由其性质所决定的。通常，如果硅表面生长了 SiO_2 层，那么在它表面大量的悬挂键就将被氧原子所包围（氧原子饱和），使表面态密度大大降低，实验测得的表面态密度一般在 $10^{10} \sim 10^{12}/cm^2$，这比理想硅表面低了很多。为确保器件性能，工艺上应使得表面态密度控制在一定范围之内。而工艺上控制表面态密度常用且有效的方法是退火，这在半导体制造工艺课程中将会有专门论述。

4.1.2　Si-SiO_2 系统及其特性

　扫一扫下载 Si-SiO_2 系统及其特性微课 1　　　扫一扫下载 Si-SiO_2 系统及其特性微课 2

前面提及 SiO_2 层在器件制备过程中有着许多特殊的用途，这包括充当选择性掺杂的掩蔽膜，MOS 结构中的薄栅介质层，CMOS 工艺中器件有源区之间的场氧化隔离层以及钝化保护膜等。常称晶圆表面覆盖有一定厚度 SiO_2 层的硅衬底为 Si-SiO_2 系统。稍作精确一点的定义，这个所谓的 Si-SiO_2 系统，是指包括了 Si 表面通过热生长或外部淀积的 SiO_2 膜层、Si-SiO_2 界面以及离开该界面一定深度的 Si 薄层（一般深至 Si 衬底几个微米以内）。早期由于对该系统特性缺乏研究，导致所生产的器件性能不稳定，严重时甚至失效，尤其以 MOS 器件表现得更甚。经过长期研究及实验发现，上述系统在 Si-SiO_2 界面、SiO_2 薄膜中，存在着一些严重影响器件性能的因素，Si-SiO_2 系统中的各类电荷与能态示意如图 4-3 所示。这些因素概括地讲，主要包括了 4 种基本形式的电荷与能态，它们分别是：SiO_2 层中的可动离子、固定电荷、辐射电离陷阱以及界面态等。

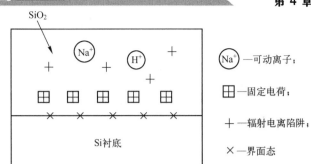

图 4-3　Si-SiO$_2$ 系统中的各类电荷与能态示意图

1. 可动离子

SiO$_2$ 层中的可动离子种类较多，但对硅器件影响较大的主要是碱金属离子，尤其是 Na$^+$。Na$^+$ 离子半径较小，在室温下，它在 SiO$_2$ 层中的迁移率就比较大，很容易发生移动。例如，在 MOS 型晶体管中，当施加了栅电压时，就会在 MOS 型晶体管的栅介质中产生对应的电场，由于栅介质很薄，即使较低的栅电压，该电场往往都很强。另外，器件工作时它本身的温度也会随之升高，在电场与温升的双重作用下，由于钠离子带有电荷，所以导致了钠离子的漂移，这种漂移造成的直接后果往往就是使得 MOS 型晶体管的阈值电压发生改变，从而影响到器件的稳定性，进而对电路性能及参数产生不利影响。

Na$^+$ 来源广泛，既可以来自现场的生产环境、操作人员的汗渍，又可能来自生产装备，更直接的来源就是制造流程中广泛使用的各种化学试剂、气体以及清洗用的纯水。为使各类可动离子的沾污降至最低限度，生产中规定了严格的工艺规程。同时也采取了一些必要的工艺措施，例如掺氯氧化工艺以及磷硅玻璃钝化等。

2. 固定电荷

实验观察到，在 Si-SiO$_2$ 界面附近二氧化硅一侧约 100Å 左右的距离范围内，存在着一些固定正电荷。之所以称其为固定正电荷，是因为它与氧化层生长的厚度、衬底掺杂类型、杂质浓度以及氧化层是否施加电场等因素无关，而且一般它也不能与衬底 Si 等交换电荷。目前普遍认为它是过剩的硅离子（Si$^+$）。固定电荷面密度与晶面指数有关，一般晶面原子面密度大的则固定电荷面密度也较大，例如（111）面大于（100）面。固定电荷主要出现在热生长的 SiO$_2$ 层中，根据热生长氧化反应动力学，反应是在 Si-SiO$_2$ 交界面进行的，因此，从这个角度看，固定电荷密度由最终的氧化温度来决定，这也为实验所证实。

另外，工艺上控制固定电荷的方法主要是通过将硅片放入氮气（N$_2$）或氩气（Ar）气氛中进行退火，以此来有效地降低固定电荷面密度的数量级。试验表明，这样做可以获得良好的效果。

3. 辐射电离陷阱

器件在制备或使用过程中，可能会受到诸如高能电子束、离子束、X 射线、R 射线等的轰击或辐照。这些高能粒子束或高能射线可能来自于半导体制造装备本身（例如高能量的离子注入机、电子束蒸发台、等离子刻蚀台等）或者外太空（例如人造卫星、航天器中的电子器件会

面临宇宙射线与高能粒子的辐照）。当晶圆或器件暴露在上述环境下时，辐射将可能在 SiO_2 中激发电子-空穴对。如果 SiO_2 层中同时存在电场的话，那么所产生的电子-空穴对除了自身复合以外，有些部分就将会沿着电场向相反方向运动。一般而言，电子的迁移率比空穴的更大，即电子会跑得更快些，而空穴运动则较慢。实验发现，在上述过程中，电子会较快地离开 SiO_2 层的内部，而空穴则常常被 SiO_2 层中的陷阱所俘获（**注意：热生长的 SiO_2 或淀积 SiO_2 薄膜是无定形结构，会存在较多的缺陷**），从而使得该缺陷带电——成为一种带上一个单位正电荷的空间电荷，这就是所谓的辐射电离陷阱。工艺上可通过退火来消除这些辐射电离陷阱。另外，在器件封装结构上也可采取防辐射的加固措施，以确保器件免受外部辐照。

4．界面态

在前面介绍理想的半导体表面时，提出了洁净半导体表面有关"悬挂键"与表面态的概念，同时也说明了 SiO_2 薄膜在半导体生产中的特殊作用。

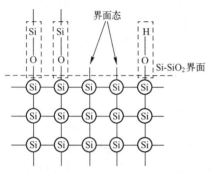

图 4-4　Si-SiO$_2$ 界面处界面态示意图

通常，器件或电路在内部结构形成以后，一方面除了根据需要形成金属化电极包括金属互连线等导电层外，还根据需要保护裸露的半导体表面免受杂质沾污，因此，流片工艺过程中需要直接生长或淀积 SiO_2 薄膜或者其他介质薄膜来充当绝缘介质层，以进行隔离或者所谓的钝化。如果直接热生长或淀积了 SiO_2 薄膜，那么原先所说的半导体表面现在就成为了一种界面，Si-SiO$_2$ 界面就是属于这种情形。因此，这里提出的一种能态——界面态，在一定意义上也有表面态的含义。Si-SiO$_2$ 界面处界面态示意图如图 4-4 所示。

以热生长 SiO_2 膜为例，由于 O 原子与 Si 原子发生化学反应是位于 Si-SiO$_2$ 界面处的，因此，首先反应生成的 SiO_2 层是位于相对外侧的，后续 O 原子需要通过扩散，并穿过已生成的 SiO_2 薄层进而到达 Si-SiO$_2$ 界面，才能完成后继的氧化反应，并继续生长 SiO_2。由于 O 原子扩散的随机性，此反应温度常常较高（通常反应温度 $T>1000℃$），一旦 SiO_2 层厚度达到规定要求，硅晶圆脱离反应环境（如出炉），此反应往往就会立即停止，因此，在位于 Si-SiO$_2$ 界面处，将不可避免地会存在相当数量的未饱和的共价键，即所谓的"悬挂键"。另外，事实上硅晶圆表面的不平整性、机械加工的微损伤层、吸附的外来杂质离子以及其他各类微缺陷等增加了所谓"悬挂键"或界面态本身性质的复杂性。因此，所谓的界面态往往只是指这一类物理位置位于界面的复杂电子能态的一个统称。

根据实验测定表明，从能量角度看，界面态能级一般也位于禁带中，正如上面已经描述的那样（即表面态能级），它常常既可以表现为施主也可以表现为受主（视外部施加的电压条件而定），即它可以表现为向 Si 体内释放电子或者释放空穴，并以此来影响半导体 Si-SiO$_2$ 界面的带电状态。大量的试验表明，晶圆的晶向、氧化炉温、退火工艺的选择、工艺中装载晶圆的石英舟进出炉的速度等均会对界面态密度产生不同程度的影响。通过适当的工艺控制，较好的情形是将界面态面密度控制在小于 $10^{10}/(cm^2 \cdot eV)$。同时，实验也进一步显示，如果直接在 Si 晶圆表面淀积如 Si_3N_4（氮化硅）薄膜，界面态情形就会更显复杂，而且还需考虑不同材质之间的应力匹配，否则如 Si_3N_4 薄膜较厚时容易发生龟裂现象。

4.1.3　半导体制造工艺中对表面的处理
——清洗与钝化

扫一扫下载
半导体制备工
艺中的清洗与
钝化微课

如果对整个半导体晶圆制作工艺流程的前道各工序进行仔细
推敲，将会明显地发现这么一个有趣的问题，即整个晶圆制作工艺流程中的各工艺步骤实质上都
是属于围绕光刻技术为核心而展开的一系列超微细图形转移加工技术，并且通过完成这一系列的
制作步骤之后，一套光刻掩膜版上的器件或电路图形将会逐步地转移到对应的晶圆芯片上，从而
完成对芯片器件或电路的制作并使得该芯片能够具备某个客户所期望的某些特定功能。试想象一
下，就单个芯片而言，在不足几平方毫米到上百平方毫米见方的硅片面积上，居然可以集成成百
上千乃至数以亿计个晶体管以及它们之间的互连线，似乎显得有点不可思议，但凭借上述所说的
超微细加工技术，在信息时代的今天的确是做到并且实现了，不仅如此，而且这些技术似乎每天
也都在大踏步地"前进"。

显而易见，因为芯片上单个晶体管或者单条互连线的几何尺寸（目前已进入纳米量级）
实在太过微细，以至于人们肉眼根本就无法直接分辨它们，甚至于在一架普通的光学显微镜
下也都无法直接看到它们。因此来讲，对于这些晶圆的加工，除了需配备专门的高、精、尖
的自动化程度极高的装备以外，还必须具备十分严格与苛刻的制作环境。

根据上面的分析，我们可以清晰地觉察到，对于半导体晶圆与芯片的超微细加工而言，
清洗绝不仅仅是大家现实生活中所碰到的对待物品的一般性的清洁处理而已，而是必须根据
晶圆在加工、传递、运输、储存等各环节可能受到的各类沾污，有针对性地采取各种去除沾
污物与杂质的措施，以确保晶圆表面的洁净度符合规定的工艺要求。根据统计，在晶圆整个
加工工艺流程中，有高达 20%的步骤为晶圆清洗，这足以显示清洗的重要性与必要性。根据
晶圆表面沾污物的类型，大致可确定为 4 类，它们分别是：颗粒、有机残留物、无机残留物
以及需要去除的氧化层。根据它们各自的性质，目前已经开发出了多种技术手段与专门设备，
配合特定的工艺来去除它们，相关内容在半导体制造工艺课程中会有专门的陈述。

在冶金工业中，钢铁表面所进行的各种防锈蚀处理即是"钝化"的例子；各类家具与木材表
面往往需要刷上油漆，这除了好看与耐用之外，其根本目的也是为了防止日后它们在使用与储存
过程中免受环境对它们的侵害，以确保它们正常的使用性能的发挥。自硅平面工艺在 20 世纪 60
年代引入以来，热生长 SiO_2 薄膜对器件与电路性能的改善与稳定发挥了不可替代并且是举足轻
重的作用。然后，在发明硅平面工艺以后的很长一段时间内，人们在从事硅器件的生产实践
中，也逐步发现器件表面漏电较大、击穿电压低以及许多其他器件性能及质量问题都直接与
硅表面所覆盖的 SiO_2 膜层有关。经过摸索与研究，人们逐步认识到，SiO_2 膜并不是完全理想
的钝化膜，它对 H_2O 分子具有很强的亲合力，对其他气体分子也往往具有很高的渗透率，特
别是如前所述对碱金属离子（如 Na^+ 离子）的阻挡能力很差。为了弥补 SiO_2 膜性能上的这些
不足，在 SiO_2 膜的基础上，又先后开发出了多种薄膜材料——氮化硅（Si_3N_4）与氧化铝（Al_2O_3）
薄膜钝化技术应运而生，它们是众多钝化材料中比较典型与理想的两种材料，尤其是前者，
目前在硅晶圆工艺中应用比较普遍。实践证明，硅平面器件与集成电路在采用这些薄膜钝化
技术之后，有效地改善了硅器件表面的漏电性能，在提高器件成品率、改善它们的可靠性与
稳定性方面取得了显著的效果。

扫一扫下载
MOS 结构
概述微课

4.2　表面空间电荷区与表面势

MOS 结构是半导体器件结构中两种最基本的结构之一，同时它又是 MOS 型晶体管的核心结构。另外，由于采用 SiO_2 介质或其他介质隔离互连线及衬底的需要，这种 MOS 结构广泛存在于芯片的其他结构中。如图 4-5 所示，显示了一种 MOS 器件芯片的剖面结构示意图。

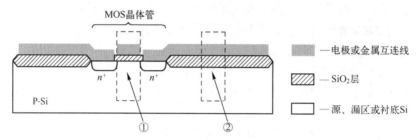

图 4-5　一种 MOS 器件芯片的剖面结构示意图

图中①所指的区域显示了 MOS 型晶体管的核心结构——MOS 结构，它分别由栅电极、栅氧化层和沟道区（紧靠 Si-SiO_2 界面 Si 一侧至多几微米深的 Si 衬底表面区域）构成。②所指的区域则显示了金属互连线、场氧化层（一种较厚的氧化层）以及 Si 衬底结构，通常它构成另一种所谓的寄生 MOS 结构，也有称其为寄生 MOS 电容的。为了防止器件在具体应用时，寄生 MOS 结构在 Si 表面感应出导电沟道，工艺上场氧化层一般制作得较厚，往往需要达到 $0.8\mu m$ 以上。下面就来分析 MOS 结构的基本特性。

4.2.1　表面空间电荷区

在对 MOS 结构的基本特性进行讨论之前，要进行一些理想的假设。原因

扫一扫下载
表面空间电
荷区微课 1

扫一扫下载
表面空间电
荷区微课 2

之一在前面说明过，MOS 结构当中的 $Si-SiO_2$ 系统存在着多种复杂的电荷与能态；原因之二是 MOS 结构的栅电极——这里先假定它是由金属材料（如 Al）制成的，与半导体衬底材料之间存在着所谓的功函数差。以上这两大原因均会引起半导体表面状态即使在不施加外加栅电压的条件下发生改变。因此，本节的介绍首先是针对所谓的理想 MOS 结构展开的，然后根据各种实际影响因素再对讨论结果做出修正，从而得到更为接近实际情况的结果。

理想 MOS 结构的定义如下：

（1）在 $Si-SiO_2$ 系统中不存在任何可动电荷、固定电荷、辐射电离陷阱以及界面态。

（2）金属栅与衬底半导体材料之间不存在功函数差。

有了这个理想的假设条件，下面就以 P-Si 为衬底的 MOS 结构为例，来说明理想 MOS 结构的 Si 表面是如何受外电场影响的，并形成不同状态的空间电荷区的。根据图 4-5，理想的 MOS 结构示意如图 4-6 所示，这里尚且规定电场的正方向为从 Si 表面指向体内。鉴于引用能带图在分析 Si 表面

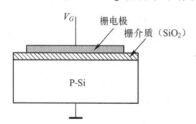

图 4-6　理想的 MOS 结构示意图

空间电荷区载流子状态变化时的方便性，下面将结合运用能带图来分析表面空间电荷区各种状态的变化情况。

为便于将能带图与 MOS 结构各部分很好地对应起来，将 MOS 结构按逆时针方向旋转90°，如图 4-7 所示。图中给出了理想 MOS 结构在外加栅电压作用下表面能带与电荷分布的变化情况。根据所施加栅压 V_G 的不同，表面空间电荷区对应 4 种不同的状态，即平带、多子积累、耗尽与强反型。

1. $V_G = 0V$ 情况

当栅压 $V_G = 0$ V 时，如图 4-7（a）所示，此时 MOS 结构两端的电位差为 0，Si 表面不受任何电场的作用，因此 Si 表面也不存在空间电荷区，Si 表面层附近净体电荷密度 $\rho(x) = 0$，表面薄层内的载流子浓度与体内其他地方的一样，所以能带是平直的。另外，此时金属一侧费米能级 E_{FM} 应当与半导体一侧的费米能级 E_{FS} 处于同一水平线上。

2. $V_G < 0V$ 情况

当施加的栅压 $V_G < 0$ 时，即当外加了一个负栅极电压时，如图 4-7（b）所示。这时若把 MOS 结构看作一个平行板电容，可以推测，在金属栅极的内侧就将积聚负电荷——电子，而在另一侧即半导体衬底表面上将积聚正电荷——空穴。对于衬底 P-Si 来说，带正电荷的空穴是多子，数量较多，而电子是少子，数量极少。因此，受电场力作用，空穴将被吸引至 Si 表面，电子将被排斥，当达到平衡后，空穴不再流动，并且分布在一个很窄的薄层内，这个薄层厚度（用 x_d 表示），通常有 $x_d < 100\text{Å}$。由于此时电场是从 Si 表面处正电荷出发，并指向金属栅极上的负电荷的，如图 4-7（b）所示，因此，Si-SiO$_2$ 界面 Si 一侧的电势 $\varphi(x)$ 将小于 0，为负值。设坐标原点处（即 Si 表面处）的电势为 $\varphi(0) = \varphi_S$，称它为表面势，显然，应当有 $\varphi_S < 0$V，考虑到能带中能级能量的计量是以电子为基准的，此时，位于表面 $x = 0$ 处的电子附加电势能应为 $-q\varphi_S > 0$，所以能带向上弯曲，但弯曲量 $|-q\varphi_S|$ 不大。其中 V_{OX} 为栅介质两侧的电势差，由于该电势差的存在，因此，两侧的电势能差为 $|qV_{OX}|$，其中 $V_G = V_{OX} + \varphi_S$。这种状态称为多子积累状态，电荷分布 $\rho(x)$ 如图示。

3. $V_G > 0V$ 情况

当施加的栅压 $V_G > 0$ V 时，即当施加了一个正偏置电压时，电压值不是很高，例如 1V 以下，如图 4-7（c）所示。这时，金属栅极带有正电荷，该栅压产生的电场穿过 SiO$_2$ 介质层，且其方向由 Si 表面指向体内，此时位于 Si 表面处的空穴在电场力的作用下，将顺着电场方向运动，最后在 Si 表面处留下一薄层电离了的受主负离子，即所谓的空间电荷区。由于该空间电荷区主要是由受主负离子所构成的，故该区域电荷体密度近似等于掺杂受主杂质浓度 N_A。由于空间电荷区中的自由载流子数目很少，所以也将其称为耗尽层，与 PN 结中的耗尽层相似，对应的这种状态称为耗尽状态。在这种情况下，Si 的表面势 $\varphi_S > 0$，因此就有 $-q\varphi_S < 0$，表面能带将向下弯曲，弯曲量为 $|-q\varphi_S|$。由电荷分布图可以看出，$|Q_m| = |Q_{SC}|$，其中 Q_{SC} 为空间电荷面密度。

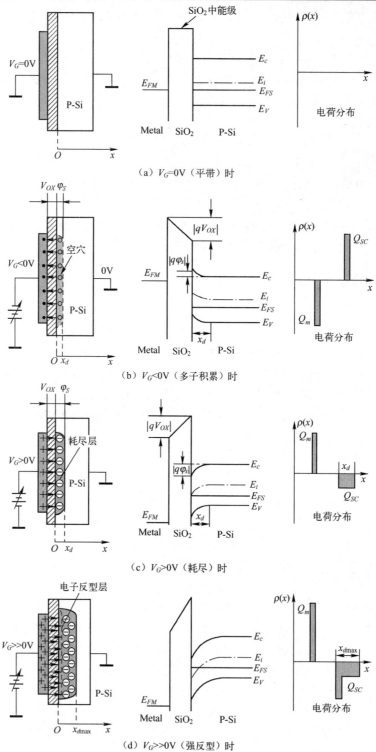

（a）V_G=0V（平带）时

（b）V_G<0V（多子积累）时

（c）V_G>0V（耗尽）时

（d）V_G>>0V（强反型）时

图 4-7　理想 MOS 结构（P-Si 衬底）在外加不同栅压 V_G
作用下表面能带与电荷分布的变化情况

4. $V_G \gg 0\,\mathrm{V}$ 情况

当施加的栅压进一步上升，例如提高到 1V 以上，这时 Si 表面处的电场强度也将同时增强，位于 Si 表面附近的为数不多的空穴数量将进一步降低，耗尽层范围继续扩大，与此同时，P-Si 衬底中的少子——电子受到电场力的作用，会向 Si 表面运动（逆电场方向）并在 Si 表面处积聚，由于这时 Si 的表面势 φ_S 进一步被提高了，因此，表面处能带向下弯曲更甚，也就是说，在这种情况下，Si 表面处出现了与衬底导电类型相反的情况，即发生了反型，如图 4-7（d）所示。

由图 4-7（d）所示的能带图可以看出，这时，Si 表面处费米能级 E_{FS} 已位于禁带中央能级 E_i 以上。我们定义，当 Si 表面处费米能级 E_{FS} 与禁带中央能级 E_i 之差值 $|E_{FS} - E_i|$ 与体内的差值 $|E_i - E_{FS}|$ 相等时，即 Si 表面发生了强反型。这时，表面处反型层电子浓度与体内的空穴浓度在数量上相等。由于表面处能带的弯曲量为 $|-q\varphi_S|$，此时，满足 $|-q\varphi_S| \geqslant 2|E_i - E_{FS}|$，该不等式右侧为 P-Si 体内的禁带中央能级与费米能级之差。根据 Si 材料费米势 φ_F 的定义，即有：

$$\varphi_F = \frac{E_i - E_F}{q} \tag{4-1}$$

因此：

$$|-q\varphi_S| \geqslant 2|E_i - E_{FS}| = 2q\varphi_{FP} \tag{4-2}$$

其中：

$$q\varphi_{FP} = E_i - E_{FS} \qquad (\varphi_{FP} > 0)$$

故：

$$\varphi_S \geqslant 2\varphi_{FP} \tag{4-3}$$

式（4-3）为 P-Si 衬底材料表面强反型的条件。类似地，可以分析得出 N-Si 衬底材料发生表面强反型的条件为：

$$\varphi_S \leqslant 2\varphi_{FN}$$
$$\varphi_{FN} < 0 \tag{4-4}$$

其中：

对于 P-Si 与 N-Si 材料，它们的费米势 φ_{FP} 与 φ_{FN} 分别由式（4-5）和式（4-6）得到，即：

$$\varphi_{FP} = \frac{kT}{q} \ln \frac{N_A}{n_i} \tag{4-5}$$

$$\varphi_{FN} = -\frac{kT}{q} \ln \frac{N_D}{n_i} \tag{4-6}$$

其中，室温下 $\frac{kT}{q} = 0.026\mathrm{V}$。

以掺杂浓度为 $N_A = 10^{15}/\mathrm{cm}^3$ 的 P-Si 衬底为例，根据上述公式可算得 $\varphi_S = 0.58\mathrm{V}$ 时，其表面开始强反型。

4.2.2 表面势 φ_S

表面势 φ_S 的大小表征了空间电荷区内的电荷量的变化情况以

扫一扫下载
表面势微课

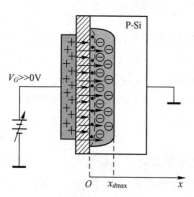

图 4-8 耗尽层近似条件下的 MOS
结构示意图（P-Si 衬底）

及表面处能带的弯曲程度，同时它对于 MOS 结构以及 MOS 型晶体管阈值电压的计算也十分有用。下面通过泊松方程（电磁场理论中的一个基本方程），再结合边界条件运用耗尽层近似以 P-Si 为例来探讨一下表面势 φ_S 与空间电荷区其他物理量之间的定量关系，耗尽层近似条件下的 MOS 结构如图 4-8 所示。图中显示的是达到强反型条件时，Si 表面空间电荷区的状态，$x_{d\,\max}$ 是表面空间电荷区强反型时的最大宽度。

根据耗尽层近似，表面空间电荷区内的电荷包括了带负电的电子 n、带正电的空穴 p 以及带负电的电离受主杂质 N_A。因此，空间电荷区内的净电荷密度，即电荷体密度 $\rho(x)$ 可表达为：

$$\rho(x) = q[p(x) - N_A - n(x)] \tag{4-7}$$

考虑到空间电荷区内的电子浓度 $n(x)$、空穴浓度 $p(x)$ 都很小，可近似取为零，则式（4-7）简化为：

$$\rho(x) = -qN_A \tag{4-8}$$

根据一维形式的泊松方程：

$$\frac{\mathrm{d}^2\varphi}{\mathrm{d}x^2} = -\frac{\rho(x)}{\varepsilon_S}$$

代入表面空间电荷区的电荷体密度 $\rho(x)$ 表达式（4-8），有：

$$\frac{\mathrm{d}^2\varphi}{\mathrm{d}x^2} = \frac{qN_A}{\varepsilon_S} \tag{4-9}$$

式中，$\varphi = \varphi(x)$ 为空间电荷区的电势分布函数；ε_S 为 Si 的介电常数，约为 $1 \times 10^{-12} \, \mathrm{F/cm}$。

利用边界条件 $E(x_d) = 0$，$\varphi(x_d) = 0$ 以及电场强度 E 与电势 φ 之间的函数关系式 $E = -\dfrac{\mathrm{d}\varphi}{\mathrm{d}x}$ 解此泊松方程，可分别求得 $E(x)$、$\varphi(x)$ 的表达式：

$$E(x) = \frac{qN_A}{\varepsilon_S}(x_d - x) \tag{4-10}$$

$$\varphi(x) = \frac{qN_A}{2\varepsilon_S}(x - x_d)^2 \tag{4-11}$$

由式（4-11），令 $x = 0$，则表面势 φ_S 可表达为：

$$\varphi_S = \varphi(0) = \frac{qN_A}{2\varepsilon_S}x_d^2 \tag{4-12}$$

或者：

$$x_d = \sqrt{\frac{2\varepsilon_S\varphi_S}{qN_A}} \tag{4-13}$$

空间电荷区电场分布 $E(x)$ 与电势分布 $\varphi(x)$ 示意如图 4-9 所示。

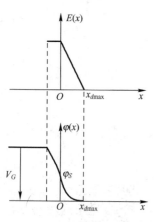

图 4-9 空间电荷区电场分布 $E(x)$
与电势分布 $\varphi(x)$ 示意图

从图 4-9 可以看出，在表面空间电荷区内，电场强度呈现线性分布状态，至 $x = x_{d\max}$ 处，电场强度下降至 0。同样，我们可以看到，电势分布呈现出抛物线形态，在 $x = x_{d\max}$ 处，电势下降至 0。

由式（4-13），表面空间电荷区电荷面密度 Q_{SC} 可表达为：

$$Q_{SC} = -qN_A x_d = -qN_A\sqrt{\frac{2\varepsilon_S \varphi_S}{qN_A}}$$

即：
$$Q_{SC} = -\sqrt{2\varepsilon_S qN_A \varphi_S} \tag{4-14}$$

其中，电荷面密度的单位为 C/cm^2。

同理，可以得到 N-Si 衬底的 MOS 结构，其表面空间电荷面密度表达式如下：

$$Q_{SC} = \sqrt{2\varepsilon_S qN_D |\varphi_S|} \tag{4-15}$$

如果 P-Si 衬底的 $N_A = 10^{15}/\text{cm}^3$，那么当 Si 表面强反型发生时，由前面公式可算得 $\varphi_S = 0.58\text{V}$，此时表面空间电荷区的 $x_{d\max} = 0.85\mu\text{m}$，$Q_{SC} = -1.36\times10^{-8}\text{C/cm}^2$。

4.3　MOS 结构的阈值电压

双极晶体管在纵向结构设计以及工艺控制时，最为首要的问题就是需要控制好它的电流放大系数 h_{FE} 或 β（h_{FE} 指的是直流电流放大系数，而 β 则是指交流小信号电流放大系数，两者在数值上十分接近）。这其中的原因，就是因为双极晶体管是一种电流控制型器件，h_{FE} 或 β 十分重要，所以，像基区宽度 W_b、发射区与基区的掺杂浓度之比等参数必须要控制好。而 MOS 结构则是 MOS 型晶体管的核心结构，因为 MOS 结构是通过栅极电压来控制半导体表面电荷的，属于电压控制型结构，以它为核心制成的 MOS 型晶体管要依靠半导体表面的反型层沟道来导电，所以，控制反型层沟道载流子浓度高低的阈值电压——V_T 参数最为重要。

4.3.1　理想 MOS 结构的阈值电压

扫一扫下载
理想 MOS 结构的
阈值电压 VT 微课

定义：当 P 型 Si 半导体表面达到强反型，且反型层电子浓度等于衬底空穴（多子）浓度时，这时所施加的栅极电压 V_G 称作 MOS 结构的阈值电压，也称为开启电压，用 V_T 表示。

阈值电压参数对于 MOS 结构来说十分重要。为便于论述，这里把图 4-8 所示处于强反型状态的 MOS 结构重绘于此。阈值电压 V_T 定义如图 4-10 所示。

根据定义，有：
$$\varphi_S = 2\varphi_{FP} \tag{4-16}$$
而：
$$V_G = V_{OX} + \varphi_S$$
即：
$$V_T = V_{OX} + \varphi_S \tag{4-17}$$
式中，V_{OX} 为栅介质两端电压；φ_S 为表面势。

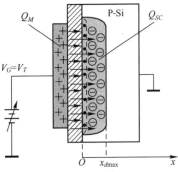

图 4-10　阈值电压 V_T 定义示意图

根据平板电容计算公式 $C = \dfrac{Q}{V}$ 有：

$$C_{OX} = \frac{Q_M}{V_{OX}} \tag{4-18}$$

式中，Q_M 为栅电极所带单位面积正电荷，单位为 C/cm²；C_{OX} 为栅介质单位面积电容量，单位为 F/cm²。

C_{OX} 由式 $C_{OX} = \dfrac{\varepsilon_{OX}}{t_{OX}}$ 决定。其中，t_{OX} 为栅介质厚度，ε_{OX} 为栅介质介电常数。

变换式（4-18）可得：

$$V_{OX} = \frac{Q_M}{C_{OX}} \tag{4-19}$$

将 $Q_M = -Q_{SC}$ 代入式（4-19），则有：

$$V_{OX} = -\frac{Q_{SC}}{C_{OX}} \tag{4-20}$$

将式（4-20）代入式（4-17），可得：

$$V_T = -\frac{Q_{SC}}{C_{OX}} + \varphi_S \tag{4-21}$$

将式（4-14）代入式（4-21），可得：

$$V_T = \frac{\sqrt{2\varepsilon_S q N_A \varphi_S}}{C_{OX}} + \varphi_S \tag{4-22}$$

当半导体表面发生强反型时，表面势 φ_S 满足 $\varphi_S = 2\varphi_{FP}$，故有：

$$V_T = \frac{\sqrt{4\varepsilon_S q N_A \varphi_{FP}}}{C_{OX}} + 2\varphi_{FP} \tag{4-23}$$

其中：

$$\varphi_{FP} = \frac{kT}{q} \ln \frac{N_A}{n_i}$$

式（4-23）就是求理想 MOS 阈值电压 V_T 的表达式（P-Si 衬底），一般来讲，$V_T > 0$。

同理，对于 N 型衬底的 MOS 结构，可以求得 V_T 为：

$$V_T = -\frac{\sqrt{4\varepsilon_S q N_D |\varphi_{FN}|}}{C_{OX}} + 2\varphi_{FN} \tag{4-24}$$

其中：

$$\varphi_{FN} = -\frac{kT}{q} \ln \frac{N_D}{n_i}$$

注意：式中费米势 $\varphi_{FN} < 0$，式（4-24）开方中需加绝对值。一般来讲，$V_T < 0$。

实例 4-1 已知衬底掺杂浓度 $N_A = 10^{15}/\text{cm}^3$ 的 P-Si 组成的理想 MOS 结构，其中栅介质厚度 t_{OX} 为 100nm，试求 MOS 结构的阈值电压 V_T 为多少？

解 根据 V_T 的表达式（4-23）：

$$V_T = \frac{\sqrt{4\varepsilon_S q N_A \varphi_{FP}}}{C_{OX}} + 2\varphi_{FP}$$

其中：

$$\varphi_{FP} = \frac{kT}{q} \ln \frac{N_A}{n_i} = 0.026 \ln \frac{10^{15}}{1.5 \times 10^{10}} = 0.29 \text{V}$$

$$C_{OX} = \frac{\varepsilon_{OX}}{t_{OX}} = \frac{3.9 \times 8.85 \times 10^{-14}}{100 \times 10^{-7}} = \frac{3.4515 \times 10^{-13}}{10^{-5}} = 3.45 \times 10^{-8} \text{F/cm}^2$$

所以：

$$V_T = \frac{\sqrt{4 \times 11.9 \times 8.85 \times 10^{-14} \times 1.6 \times 10^{-19} \times 10^{15} \times 0.29}}{3.45 \times 10^{-8}} + 0.29 \times 2$$

$$= 0.4 + 0.58 = 0.98 \text{V}$$

4.3.2 实际 MOS 结构的阈值电压

在一个实际 MOS 结构中，往往会存在多种影响 MOS 结构阈值电压的因素。例如，MOS 结构中 Si-SiO₂ 系统正电荷的影响、金属与半导体之间功函数差的影响等，均会使阈值电压的实际值发生偏移。下面重点介绍金属与半导体的功函数差以及 Si-SiO₂ 系统电荷对 V_T 的影响。

1. 金属与半导体的功函数 W

定义：功函数 W 是指一个位于费米能级 E_F 处的电子由金属或半导体内部逸出到真空中所需要给予它的最小能量。功函数 W 定义示意如图 4-11 所示。

图中显示电子从 E_F 处跃迁至真空能级 E_0 所需的能量，W 由式（4-25）给出。

$$W = E_0 - E_F \tag{4-25}$$

一般而言，不同的金属材料具有不同的功函数 W_m。例如，金属铝（Al）的功函数为 4.13 eV，金（Au）的功函数较大，达到 5.06 eV。绝大部分金属的功函数在 4.0～5.0 eV 左右。不同的半导体材料，它们的功函数 W_S 也不一样，例如 Si、Ge、GaAs 等。但即使是同一种类的半导体材料，掺杂浓度不同，功函数 W_S 也不一样，表 4-1 给出了 N 型 Si 和 P 型 Si 在不同掺杂浓度下的功函数值。

扫一扫下载
金属与半导体的
功函数 W 微课

金属或半导体材料

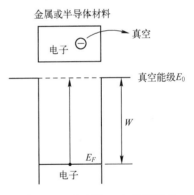

图 4-11 功函数 W 定义示意图

从表中给出的数据可以看出，N 型半导体由于费米能级较高，所以其功函数较小。

表 4-1 N 型 Si 和 P 型 Si 在不同掺杂浓度下的功函数值

N 型 Si			P 型 Si			
N_D/ cm⁻³	10^{14}	10^{15}	10^{16}	N_A/ cm⁻³	10^{14}	10^{15}	10^{16}
W_S /eV	4.37	4.31	4.25	W_S /eV	4.87	4.93	4.99

2. 金属与半导体功函数差对 V_T 的影响

金属铝（Al）由于质量轻、熔点低、耐腐蚀性与导电

扫一扫下载
功函数对阈值电
压 V_T 的影响微课

性均较好，尤其是与 SiO_2 膜的黏附性好，同时价格便宜，因此在半导体工业中应用广泛。目前，它主要应用于形成半导体器件的电极以及集成电路中的互连线，早期也用于制作 MOS 型晶体管的栅电极，即 MOS 结构的栅。下面就以铝栅 MOS 结构为例，说明金属与半导体功函数差对阈值电压 V_T 的影响。

如图 4-12 所示，给出了 Al 栅 MOS 结构刚形成时的能带图。图中显示，由于金属 Al 的功函数为 4.13 eV，比 P-Si 小，所以其费米能级 E_{FAl} 相对较高，而半导体的费米能级 E_{FS} 则较低。

在 MOS 结构形成以后，即使不施加栅压，即 $V_G = 0V$，如图 4-13 所示，只要有适当的外电路连接（SiO_2 层本身也不可能完全绝缘），此时，两侧费米能级的不同也会导致电子从金属栅极流向 P-Si 衬底，结果这些电子会与半导体表面处的空穴相复合，而留下一层受主负离子，从而形成表面耗尽层，而失去电子的金属栅极则带上正电荷。

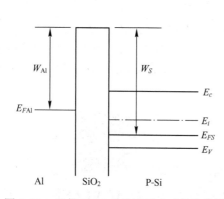

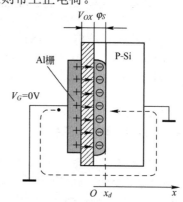

图 4-12　Al 栅 MOS 结构刚形成时的能带图　　图 4-13　功函数差使栅极与 Si 衬底交换电子

这时，Si 表面处的表面势 $\varphi_S > 0$，表面能带向下弯曲，而此时金属栅极由于带上正电荷而电势提高，因此电子势能下降，最终两侧的费米能级会趋于相同，电子停止流动而达到平衡态，两侧费米能级趋于一致时的能带如图 4-14 所示。这时，金属栅与半导体衬底的费米能级相等。

从上面的分析可以看出，当金属栅与半导体衬底的费米能级趋于一致时，两侧存在一个电位差，称为接触电位差。对于上述 Al 栅电极的例子，栅极电位将高于半导体的电位。为平衡该电位差，需在栅极上施加如图 4-15 所示的极性补偿电压，这个补偿电压称为平带电压，用 V_G' 表示。

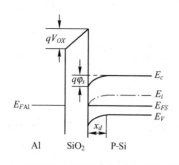

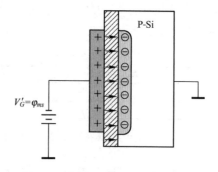

图 4-14　两侧费米能级趋于一致时的能带图　　图 4-15　施加平带电压 V_G' 示意图

显然，V_G' 满足下式：

$$V_G' = \frac{W_{Al} - W_S}{q} \tag{4-26}$$

因为 $W_{Al} < W_S$，所以 $V_G' < 0$，如图 4-15 所示。对于一般情形，有下述关于金属半导体接触电位差 φ_{ms} 的定义：

$$\varphi_{ms} = \frac{W_m - W_S}{q} \tag{4-27}$$

因此，平带电压满足：

$$V_G' = \varphi_{ms}$$

在考虑金属与半导体功函数差的影响以后，MOS 结构的阈值电压 V_T 可修正为：

$$V_T = \varphi_{ms} + \frac{\sqrt{4\varepsilon_S q N_A \varphi_{FP}}}{C_{OX}} + 2\varphi_{FP} \tag{4-28}$$

3. 栅氧化层中有效表面态电荷密度 Q_{SS} 对 V_T 的影响

扫一扫下载
表面态电荷密度
Q_{SS} 对 V_T 的影响
微课

前面在介绍 Si-SiO₂ 系统的性质时，就已经谈到在 Si-SiO₂ 系统中，存在多种性质的电荷以及界面态，而对于 SiO₂ 栅介质而言，它们主要表现为正电荷效应。如果对这些不同性质的电荷包括界面态分别进行讨论，问题就将变得比较复杂。是否可以引入一个概念，等效地来处理这些电荷而又使得问题的讨论变得相对简单些，并且尽量使讨论的结果符合实际情况呢？回答是肯定的。

所谓栅氧化层中的有效表面态电荷密度 Q_{SS} 就是这么提出来的。它将前面所提到的可动正电荷（主要是 Na⁺）、固定正电荷以及 Si-SiO₂ 交界面上存在的界面态，看成是集中在 SiO₂ 中但紧靠 Si-SiO₂ 交界面处的正电荷，其面电荷密度用 Q_{SS} 来表示。经验表明，Q_{SS} 的大小，非常明显地依赖于氧化的工艺水平与工艺条件。在一般工艺条件下，Q_{SS} 通常表现为等效的正电荷效应。也就是说，它相当于对 Si 表面施加了一个正电场，使 Si 表面感应出一个带负电荷的空间电荷区，即耗尽层，致使表面处能带向下弯曲。栅氧化层紧靠 Si-SiO₂ 交界面处的 Q_{SS} 及其感应的耗尽层如图 4-16 所示。

Q_{SS} 的存在使 Si 表面能带发生弯曲如图 4-17 所示。

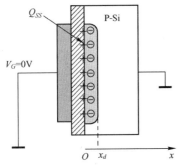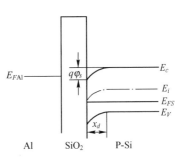

图 4-16　栅氧化层紧靠 Si-SiO₂ 交界面处的 Q_{SS} 及其感应的耗尽层　图 4-17　Q_{SS} 的存在使 Si 表面能带发生弯曲

从图中可以看出，即使在栅压等于零的情况下，Q_{SS} 的存在可以在 Si 的表面处形成一个耗尽层。

若要使能带变平，则必须在金属栅极上施加另外一个平带电压 V_G''，以抵消有效表面态正

电荷 Q_{SS} 对能带的影响，使得 Si 表面不再存在空间电荷区，而这时在金属栅极表面感应出与 Q_{SS} 等量的负电荷 Q_m，施加平带电压 V_G'' 以及使 Si 表面能带变直的示意图如图 4-18 所示。

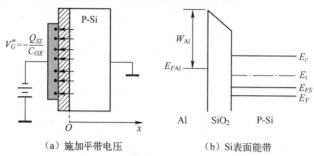

图 4-18　施加平带电压 V_G'' 以及使 Si 表面能带变直的示意图

根据电容的定义式，平带电压 V_G'' 满足：

$$V_G'' = -\frac{Q_{SS}}{C_{OX}} \tag{4-29}$$

同时考虑金属与半导体功函数差、栅氧化层有效表面态电荷密度 Q_{SS} 的影响以后，MOS 结构的阈值电压 V_T 可进一步修正为：

$$V_T = \varphi_{ms} - \frac{Q_{SS}}{C_{OX}} + \frac{\sqrt{4\varepsilon_S q N_A \varphi_{FP}}}{C_{OX}} + 2\varphi_{FP} \tag{4-30}$$

式中，通常定义 $\varphi_{ms} - \dfrac{Q_{SS}}{C_{OX}} = V_{FB}$，称为总的平带电压。

实例 4-2　有一铝栅 MOS 结构，已知衬底 $N_A = 10^{15}/\text{cm}^3$，$t_{ox} = 50\text{nm}$，$\dfrac{Q_{SS}}{q} = 1 \times 10^{11}/\text{cm}^2$，试求 V_T 为多少（其中，金属与半导体接触电势差，经查表可得 $\varphi_{ms} = -0.90\text{V}$）？

解　根据式（4-30），MOS 结构的阈值电压 V_T 为：

$$V_T = \varphi_{ms} - \frac{Q_{SS}}{C_{OX}} + \frac{\sqrt{4\varepsilon_S q N_A \varphi_{FP}}}{C_{OX}} + 2\varphi_{FP}$$

其中，栅氧化层单位面积电容 $C_{OX} = \dfrac{\varepsilon_{OX}}{t_{ox}}$

P-Si 衬底的费米势 $\varphi_{FP} = \dfrac{kT}{q}\ln\dfrac{N_A}{n_i}$

代入已知数据，得：

$$\varphi_{FP} = 0.29\text{V}$$
$$C_{OX} = 6.9 \times 10^{-8}\text{F/cm}^2$$
$$Q_{SS} = 1.6 \times 10^{-8}\text{C/cm}^2$$
$$-\frac{Q_{SS}}{C_{OX}} = -0.23\text{V}$$
$$\frac{\sqrt{4\varepsilon_S q N_A \varphi_{FP}}}{C_{OX}} = 0.20\text{V}$$
$$V_T = -0.90 + (-0.23) + 0.20 + 0.58 = -0.35\text{V}$$

从计算结果可以看出，由于金属半导体功函数差以及栅氧化层正电荷的存在，导致 $V_T = -0.35\text{V} < 0$。这其中栅极金属 Al 的功函数对结果的影响较大，因为 Al 的功函数较小，所以 φ_{ms} 绝对值较大，最终使得 V_T 为负值。

对 P-Si 衬底而言，当 MOS 结构的 $V_T < 0\text{V}$ 时，称为耗尽型 MOS 结构；反之，即 $V_T > 0\text{V}$ 时，称为增强型结构。

同理，对于由 N 型 Si 衬底所构成的 MOS 结构，可以按类似的方法对式（4-30）进行修正，得到其阈值电压的表达式为：

$$V_T = \varphi_{ms} - \frac{Q_{SS}}{C_{OX}} - \frac{\sqrt{4\varepsilon_S q N_D |\varphi_{FN}|}}{C_{OX}} + 2\varphi_{FN} \tag{4-31}$$

综合式（4-30）和式（4-31），可得：

$$V_T = \varphi_{ms} - \frac{Q_{SS}}{C_{OX}} - \frac{Q_{SC}}{C_{OX}} + 2\varphi_F \tag{4-32}$$

其中：

$$Q_{SC} = -\sqrt{4\varepsilon_S q N_A \varphi_{FP}} \qquad \text{对于 P 型 Si 衬底}$$

$$Q_{SC} = \sqrt{4\varepsilon_S q N_D |\varphi_{FN}|} \qquad \text{对于 N 型 Si 衬底}$$

式（4-32）是一个普适公式。对于不同的衬底类型，公式中各个因子的正负号取值是不相同的，Al 栅 MOS 结构阈值电压 V_T 公式中各因子的取值参见表 4-2。

表 4-2　Al 栅 MOS 结构阈值电压 V_T 公式中各因子的取值表

参数	衬底类型	φ_{ms}	Q_{SS}	φ_F	Q_{SC}	V_T
MOS 结构	P	$-$	$+$	$+$	$-$	>0（增强型）
						<0（耗尽型）
	N	$-$	$+$		$+$	<0（增强型）
						>0（耗尽型）

对于 Al 栅 MOS 结构而言，由于 $\varphi_{ms} < 0$，且 Q_{SS} 通常大于零，即表现为正电荷，因此，对 P 型衬底的 MOS 结构来说，要使 $V_T > 0$ 不太容易。而对于 N 型衬底的 MOS 结构而言，V_T 的绝对值则更大。因此，在实际 MOS 型晶体管的制造中，为尽可能地使得 $\varphi_{ms} \to 0$，常常需要使用多晶 Si 栅来取代 Al 栅，从而使得 $V_T > 0$ 或者它的绝对值不要太大，以利于制造增强型 MOS 型晶体管，并使得 V_T 变得容易控制。

4.3.3　MOS 结构的应用——电荷耦合器件

 扫一扫下载
MOS 结构的应用
——电荷耦合器件微课

电荷耦合器件（Charge Coupled Device，CCD）是由美国贝尔实验室的两位科学家 Willard Boyle（韦拉德·博伊尔）和 George Smith（乔治·史密斯）于 1969 年发明的，两人并因此荣获了 2009 年度诺贝尔物理学奖。作为一种高分辨率的图像传感器，CCD 器件拥有许多无可比拟的性能。目前，它广泛应用于电视摄像机、数码相机、扫描仪以及其他各类影像监视仪器中。CCD 器件可直接将光信号转换为模拟电信号，电信号再经过放大和模数转换，即可实现图像信号的采集、存储、传输、处理并再现。CCD器件具有以下特点：

（1）体积小、质量轻。

（2）工作电压与功耗均较低，并且抗冲击与振动、性能稳定、寿命长。

（3）灵敏度高、噪声低，信号动态范围大。

（4）响应速度快，且有自扫描功能，图像畸变小。

（5）集成度高，容易批量制造、成本低。

如图4-19所示，给出了一种CCD图像传感器的芯片样品照片。

下面简要介绍CCD器件的工作原理。

1．影像信息的采集

CCD图像传感器的核心部分实质上是一个由MOS结构单元所构成的MOS电容矩阵。景物光线通过透镜聚焦成像在CCD器件表面，如图4-20所示。

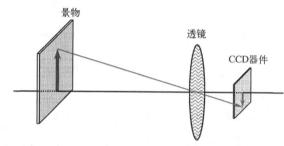

图4-19　一种CCD图像传感器的芯片样品照片　　图4-20　景物光线通过透镜聚焦成像在CCD器件表面

2．CCD结构单元

如图4-21所示，给出了一个CCD结构单元——MOS电容单元示意图，光生电子被收集在表面势阱中。CCD器件就是由这些彼此间隔极小的金属-氧化物-半导体电容阵列所构成的。图中所表示的是电子沟道型CCD的结构单元。它是在P-Si半导体衬底表面上，先生长一薄层SiO_2膜，然后再溅射一层金属或多晶硅层，并进而光刻形成一定面积的电极阵列。景物像的光照在CCD的正面或背面产生电子-空穴对，这时在栅极上施加正脉冲，带正电的空穴将被排斥至衬底，而带负电的电子被吸引至Si表面，形成信息电荷。通常，某点处的光照越强，对应产生的电子信息电荷就越多。

3．势阱的形成与电荷转移

根据前面所述，MOS结构中半导体表面在外加栅压V_G的作用下产生积累、耗尽与反型。上述分析都是基于稳态过程来进行的，而没有考虑到它的瞬态过程。假如某一时刻施加在半导体栅极的是一个脉冲电压，那么就需要考虑MOS结构的瞬态特性。

如果在以P-Si为衬底的MOS结构的栅上，施加一个足够大的脉冲电压V_G，数值上需要大于V_T，如图4-22（a）所示，那么，就在施加脉冲电压的瞬间，Si表面上并不会立刻出现反型层，而将会出现如下一个物理过程，即在脉冲栅压施加的瞬间，Si表面处的空穴由于受到较强电场力的作用，立刻就被排斥到衬底，在表面处快速形成一个耗尽层。假如这个脉冲电压足够大，那么它所产生的耗尽层厚度将会超过半导体表面达到稳态强反型时的厚度，同

时瞬间的表面势 φ_S 也将超过稳态强反型时的表面势，这时耗尽层的状态称为深耗尽，这是 MOS 结构的一种非平衡状态。

在 Si 表面出现深耗尽态时，表面电势将比平衡态时更高。因此，对电子来讲，当它处在 Si 表面处时，它的电势能将更低。这个深耗尽层称为势阱，如图 4-22（a）所示。与 PN 结耗尽区的情形十分相似，在这个所谓的表面耗尽层中，一样存在着产生-复合中心，所以将会不断地产生电子-空穴对。这些电子与空穴将在表面电场力的作用下，相向而行。电子趋于流向表面，而空穴则移向体内。这样，经过一段时间，Si 表面处积累了更多数量的电子，渐渐形成电子沟道反型层，而空穴则不断地填补耗尽层边界，与受主负离子复合，使得耗尽层底部逐渐向上抬高，并使 MOS 结构最终趋于新的平衡态。当 Si 表面处出现了电子占优势的反型沟道时，我们称这种情况为势阱已被填满，如图 4-22（b）所示。

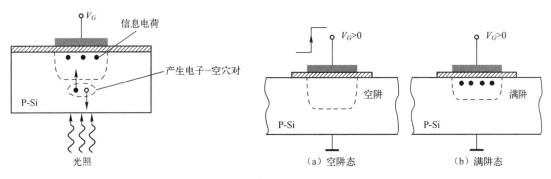

图 4-21　一个 MOS 电容单元示意图　　　　图 4-22　MOS 结构的深耗尽状态以及状态转换示意图

MOS 结构从深耗尽的非平衡态过渡到平衡态，需要有一个弛豫过程。该过程持续时间的长短与表面处少子寿命以及势阱中电子-空穴对的产生率有关。在室温下，当 P-Si 的少子寿命在微秒量级时，上述弛豫时间约为 0.1s。CCD 是在非平衡条件下工作的器件。如果势阱中没有自由电荷，就称势阱是一个空阱。而在平衡态时，如果势阱全部被自由电荷所填满，就称其为一个满阱。势阱中自由电荷的多少是可以连续变化的，这些自由电荷既可以通过其自身产生，也可以从阱外引入。不过，应当注意的是，当用注入势阱的自由电荷来表达信息时，为防止势阱本身因热产生电荷而导致干扰，信息电荷在一个势阱中停留的时间不能太长，一般应比达到热平衡状态的时间短得多。

下面再结合图 4-23，来介绍 MOS 结构单元中自由电荷在势阱间的转移问题。

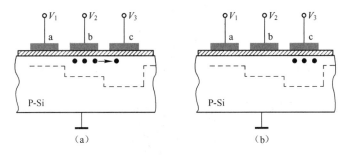

图 4-23　MOS 结构单元中自由电荷在势阱间的转移示意图

CCD 器件中的各个 MOS 结构单元不仅能在脉冲电压作用下，在硅表面产生势阱，而且

更重要的是，在势阱中的自由电荷能在时钟脉冲的作用下，从一个势阱转移到另一个势阱。如图 4-23（a）所示，在 a、b、c 3 个 MOS 单元上分别施加 3 个不同的栅压 V_1、V_2、V_3（要求 $V_3 > V_2 > V_1$），这样就形成了如图虚线边界所示的耗尽层。其中，c 电极下最深，因为其 Si 表面的电势能最低；b 电极下次之；a 电极下最浅。假如原来在 b 单元里面存储着电子电荷，由于载流子具有向低势能处转移的特性，那么这时就会向 c 阱中转移，如图 4-23（b）所示。结果单元 b 中的电荷向右移到了单元 c，这就是 CCD 器件中 MOS 结构单元之间的电荷转移效应。利用该效应，就能实现各单元之间信息的传递。

4.4 MOS 结构的 C-V 特性

前面已经对 MOS 结构的诸多特性进行了讨论。在此基础上，本节来探讨 MOS 结构的另一项重要特性，即所谓的 MOS 结构的 C-V 特性。从结构上看，MOS 结构实际上构成了一个电容，它上面的金属层或多晶硅膜构成了该电容的上电极，而下面的半导体衬底则构成了电容的下电极。前述分析已经表明，当在金属栅极上施加不同的电压时，在半导体衬底的 Si 表面会感应出空间电荷区及反型层或者多子积累层。在此，应注意到这个下电极，即半导体衬底 Si 表面在带电情形时与普通电容的电极带电情形存在一定的区别，这提示我们这种 MOS 电容也应当与普通电容存在一定的区别，理论分析与实验证明了这一点。

4.4.1 集成化电容的选择——MOS 电容

扫一扫下载 MOS 电容 微课

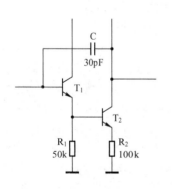

图 4-24 一个带有集成化电容的芯片的局部电路

由于元器件结构以及制造工艺上的原因，要想在普通 Si 芯片上制作一个集成化的电容器，哪怕是它的电容量很小，也都会感到十分困难。对于通常工艺，只能制作容量低于 100pF 的小容量电容。然而，即使这么小的电容，在集成电路芯片上，它也还是会占去很大一块芯片面积。

如图 4-24 所示，显示一个带有集成化电容的集成电路芯片的局部电路。在这个集成电路（局部）中，电容元件 C 的容量为 30pF。

对于该电路中这么一个小容量电容，究竟是采用 PN 结电容来制作，还是选择 MOS 电容来制作？经过分析比较，回答是采用 MOS 电容。从下面的一系列分析中，可以清楚地看到这一点，尽管 MOS 电容存在许多不足，但在更多的地方我们还是选择了它。

4.4.2 理想 MOS 电容的 C-V 特性

扫一扫下载理想 MOS 电容的 C-V 特性微课 1

扫一扫下载理想 MOS 电容的 C-V 特性微课 2

在介绍 PN 结势垒电容 C_T 时已经知道，由于 PN 结的空间电荷区宽度 x_m 是随所施加的偏压而改变的，因此，它的电容量不是恒定的，而是一种微分电容。对于 MOS 电容来讲，

施加不同的栅压 V_G，半导体 Si 表面的空间电荷区宽度 x_d 也是随之改变的，因此，推测它的电容量不是恒定的，也是一种微分电容，在这点上，它们两者是相似的。

在对 MOS 电容进行测量时，是在施加一定的直流偏压 V 之上叠加一个微小的交流信号 ΔV（通常在数十毫伏）来测量相应的充放电电流，而后得出它的电容值 $C(V)$，即：

$$C(V) = \frac{dQ}{dV}$$

或者近似地写成：

$$C(V) = \frac{\Delta Q}{\Delta V}$$

因为一般来讲，这个电容 C 是偏压 V 的函数，所以常写成 $C(V)$ 的形式。MOS 电容的测量电路原理图如图 4-25 所示。

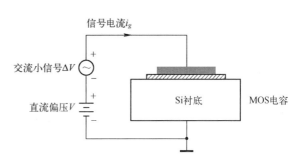

图 4-25　MOS 电容的测量电路原理图

下面来具体介绍 MOS 电容的 C-V 特性。不过，在正式讨论之前，需要先声明一下，介绍时仍旧区分两种情形：第一种是理想的，即先忽略金属-半导体功函数差以及 Si-SiO$_2$ 系统的各种电荷；第二种是实际的，即考虑了 MOS 结构中的各种复杂电荷及界面态情况。同时为方便起见，同先前一样，一是选择 P-Si 作为衬底，二是电容量 C 都以单位面积为基准。首先，介绍理想情形，分为以下 3 种情况。

1．栅偏压满足（$V_G < 0$）

参见图 4-7（b），当 $V_G < 0$V 时，在栅极施加了负偏压，将在 P-Si 半导体表面感应一薄层浓度很高的正电荷层——空穴层，把它称为积累层。一般而言，这种多子积累层与耗尽层的特点完全不同。P-Si 衬底中空穴浓度本来就较高，由图 4-7（b）中所示的能带图表明，只要在表面处的能带略微上翘，表面处的空穴浓度就会提高很多，这层带正电荷的空穴积累层非常紧靠 Si 表面。而耗尽层的特点则是因为多子被赶走后形成的，其电荷密度将受到杂质浓度的限制，不可能超过电离杂质的浓度。因此，当需要增加电荷时，主要将依靠增大耗尽层的厚度来补充电荷。

因此，在施加负偏压下，MOS 电容的正负电荷完全集中在栅介质的两个表面上，其情形与一个平行板电容完全相似，所以，可得电容 $C(V)$：

$$C(V) = C_{ox} = \frac{\varepsilon_{SiO_2} \varepsilon_0}{t_{ox}} \tag{4-33}$$

式中，ε_{SiO_2} 为 SiO$_2$ 的相对介电常数为 3.9；ε_0 为真空的介电常数为 8.85×10^{-14}F/cm；t_{ox} 为栅介质厚度，这里以 cm 为单位。

由以上介绍表明，负直流栅压下的 MOS 电容所反映的是 Si 表面多子积累情形时的电容。因为这个多子积累层就集中在 Si 表面处，所以电容基本上就是栅介质的电容 C_{ox}，它并不随栅偏压而变。

2．栅偏压满足（$0 < V_G < V_T$）

参见图 4-7（c），图中所施加的栅偏压满足所要讨论的条件。在此条件下，Si 表面处多

子——空穴被赶走,从而在 Si 表面附近形成一层由受主负离子所构成的空间电荷,厚度为 x_d。在这种情况下,当信号电压 $\Delta V > 0$ 时,金属与半导体表面电荷将分别改变为 $+\Delta Q$、$-\Delta Q$。不过这里应注意的特点是,半导体表面空间电荷区电荷的变化量为 $-\Delta Q$,是由空间电荷区边缘 x_d 处的扩展 Δx_d 所形成的,如图 4-26 所示。

从图 4-26 可以看到,充电的正、负电荷增量 $+\Delta Q$、$-\Delta Q$ 位于双层介质的两侧(其中

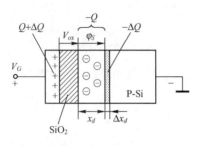

图 4-26　半导体表面空间电荷区电荷的
变化量为 $-\Delta Q$ 的示意图

一层介质就是 SiO_2 栅介质,而另一层介质就认为是耗尽层)。对应于栅压的增量 ΔV,增量电力线将贯穿这两层介质。设 $V_G = V$,则有:

$$V = V_{ox} + \varphi_S \qquad (4\text{-}34)$$

因此:

$$dV = dV_{ox} + d\varphi_S$$

代入上述 $C(V)$ 的表达式中,得:

$$C(V) = \frac{dQ}{dV_{ox} + d\varphi_S}$$

或者写成:

$$\frac{1}{C(V)} = \frac{dV_{ox} + d\varphi_S}{dQ} = \frac{dV_{ox}}{dQ} + \frac{d\varphi_S}{dQ} = \frac{1}{\dfrac{dQ}{dV_{ox}}} + \frac{1}{\dfrac{dQ}{d\varphi_S}}$$

即:

$$\frac{1}{C(V)} = \frac{1}{C_{ox}} + \frac{1}{C_S} \qquad (4\text{-}35)$$

式中,C_S 为表面耗尽层电容,它满足:

$$C_S = \frac{\varepsilon_{Si}\varepsilon_0}{x_d} \qquad (4\text{-}36)$$

式中,ε_{Si} 为 Si 的相对介电常数 11.9;x_d 为表面空间电荷区厚度。

根据前面的讨论,当栅压在一定的范围内被提高时,表面势 φ_S 也会提高,同时 x_d 一同增加,因此,C_S 将减小,故对应这一段栅压范围,MOS 电容 $C(V)$ 将随 V 的提高而减小。在栅压满足条件($0V < V_G < V_T$)时,MOS 电容 $C(V)$ 的等效电路如图 4-27 所示。

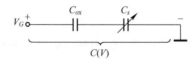

图 4-27　在栅压满足条件($0V < V_G < V_T$)时 MOS 电容 $C(V)$ 的等效电路图

3. 栅偏压满足($V_G > V_T$)

参见图 4-7(d),Si 表面在满足上述栅压条件时所显示的电荷分布情况可以看出,这时 Si 表面出现了电子反型层。在反型层出现以后,即使栅偏压再提高,表面空间电荷区宽度也不会再增加,而是达到一个最大值 $x_{d\,\max}$。

在这一偏压区间，由实际测量所得到的 $C(V)$ 特性曲线表明，这时的 MOS 电容不仅与 MOS 结构参数有关，而且与测量信号的频率 f 有着密切的关系。为什么会这样呢？下面，对照图 4-28 做一简要分析（更详细的分析，读者可以参阅有关文献）。

在不同偏压区间内，半导体表面强反型的 $C(V)$ 曲线示意图如图 4-29 所示。

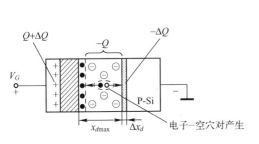

图 4-28　半导体表面强反型时
说明 $C(V)$ 曲线示意图

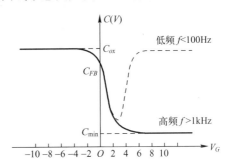

图 4-29　在不同偏压区间内 MOS 电容
的 C-V 特性曲线（P-Si 衬底）

在 Si 表面强反型发生以后，反型层中聚集了数目众多的电子。从理论上讲，当 $\Delta V > 0$ 时，半导体表面所对应的 $-\Delta Q$ 应当就位于反型层中，即增加一定数量的电子就行了。这些电子只有依靠空间电荷区自身来产生，如图 4-28 所示。但半导体中的少子具有一定的寿命，例如，当少子的寿命长于信号的周期时，通过产生而获得的电子数目在数量上远远不够，即远小于 $|-\Delta Q|$。因此，$-\Delta Q$ 的获得，只能仍旧依赖于空间电荷区边界处，即 $x_{d\max}$ 处，见图 4-28 中所示 Δx_d 内。所以，这时的 $C(V)$ 关系仍满足式（4-35）。这种情况就是所谓的"高频" C-V 曲线，如图 4-29 所示。不过，计算与实测均表明，这里的高频也只要使信号频率达到 1000Hz 以上就行了。

假如测量信号的频率 f 降至 100Hz 以下甚至更低时，例如只有 10Hz，那么反型层电子的数量补充将跟得上频率的变化，这时，$-\Delta Q$ 就位于 Si 表面反型层内，这时，$C(V)$ 满足：

$$C(V) \approx C_{ox} \tag{4-37}$$

综合上述分析，给出在不同偏压区间内 MOS 电容的 C-V 特性曲线，如图 4-29 所示。图中 C_{FB} 表示栅压为 0V 时的 MOS 电容，因为此时所对应的 Si 表面处能带处于平直状态，所以称它为平带电容，这是一个描述 MOS 电容的基准参量。$C_{\min}$ 为 MOS 电容的最小值，由式（4-38）决定。另外，对于 N 型衬底的 MOS 电容，可按类似方法进行研究。

$$C(V) = \frac{C_{ox} \cdot C_S}{C_{ox} + C_S} = \frac{C_{ox}}{1 + \left(\frac{C_{ox}}{C_S}\right)} = \frac{C_{ox}}{1 + \frac{\varepsilon_{SiO_2}}{\varepsilon_{Si}} \cdot \frac{x_{dm}}{t_{ox}}} \tag{4-38}$$

4.4.3　实际 MOS 电容的 C-V 特性

扫一扫下载实际 MOS 电容的 C-V 特性微课

4.4.2 节所介绍的理想 MOS 电容的 C-V 特性与实际测量所获得的 C-V 特性间存在一定的差异。这时因为在介绍理想 MOS 电容的特性时，与前面介绍理想 MOS 结构的阈值电压相似，忽略了金属-半导体之间的功函数差、Si-SiO₂ 系统中复杂的电荷因素以及界面态等。假如考虑了这些因素，就可以获得实际的 MOS 电容的 C-V 曲线。

因为影响 C-V 特性的因素较多，为突出重点，简化分析，统一归类，即分成：

（1）金属-半导体功函数差对 C-V 特性的影响；

（2）Si-SiO$_2$ 系统中有效正电荷面密度 Q_{SS} 对 C-V 特性的影响。

1. 金属-半导体功函数差对 C-V 特性的影响

由于金属与半导体之间的功函数不同，所以，当 MOS 电容的外加直流偏压为 0V 时，半导体表面就已经存在空间电荷区了，并使得表面处的能带发生弯曲。为了使半导体表面处的能带恢复平直，在 MOS 电容的两端施加了所谓的平带电压，即 $V_{FB1} = \varphi_{ms}$（这里用 V_{FB1} 取代前面的 V_G'）。

因此，当 MOS 电容的栅压为 V_G 时，可以这样来理解：

$$V_G = (V_G - V_{FB1}) + V_{FB1} \qquad (4\text{-}39)$$

式（4-39）由两项所构成，其中 V_{FB1} 项起到使得表面处能带拉直的作用，另一项 $(V_G - V_{FB1})$ 才相当于理想 C-V 中的电压的作用，所以称 $(V_G - V_{FB1})$ 为有效偏压。

举例来说，在理想 $C(V)$ 特性中，当栅压为 0V 时，电容等于平带电容 C_{FB}，而考虑到金属-半导体功函数差的存在，实际上只有当有效偏压为 0V，即满足：

$$V_G - V_{FB1} = 0 \qquad (4\text{-}40)$$

时，MOS 电容才为 C_{FB}。换句话说，就是当电压：

$$V_G = V_{FB1} \qquad (4\text{-}41)$$

时，电容才是 C_{FB}。这实际上是表明，金属-半导体功函数差的存在使理想 $C(V)$ 特性曲线，沿水平方向移动了 V_{FB1}，或者说移动了 φ_{ms}。对金属 Al 而言，作为栅电极时，有 $\varphi_{ms} < 0$，因此曲线将往左移动 $|\varphi_{ms}|$，如图 4-30 所示。

2. Si-SiO$_2$ 系统中有效正电荷面密度 Q_{SS} 对 C-V 特性的影响

在 Si-SiO$_2$ 系统中有效正电荷面密度 Q_{SS} 对 C-V 特性的影响，十分类似于对阈值电压的讨论。这里暂且先不考虑金属-半导体功函数差对 $C(V)$ 特性的影响，而单独考察 Q_{SS} 的影响。Q_{SS} 的存在同样会在半导体 Si 表面感应出一层负电荷，其作用就好像在栅电极上施加有正电压一样，这时 Si 表面处的能带向下弯曲。为了拉平表面处的能带，可以在栅极上施加一负电压，使得栅电极表面带上负电荷，其面密度为 $-Q_{SS}$，用于平衡 $+Q_{SS}$。

根据图 4-18（a），需要施加的负电压 V_G'' 满足 $V_G'' = -\dfrac{Q_{SS}}{C_{ox}}$，这就是所谓的平带电压。为便于与前面进行类比，同样，更改一下表达符号，用 V_{FB2} 代替 V_G''，则有：

$$V_{FB2} = -\frac{Q_{SS}}{C_{ox}} \qquad (4\text{-}42)$$

V_{FB2} 的效果完全类同于 V_{FB1}。不过，因为 $Q_{SS} > 0$，所以它也会使得实际的 C-V 曲线向左平移，如图 4-31 所示。

综合上面两项的讨论结果可以发现，无论是金属-半导体功函数差对 C-V 特性的影响，还是氧化层有效正电荷面密度对 C-V 特性的影响，它们均使得 C-V 曲线发生平移。因此，一并考虑两项的影响，用一个统一的平带电压 V_{FB} 来表示，则有：

 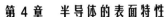

$$V_{FB} = \varphi_{ms} - \frac{Q_{SS}}{C_{ox}} \qquad\qquad (4\text{-}43)$$

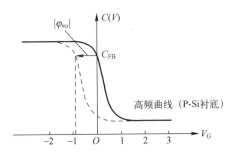

图 4-30 金属-半导体功函数差使得 $C(V)$
曲线平移 $|\varphi_{ms}|$ 距离

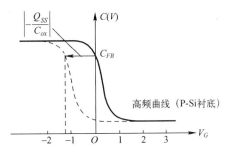

图 4-31 氧化层有效正电荷面密度 Q_{SS}
使得 $C(V)$ 曲线向左平移

式（4-43）所表达的结果如下：

（1）当 $V_{FB} > 0$ 时，C-V 曲线向右移动。

（2）当 $V_{FB} < 0$ 时，C-V 曲线向左移动。

在实际工作中，人们可以通过测量 V_{FB} 的大小，来了解半导体表面以及 Si-SiO₂ 系统受沾污的程度，以便及时对工艺进行有效的监控。

实验 7 MOS 电容的测量

1. 实验目的

（1）熟悉 MOS 结构的 C-V 特性，掌握 MOS 结构的高频 C-V 曲线的测量方法。

（2）能够根据所测得的高频 C-V 曲线，求得栅氧化层电容 C_{MOS} 和氧化层有效正电荷面密度 Q_{SS}。

2. 实验内容

选择电阻率 ρ 为 10～15Ω·cm 的 P 型 Si 衬底材料，晶向为<100>，对应的杂质浓度约为 $10^{15}/cm^3$，生长一层热氧化层，厚度在 100nm，然后溅射金属 Al，厚度约 1μm 左右，栅电极面积选择 $4mm^2$，光刻后形成 MOS 结构。

运用高频 C-V 特性测试仪测量上述 MOS 结构的高频 C-V 特性曲线，并求取栅氧化层电容 C_{MOS} 和氧化层有效正电荷面密度 Q_{SS}。

3. 实验原理

对于一个实际的 MOS 结构，当栅电极金属或多晶硅与衬底 Si 材料之间存在功函数差，即存在接触电势差 φ_{ms}，同时在栅氧化层中存在正电荷以及界面态（通常用等效的正电荷面密度 Q_{SS} 表示）时，这时所测得的高频 C-V 特性曲线会向左偏移，其偏移量一般称为平带电压 V_{FB}（该值通常为负值）。根据该平带电压值 V_{FB} 及接触电势差 φ_{ms}，即可求得 Q_{SS}，同时从 C-V 特性曲线得到 C_{MOS}。

设该 MOS 结构的栅电极面积为 A（单位取 cm^2），则根据式（4-43），有：

$$V_{FB} = \varphi_{ms} - \frac{Q_{SS}}{C_{ox}}$$

求得 Q_{SS} 为：

$$Q_{SS} = (\varphi_{ms} - V_{FB}) \cdot C_{ox}$$

代入 $C_{ox} = \dfrac{C_{\mathrm{MOS}}}{A}$，得：

$$Q_{SS} = (\varphi_{ms} - V_{FB}) \cdot \frac{C_{\mathrm{MOS}}}{A} \qquad (4\text{-}44)$$

其中，φ_{ms} 可查表求得，例如根据上述条件，可得 $\varphi_{ms} \approx -0.9\mathrm{V}$。

4. 实验方法

（1）测量仪器包括：样品台、探针、高频 C-V 特性测试仪、C-V 特性曲线记录仪等。

（2）打开各测量仪器电源，预热 10 分钟。

（3）利用探针选择合适的 MOS 结构样品。

（4）根据待测样品的最大电容数值（用已知的电极面积和氧化层厚度进行估算），选择高频 C-V 特性测试仪相应的电容量程。

（5）根据待测样品的衬底材料少子寿命 τ_n，确定 C-V 特性曲线的栅电压扫描速率，通常可选取 $100\mathrm{mV/s}$ 的速率。

（6）铝栅 P-Si 衬底 MOS 结构高频 C-V 特性曲线如图 4-32 所示。图中曲线①与②分别表示理想高频 C-V 曲线和实际高频 C-V 曲线。

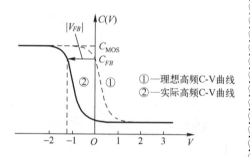

图 4-32　铝栅 P-Si 衬底 MOS 结构高频 C-V 特性曲线

小贴士：MOS 电容在集成电路中的应用

扫一扫下载 MOS 电容的应用微课

根据前面的讨论与分析可知，无论是 PN 结势垒电容还是 MOS 电容，它们均存在非线性，即它们不是一个恒定电容，其电容量会随施加的偏压而变化。同时，它们的单位面积电容量也较小，因此均不适宜制作容量较大的电容。不过，MOS 电容的情形更好一些，经常用来制作一些小容量电容。以下给出一个 MOS 电容的例子，对应如图 4-24 所示的集成 MOS 电容 C，分别给出它的剖面图（如图 4-33 所示）与版图（如图 4-34 所示）。

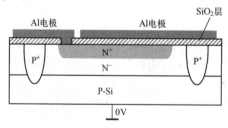

图 4-33　集成 MOS 电容剖面图

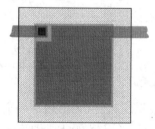

图 4-34　集成 MOS 电容版图

4.5　金属与半导体接触

对各类内部结构已经形成的半导体器件或者集成电路而言，若最终能够正常使用，则必须用金属电极引出，例如普通的二极管、晶体管等。而对集成电路而言，在器件结构的表面（即芯片表面）上还需进行布线（即形成金属互连线），最后经过封装以后才成为一个真正意义上可以使用的器件或电路。因此，这里就引出了一个基础性话题，即金属与半导体材料之间的接触问题。另外，在半导体晶圆的整个流片过程中，也常常需要用金属探针来测试材料或测量有关器件的特性参数或者电学参数，故也会碰到金属与半导体之间接触的问题，只不过对于后者的金属探针而言，与半导体之间的接触属于非紧密型接触。

人们通过研究与探索，掌握了许多有关金属-半导体接触的重要物理特性与电学特性，并利用这些特性来形成半导体器件可靠的电极系统（也常称为金属化系统），或者制成某些特殊的器件，例如肖特基势垒二极管（SBD）等。本节就将介绍金属与半导体之间的接触问题。

4.5.1　金属-半导体接触

扫一扫下载
金属–半导
体接触微课

设想在一块洁净的半导体（如 Si）衬底上淀积一层金属（如 Al），并使它们之间形成紧密接触，就形成了所谓的金属-半导体接触，如图 4-35（a）所示。

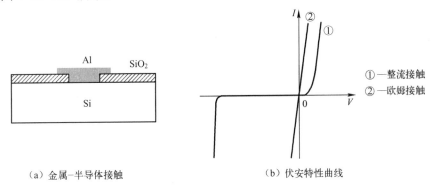

（a）金属-半导体接触　　　　　　　（b）伏安特性曲线

图 4-35　金属-半导体接触及其伏安特性曲线

金属与半导体之间的功函数往往是不相同的。因此，在它们互相接触以后，通常也存在彼此之间的电子交换，并最终达到一种平衡态，或者说达到费米能级之间的统一。一般而言，在接触界面的两侧，也会形成一个势垒。另外，在金属-半导体接触的界面上，往往也存在界面态，这些界面态也会改变金属-半导体之间接触的性质，从而使得实际情况比较复杂。

研究发现，金属-半导体接触通常也形成"结"，并存在势垒。根据这个结的性质不同，可以分为两种接触：一种是整流接触，而另一种则是欧姆接触。这两种不同性质的接触所对应的结的伏安特性如图 4-35（b）所示。图中所显示的曲线①对应的是整流接触，可以看出它具备单向导电性；而曲线②对应的是欧姆接触，它的伏安特性显示是线性的，并只具有很小的接触电阻。整流接触在金属-半导体接触界面对应一个势垒，称为肖特基势垒。利用该势垒，可以制作成肖特基势垒二极管（Schottky Barrier Diode，SBD）。SBD 是一种正向导通

压降低、开关速度快、高频性能优秀的半导体器件，用途广泛。

4.5.2 肖特基势垒与整流接触

 扫一扫下载
肖特基势垒与
整流接触微课1   扫一扫下载
肖特基势垒与
整流接触微课2

为了使问题易于得到说明，采用金属与 N 型半导体接触为例来说明肖特基势垒的相关概念以及金属-半导体接触的整流效应。这里先确认一下参考方向，假如所施加的偏压为由金属指向 N 型半导体，则称施加的是正偏压；反之，则称施加的是负偏压。并且这里设定金属的功函数大于半导体的功函数，即有 $W_m > W_S$。如图 4-36 所示为金属-半导体接触前后金属与半导体两侧电荷分布以及能带的变化情况。

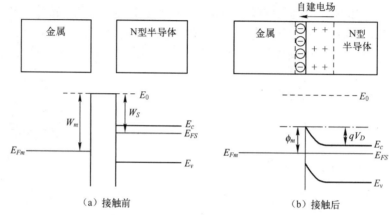

（a）接触前   （b）接触后

图 4-36   金属-半导体接触前后金属与半导体两侧电荷分布以及能带的变化情况

由图 4-36（a）所示，在金属与半导体接触之前，金属、半导体两侧界面均呈电中性，即不带任何电荷。因为 $W_m > W_S$，所以金属侧的费米能级 E_{Fm} 低于半导体侧的费米能级 E_{FS}。

当金属与半导体接触以后，由于 E_{Fm} 低于 E_{FS}，因此，N 型半导体中的多子——电子将流向金属，结果使得金属表面上带有负电，而半导体一侧带有正电，如图 4-36（b）所示。在达到平衡态以后，电子将停止流动，这时两侧的费米能级会处于同一水平线上。不过，与普通 PN 结相似，金属-半导体交界面两侧的正、负电荷数量上将相等，整个系统仍保持电中性。

如图 4-36（b）所示，因为一般金属中的电子浓度很高，所以负电荷电子都将集中于金属表面极薄的一层内，整个空间电荷区展宽主要在半导体一侧，空间电荷区内正电荷由施主正离子所形成，对应产生的自建电场由半导体指向金属。图上金属-半导体交界面呈现一势垒，就是所谓的肖特基势垒。图中物理量 ϕ_m 表示金属一侧的势垒高度，一般也将其视为肖特基势垒高度，而半导体一侧的势垒高度则为 qV_D，其中有 $qV_D = E_{FS} - E_{Fm}$。一般情况下，形成这样的金属-半导体接触，属于典型的整流接触，它将呈现单向导电性。其伏安特性如图 4-35（b）中曲线①所示。

对于曲线①所呈现的伏安特性，存在多种理论上的解释，比较经典的一种就是所谓的热电子发射理论，下面运用该理论对曲线①进行一定的说明，并给出相关的伏安特性方程。

热电子发射理论认为：对于一定温度 T，总有少量位于费米能级 E_{Fm} 附近的电子因获得能量而逸出金属表面，这种现象称为热电子发射。同样地，对于半导体来说，也总会有少量

位于导带底附近的电子因获得能量而逸出其表面的现象发生，如图4-37所示。

由图4-37显示，在金属与半导体交界面两侧，金属中将有少量电子突破势垒 ϕ_m 进入到半导体一侧，而半导体中同样会有部分电子越过势垒 qV_D 进入到金属中（注意：这里 ϕ_m 稍大于 qV_D 且是不变的）。当系统处于平衡态时，金属与半导体互相通过界面发射电子，它们各自所形成的电子电流大小相等而方向相反，于是通过肖特基势垒的净电流为零。但需要注意的是，这种平衡是动态的。一旦施加外加

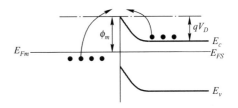

图4-37　金属与半导体的热电子发射现象

偏压，这种平衡就会被打破，从而产生净电流。下面分别介绍施加正、反向偏压的情形。

1．施加正向偏压（$V>0$）

当施加正向偏压时，即金属一端接正，半导体一端接负，这时势垒区的自建电场将受到削弱。根据能带图，半导体一侧的势垒高度将由 qV_D 下降为 $q(V_D-V)$，其中 V 是外加正偏电压，具体能带变化如图4-38（a）所示。

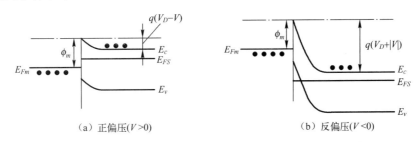

（a）正偏压($V>0$)　　　　　　　　（b）反偏压($V<0$)

图4-38　施加正、反向偏压时的金属与半导体肖特基势垒示意图

半导体一侧的势垒高度相对下降，促使半导体向金属发射的电子数量增加，超过了从金属向半导体发射电子的数目，因而形成一股自金属流向半导体的净电流，即正向电流。

2．施加反向偏压（$V<0$）

当施加反向偏压时，即金属一侧接负，这时外电压的电场与势垒区的自建电场方向一致，势垒区电场将得到加强，从而使得半导体一侧的势垒高度由 qV_D 升至 $q(V_D+|V|)$，如图4-38（b）所示，这时从半导体发射到金属的电子数量大大减少，而金属到半导体的电子发射占有优势，从而形成一股由半导体到金属的反向电流。由于金属侧的势垒高度 ϕ_m 不随外加偏压而变化，因此，可以理解为金属向半导体发射热电子所形成的反向电流也是不随外加偏压而变化的。当反向偏压提高至半导体射向金属的电子可以忽略时，反向电流将趋于饱和，也就是等于金属向半导体的热电子发射电流。

根据理论分析，可以得到金属-半导体整流接触的伏安特性方程：

$$I = I_0 \left(e^{\frac{qV}{kT}} - 1 \right) \tag{4-45}$$

式中，$I_0 = ACT^2 e^{\frac{-\phi_m}{kT}}$；$A$ 为结面积；C 为常数。

另外，通常不同的金属 ϕ_m 值也不同，当 ϕ_m 增加时，会使正向导通压降增加。肖特基势

垒二极管（SBD）就是基于金属-半导体整流接触而制成的。

4.5.3　欧姆接触

扫一扫下载
欧姆接触
微课

金属-半导体接触除了整流接触以外，还存在第二种类型的
接触，即欧姆接触。这里欧姆接触准确的含义是指金属-半导体
界面间只存在较小的接触电阻，并且伏安特性符合欧姆定律的关系，如图 4-35（b）中的曲线②所示。实验发现，多数金属能与重掺杂的半导体材料形成良好的欧姆接触，而对于低掺杂半导体，则需有肖特基势垒 ϕ_m 较小或者金属与半导体材料形成合金才行。综合来看，使金属-半导体间形成良好的欧姆接触有以下 3 种方法。

1．低势垒接触

在选择适当的金属使之与半导体接触时，形成的肖特基势垒很低或者不形成势垒而是形成多子积累层。例如，当肖特基势垒的高度 $\phi_m < 0.3\,\mathrm{eV}$ 时，就可以近似地认为是欧姆接触。金属铂（Pt）与 Si 的接触就是属于这种类型。另外，根据金属-半导体接触能带图的分析，①当满足 $W_m < W_S$ 且半导体一方为 N 型时，或者②当满足 $W_m > W_S$ 且半导体一方为 P 型时，在金属-半导体接触界面半导体一侧，将分别形成电子积累层与空穴积累层，从而实现金属-半导体间的欧姆接触。不过，结果并不完全如预测的那样。研究指出，因为金属-半导体间界面广泛存在的界面态，从而导致几乎所有的金属与 N 型半导体接触时，都只能形成整流接触，这是由于界面态的存在而使得半导体一侧的表面总有一个耗尽层，并且该耗尽层几乎不受金属影响的缘故。

2．高复合接触

所谓高复合接触，是指将半导体表面打磨或吹砂，使之产生大量晶格缺陷，从而形成许多复合中心。这时，半导体表面耗尽区的复合成为控制电流的主要机制，从而使接触电阻大大降低，并形成良好的欧姆接触。一般平面晶体管集电极接触往往采用这种方法。

3．高掺杂接触

如图 4-39 所示，一种集成晶体管（NPN 型）集电极需从表面引出，金属采用 Al，为实现欧姆接触，接触区进行了 N^+（磷）重掺杂。

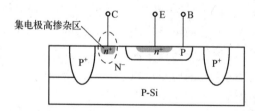

图 4-39　一种集成晶体管（NPN 型）集电极高掺杂区实现欧姆接触

在半导体表面，采用一定的工艺方法形成高掺杂薄层，使得所形成的势垒区很薄（通常使势垒区厚度 $x_d < 10\mathrm{nm}$），从而产生量子效应——隧道效应。因而使得处于半导体导带的电子能够以隧道的方式通过势垒来实现欧姆接触。不过，因为上述隧道过程对势垒厚度很敏感，

一般要求高掺杂区杂质浓度须大于 $10^{19}/cm^3$。

另外，有的欧姆接触是使接触金属与半导体表面形成所谓的合金。例如，Al 与 P 型 Si 之间的欧姆接触就属于这种类型。对于半导体制造中常用的金属 Al，它与 Si 接触的经验法则参见表 4-3。

表 4-3　金属 Al 与 Si 材料的接触类型表

金属	Si 材料	接触类型
铝（Al）	N 型低掺杂（N⁻）	整流接触
	N 型高掺杂（N⁺）	欧姆接触
	P 型	欧姆接触

4.5.4　金属-半导体接触的应用——肖特基势垒二极管（SBD）

肖特基势垒二极管（Schottky Barrier Diode，SBD）是由 W. H. Schottky 博士发明的，故以其名字命名。它就是基于上述金属-半导体接触的整流效应而制作成的，常用的中小功率成品 SBD 器件外形如图 4-40（a）所示，其伏安特性曲线如图 4-40（b）所示。

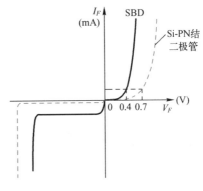

（a）SBD器件外形图　　　　　　　　　　（b）伏安特性曲线

图 4-40　SBD 器件外形图及其伏安特性曲线

这种二极管的主要特点如下。

1．高频性能优秀、开关速度快

SBD 主要依赖于多数载流子参与导电，以最为常见的金属 N 型半导体所形成的 SBD 为例，根据热电子发射理论，其正向电流 I_F 是由 N 型半导体发射进金属的电子电流所构成的，电子在到达金属以后，直接成为漂移载流子而流走了，不产生电荷存储效应，这一点与普通 PN 结所构成的二极管是不同的。因此，它的反向恢复时间极短，可以小到只有几个纳秒（ns）。

2．正向导通压降低

当 SBD 正向导通时，其导通压降 V_F 通常只有 0.4V 左右，一般要比 Si-PN 结导通压降低 0.3V，因此，可以有效降低器件的导通功耗。当然，SBD 的主要缺点是反向漏电流比较大，由于是金属-半导体直接接触，空间电荷区较窄，所以反向耐压 V_R 也较低。一般 SBD 的反向击穿电压在 100V 左右，要制作耐压达 200V 以上的高压器件难度极大。从 SBD 的电流容量来看，随着近年来工艺技术的不断进步，目前大功率 SBD 模块的电流容量已可达到 600A 以上。

如图 4-41 所示，给出了一种 SBD 的器件剖面图以及它的电路符号。

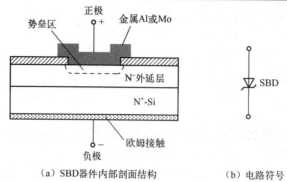

（a）SBD器件内部剖面结构　　　　　　（b）电路符号

图4-41　一种SBD器件剖面图与其电路符号

表4-4给出了一种SBD的参数规格。

表4-4　一种SBD的参数规格表

型号	反向重复峰值电压 V_{RRM} /V	最大平均正向电流 I_F /A	最大正向峰值浪涌电流 I_{FSM} /A	正向电压降 V_F /V @I_F=1A	最大反向电流 I_R /mA	结电容 C_j /pF	封装
1N5821	30	3.0	80	0.5	2.0	200	DO-201AD

实验8　SBD（肖特基）二极管伏安特性的测量

1. 实验目的

（1）熟悉金属-半导体接触的整流特性，掌握SBD（肖特基势垒二极管）的工作原理。

（2）学会运用半导体管特性图示仪测量SBD的正、反向伏安特性。

2. 实验内容

测量型号为1N5821的SBD正、反向伏安特性；正向开启电压 V_F。

3. 实验原理

理论分析表明，SBD的伏安特性方程为：

$$I = I_0 \left(e^{\frac{qV}{kT}} - 1 \right)$$

（1）当施加正向偏压且满足 $V \gg \dfrac{kT}{q} = 0.026\text{V}$ 时，上述方程可表达为：

$$I = I_0 e^{\frac{qV}{kT}}$$

（2）当施加反向偏压时，上述方程可表达为：

$$I = -I_0$$

式中，I_0 为反向饱和电流，即反向漏电流。

4. 实验方法

（1）开启 XJ4810 型半导体管特性图示仪的电源，预热 5 分钟。

（2）将半导体管特性图示仪各功能旋钮及按键的位置放置于如表 4-5 所示的位置。

表 4-5 半导体管特性图示仪相关功能旋钮及按键的位置

测 试 种 类		正向伏安特性	反向伏安特性
集电极电源	集电极电源极性	（+）	（+）
	峰值电压范围	10V	50V
	峰值电压	0 至正向导通	0 至反向击穿
	功耗限制电阻	250Ω	5kΩ
Y 轴	Y 轴作用	I_c: 0.2mA /度	I_c: 0.1 mA /度
X 轴	X 轴作用	V_c: 0.05V/度	V_c: 5V/度
	阶梯信号极性	任意	任意
测试台	测试选择	左	左
	SBD 引脚位置	阳极：C 孔（左） 阴极：E 孔（左）	阴极：C 孔（左） 阳极：E 孔（左）
	其余按键	不选中（处于高位）	不选中（处于高位）

（3）逐渐调节"峰值电压调节旋钮"增加峰值电压，得到所需的特性曲线。

（4）正向伏安特性测试曲线如图 4-42 所示，若规定正向电流为 1mA 时所对应的电压为正向开启电压，可测得 V_F 约为 0.3V。

（5）反向伏安特性测试曲线如图 4-43 所示，若规定反向电流为 0.1mA 时所对应的电压为反向击穿电压，可测得反向击穿电压为 40V 左右。

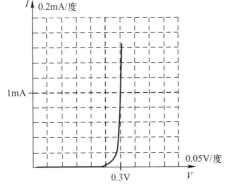

图 4-42 SBD 的正向伏安特性测试曲线

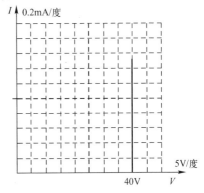

图 4-43 SBD 的反向伏安特性测试曲线

知识梳理与总结

本章主要介绍了半导体的表面特性，重点包括下列内容：理想半导体表面与 Si-SiO$_2$ 系统及其性质、表面空间电荷区与表面势、MOS 结构的阈值电压、MOS 结构的 C-V 特性以及金属与半导体接触。学生应重点理解半导体表面、表面空间电荷区、表面势、整流接触与欧姆接触等基本概念，重点掌握 Si-SiO₂ 系统及其基本特性、MOS 结构阈值电压及其计算，了解表面空间电荷区在施加不同栅压情况下能带的变化特点，熟悉 MOS 结构的 C-V 特性以及金属–半导体接触的特点。

思考题与习题4

扫一扫下载
本习题参
考答案

1. 实际 Si-SiO₂ 系统中通常存在哪几种不同性质的电荷或带电能态？它们对硅器件有什么危害性？

2. 半导体晶圆在加工制备过程中为什么要进行多次清洗？为什么要对器件表面进行钝化？

3. 什么是表面空间电荷区？什么是表面势？

4. 研究 MOS 结构有什么重要意义？一个理想 MOS 结构需满足何种条件？

5. MOS 结构的半导体表面存在哪几种不同的状态？表面强反型时需满足什么条件？

6. 设有一 P 型 Si 衬底的 MOS 结构，已知衬底掺杂浓度 $N_A = 10^{16}/\mathrm{cm}^3$，试求：

（1）半导体 Si 表面强反型时的表面势 $\varphi_S = ?$

（2）达到强反型时的表面空间电荷区的厚度 $x_{d\,\max} = ?$

（3）空间电荷的面密度 $Q_{SC} = ?$

7. MOS 结构的阈值电压有什么重要性？写出 P-Si 衬底理想 MOS 结构的阈值电压 V_T 的表达式。

8. 根据第 6 题的已知条件，假设该 MOS 结构的栅氧化层厚度 $t_{ox} = 150\mathrm{nm}$，试求其阈值电压 $V_T = ?$

9. 什么是功函数？考虑金属栅–半导体衬底间存在功函数差时，需对理想的阈值电压表达式做何修正？

10. 试写出 N-Si 衬底的实际 MOS 结构的阈值电压 V_T 表达式。

11. 为什么说 MOS 电容也是一种微分电容？测量 MOS 结构的 C-V 特性曲线有什么意义？

12. 什么是平带电压？它与金属–半导体接触电势差 φ_{ms} 及栅氧化层有效正电荷密度 Q_{SS} 有什么关系？

13. 何谓整流接触？何谓欧姆接触？

14. SBD（肖特基势垒二极管）有哪些重要特性？

15. 金属与半导体之间如何实现良好的欧姆接触？

第5章

MOS 型场效应晶体管

扫一扫下载
本章教学课
体

在第 3 章中，我们学习了双极晶体管的原理，掌握了其以 PN 结为基础的基本特性。在一个双极晶体管里，有两种载流子（电子和空穴）同时参与导电，因此称其为双极型。不过，在目前的 Si 基集成电路中，更多采用的是 MOS 型场效应晶体管，尤其是在数字大规模与超大规模集成电路中更是如此。MOS 型场效应晶体管的英文全称是 Metal Oxide Semiconductor Field Effect Transistor（MOSFET），简称 MOS 型晶体管或 MOS 管。它是几种类型场效应晶体管中的一种，另有两种分别是结型场效应晶体管与肖特基势垒型场效应晶体管，但是它们没有 MOS 型晶体管用得普遍。顾名思义，这种晶体管依靠半导体表面的电场效应来进行工作，这是它名字的由来。其显著特点是：晶体管的沟道电流受栅压产生的垂直于半导体表面的电场所控制，因此，MOS 型晶体管是一种典型的电压控制型器件，并且沟道电流仅由一种载流子构成，故有时也称它为单极型器件。这种晶体管结构简单，几何尺寸可以做得很小，输入阻抗高、功耗低、性能稳定、易于大规模集成，因此，颇受数字集成电路的青睐。其实，构成 MOS 型晶体管的核心结构就是 MOS 型结构，这在第 4 章中已经做了深入介绍。另外，作为功率电子器件的后起之秀，MOS 型功率器件近年来随着工艺技术的迅速发展，应用也日趋广泛（将在第 6 章中进行讨论）。本章介绍 MOS 型晶体管的原理及其基本特性。

5.1 MOS 型晶体管的结构与分类

MOS 型晶体管按其导电沟道可分为两种类型：一种为电子导电沟道（也称 N 型沟道）的 NMOS 型晶体管；另一种为空穴导电沟道（也称 P 型沟道）的 PMOS 型晶体管。这两种类型 MOS 型晶体管的结构以及工作原理相似。下面以 NMOS 型晶体管为例，介绍其结构及工作原理。

5.1.1 MOS 型晶体管的结构与工作原理

 扫一扫下载 MOS 管基本结构微课 扫一扫下载 MOS 管工作原理微课

如图 5-1 所示，给出了一种 NMOS 型晶体管的基本结构及其三维效果透视图。

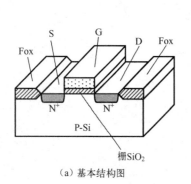

（a）基本结构图

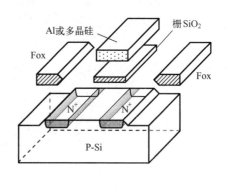

（b）三维效果透视图

图 5-1 NMOS 型晶体管的基本结构及其三维效果透视图

如图 5-1（a）所示，首先在 P 型 Si 衬底上制作一个 MOS 型结构，然后在 MOS 型结构的两侧，通过扩散或离子注入掺杂技术分别形成 N⁺ 型的源区与漏区，一个基本的 MOS 型管

结构就此形成了。其中 N^+ 源区与漏区在制作电极以后，分别构成 MOS 型管的源极与漏极——S（Source）与 D（Drain），而 MOS 型管的栅极——G（Gate），栅极材料一般选用金属 Al 或掺杂多晶硅，图中的栅 SiO_2 层通常较薄，其厚度 t_{ox} 通常只有几百埃，甚至薄至几十个埃的数量级，如图 5-1（b）所示。另外，Fox 指的是一种厚氧化层，即工艺上所称的场氧化层（Field Oxide，Fox），其主要作用是用于避免寄生沟道的形成。下面先来讨论 NMOS 型晶体管的工作原理。

　　如图 5-2 所示，给出说明 NMOS 型晶体管工作原理的电路连接图。图中显示，在 MOS 型管的栅极 G 与源极 S 之间施加正偏压 V_{GS}，而在漏极 D 与源极 S 之间施加正电压 V_{DS}，极性如图。注意这里 MOS 型管的衬底电极 B 的连接方式，通常在分立器件形式的 MOS 型管当中，衬底 B 与源极 S 相连；而在集成化的 MOS 型管中，衬底 B 接地或独立连接至电路的负电源 V_{SS}。这里我们先以第一种方式进行处理，即 BS 短接形式。这样，源区与衬底 P-Si 之间的 PN 结就处于零偏压状态，两区之间可以自由交换载流子。与此同时，我们也不难看出，栅源电压 V_{GS} 也同时直接施加于栅极 G 与 P-Si 衬底之间，这种情形与第 3 章中所讨论的 MOS 型结构的栅压 V_G 的施加方式完全相仿。如图 5-3 所示，给出了描述 NMOS 型晶体管工作原理的等效电路以及 NMOS 型晶体管的电路符号图。由于 MOS 型管的栅电极与导电沟道（Channel）之间夹着一层栅 SiO_2 介质，而 SiO_2 介质又是性能良好的绝缘体，故 MOS 型管在工作时，它的栅极直流电流 I_{GS} 恒等于 0，因此，MOS 型管的直流输入电阻应趋于无穷大，并且通常不考虑它的输入特性曲线，即 $I_{GS} \sim V_{GS}$ 关系曲线，而只研究所谓的转移特性曲线或者输出伏安特性曲线。

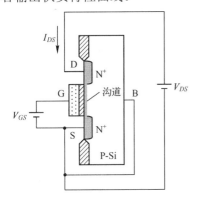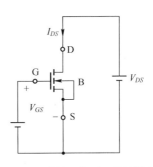

图 5-2　NMOS 型晶体管工作原理电路图　　图 5-3　描述 NMOS 型晶体管工作原理的等效电路及其电路符号图

　　根据图 5-2，如果 MOS 型管的栅源电压 V_{GS} 等于 0 或较小，则 MOS 型管的沟道区就不存在电子反型层，而是维持原状或仅存在表面耗尽层，这时即使施加漏源电压 V_{DS}，漏极电流 I_{DS} 仍然为 0 或只有很小的漏电流。我们看到，从漏区→沟道区→源区，漏区的 PN 结处于反偏，源区的 PN 结处于零偏，假如有载流子被扫进漏区，形成漏极电流，那只能是电子（因为它带负电荷）；如果使栅源电压 V_{GS} 上升且达到某一数值，那么表面沟道区将进入强反型状态，并有了一层浓度较高的电子反型层，如图中所示。这时当施加漏极电压 V_{DS} 时，在漏区 PN 结电场的作用下，沟道电子将流向漏区，并最终流出漏区，形成漏极电流 I_{DS}。而沟道区流失的电子将从源区补充进来，以维持电流连续性。MOS 型管的源与漏，正好就是对上述过程的形象描述。对应沟道区强反型状态所施加的栅源电压，我们称为 MOS 型晶体管的阈值电压或开启电压，用 V_T 表示。显然，一旦满足 $V_{GS} \geqslant V_T$，随着 V_{GS} 的上升，沟道区反型层电

子浓度也会随之上升，沟道电阻变小，因而漏极电流 I_{DS} 也将随之上升，描述 I_{DS} 与 V_{GS} 的关系曲线，称为 MOS 型管的转移特性曲线，如图 5-4 所示。对于一个 NMOS 型晶体管，假如它的 $V_T > 0$，我们就称它为增强型器件。

我们在第 4 章讨论 MOS 型结构时就已经陈述过，对上述的 P 型 Si 衬底而言，MOS 型结构的金属栅与半导体衬底之间的功函数不一样，同时栅 SiO_2 介质中存在等效正电荷效应，可能会发生当 $V_{GS} = 0$ 时，反型层沟道就已经出现的现象。也就是说，$V_{GS} = 0$，一施加漏极电压 V_{DS}，就有漏极电流流过沟道。除非在栅极施加一个负偏压，那么已存在的反型层沟道才会消失，即这种 NMOS 型晶体管的 $V_T < 0$，我们称这种 NMOS 型晶体管为耗尽型器件，其转移特性曲线如图 5-5 所示。

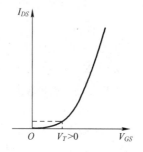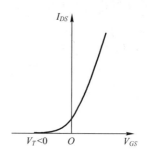

图 5-4　NMOS 型晶体管（增强型）转移特性曲线　　图 5-5　NMOS 型晶体管（耗尽型）转移特性曲线

仔细对比一下图 5-4 与图 5-5 所示的转移特性曲线，可以发现，两者只是发生了曲线的平移而已，而曲线形态完全相似。这也就说明了，在制造 MOS 型晶体管的时候，如果栅氧化层介质不清洁，导致引入过多的正电荷，那么，就很容易使得 MOS 型管的阈值电压发生漂移，从而使得器件性能不稳定。另外，为避免 Al 栅的功函数过小，从而导致阈值电压变负现象的发生，目前常常采用多晶硅栅取代 Al 栅，也就是现在常说的硅栅器件或者硅栅工艺。

就如前所述，MOS 型晶体管除了 NMOS 型以外，还有另一种类型，即 PMOS 型晶体管，它依靠空穴导电，同时使用 N 型 Si 衬底。如图 5-6 与图 5-7 所示，分别给出了 PMOS 型晶体管工作原理的电路连接图、工作原理的等效电路以及 PMOS 型晶体管的电路符号图，同时也展示了施加偏压的电路连接原理图。

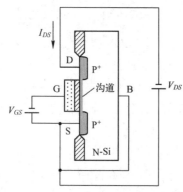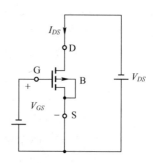

图 5-6　PMOS 型晶体管工作原理电路图　　图 5-7　描述 PMOS 型晶体管工作原理的等效电路及其电路符号图

PMOS 型晶体管工作时，栅极要施加负偏压，这样就可产生反型层空穴沟道，因为空穴带正电荷，所以漏极也应施加负电压，以便空穴可以从漏极流出。其工作原理完全类似于 NMOS 型晶体管。不过，值得注意的是，PMOS 型晶体管施加了负偏压，所以，对增强型器件而言，它的阈值电压是小于零的，即有 $V_T < 0$。

　　如果选择了某种适当的栅极材料，它的功函数较大，并且栅介质呈现等效的负电荷效应，则 PMOS 型晶体管也有可能制作出耗尽型器件，这时，它的阈值电压 $V_T > 0$，不过，工艺上难度较大。类似于 NMOS 型晶体管，PMOS 型晶体管的转移特性曲线如图 5-8 所示。由于 PMOS 型晶体管的电流、电压的实际方向同参考方向相反，故曲线一般应在第 III 象限。

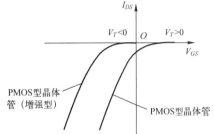

图 5-8　PMOS 型晶体管的转移特性曲线

　　从 MOS 型晶体管的剖面结构可以看出，工作时，它的源区、漏区 PN 结分别处于零偏与反偏状态，而中间的 MOS 型结构，在 Si 表面沟道区出现反型层以后，反型层与衬底之间还夹着一层耗尽层，该耗尽层与源区、漏区的耗尽层连成一片，由于耗尽层中载流子极少，故其电阻率很高，因此，可以得知，MOS 型管的源区、沟道区以及漏区等导电区能够与衬底之间实现隔离，这种隔离称为 MOS 型管的自隔离。其中，源区、沟道区与漏区统称为 MOS 型管的有源区，即 MOS 型管的有源区与衬底之间能够实现自隔离，这是 MOS 型管的一个特点。

5.1.2　MOS 型晶体管的分类

 扫一扫下载 MOS 管分类微课

　　上面已经对 MOS 型晶体管的几种类型及其工作原理做了初步的介绍与讨论。可以看到，根据 MOS 型管导电沟道的不同，可以分为 NMOS 型晶体管和 PMOS 型晶体管。每种沟道的 MOS 型晶体管又可根据它们的阈值电压的不同，再细分为增强型与耗尽型两种。所以，归纳起来，MOS 型晶体管共有 4 种类型，参见表 5-1。不过，在 MOS 型晶体管的 4 种类型中，两种增强型晶体管更为常用，例如，用于构成 CMOS 型电路。

表 5-1　MOS 型晶体管的 4 种类型

MOS 型晶体管类型		阈值电压 V_T	衬底材料	源漏区掺杂	沟道类型
NMOS	增强型	$V_T > 0$	P-Si	N^+	电子沟道
	耗尽型	$V_T < 0$			
PMOS	增强型	$V_T < 0$	N-Si	P^+	空穴沟道
	耗尽型	$V_T > 0$			

　　为便于器件之间的比较及电路图的阅读，下面给出了 4 种类型 MOS 型晶体管的电路符号。如图 5-9 所示。

（a）NMOS增强型　　（b）NMOS耗尽型　　（c）PMOS增强型　　（b）PMOS耗尽型

图 5-9　4 种类型 MOS 型晶体管的电路符号

在 CMOS 型数字集成电路中，一般只采用 NMOS 型增强型晶体管和 PMOS 型增强型晶体管，为简化器件的电路符号，提高画图速度，还经常采用如图 5-10 所示的两种简化符号。

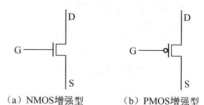

（a）NMOS增强型　　　（b）PMOS增强型

图 5-10　CMOS 数字集成电路中常采用的两种简化符号

5.1.3　MOS 型晶体管的基本特征

扫一扫下载 MOS 管基本特征微课

MOS 型场效应晶体管是一种表面型器件，它在工作原理、导电机理和制造工艺上与双极晶体管相比，有较大的区别。概括起来说，它具有以下几个明显的特征。

1．功耗低

MOS 型晶体管是一种电压控制型器件，而双极晶体管则是一种电流控制型器件。驱动一个双极晶体管导通需要给其基极提供电流，而同样驱动一个 MOS 型晶体管导通只要在栅极上提供一个电压信号，因此驱动功率极小。同时由于 MOS 型晶体管的栅极与沟道之间隔着一层绝缘性能优秀的 SiO_2 介质或是其他介质层，因此，MOS 型晶体管具有极高的输入电阻，可高达 $10^{12}\Omega$ 以上。这些都意味着 MOS 型晶体管在工作时，将消耗更低的功率。而这点对于超大规模集成电路具有十分重要的意义。

2．器件几何尺寸小

由于 MOS 型晶体管的结构简单，因此 MOS 型晶体管的几何尺寸可以做得很小，目前已达纳米量级，这点在集成电路中体现得尤其明显。大约相当于一只双极晶体管所占有的芯片面积内能够放进几十只 MOS 型晶体管，因此，MOS 型集成电路的集成度远高于传统的双极型集成电路。

3．制造工艺简单

MOS 型晶体管的制作工艺步骤要比双极晶体管简单。一般在 MOS 型结构制作完成以后，源漏区可以同时进行掺杂（如离子注入）。因此，光刻次数和晶圆所经历的高温次数都相对较少，所以工艺容易控制，成品率较高。

4．漏极电流一般具有负温度系数

MOS 型晶体管漏极电流不像双极晶体管集电极电流那样通常具有正的温度系数，而是具有负的温度系数。因此，MOS 型晶体管工作时热稳定性更好。另外，由于 MOS 型晶体管属于单极型器件，即沟道中只有一种载流子参与导电，不存在双极晶体管所谓的基区复合电流，所以，它具有更低的噪声系数。

5．导通电阻相对较大，输出伏安特性线性比较差

MOS 型晶体管处于导通态时，其工作点位于输出特性的线性区内，由于 MOS 型管是一种单极型器件，故漏区不存在电导调制效应。因而，它的导通电阻相对较大，并使得漏源之间的导通压降也同步变大，增加了导通功耗。MOS 型管的跨导 g_m 与输入栅源电压 V_{GS} 有关，这导致 MOS 型管的输出漏极电流 I_{DS} 的线性变差，不利于模拟信号的线性放大。基于此，MOS 型管更多地被用于数字集成电路。表 5-2 给出了 MOS 型晶体管与双极晶体管的特性对比。

表 5-2　MOS 型晶体管与双极晶体管的特性对比表

特　性	MOS 型晶体管		双极晶体管	
导电载流子	单极性	电子或空穴	双极性	电子与空穴
输入阻抗 R_i	高	$10^9 \sim 10^{15}\Omega$	低	$10^3 \sim 10^6\Omega$
噪声系数 N_F	低	适合低噪声放大	较高	普通放大
功耗 P	低	适合高集成	较高	难于高集成
温度稳定性	好	电学参数稳定	较差	容易随温度变化
导通电阻 R_{on}	较大	无电导调制	小	有电导调制
线性放大	较差	失真较大	好	适合信号放大
开关速度	快	适于 VLSI	较快	仅适于 SSI、MSI
驱动方式	驱动功率低	电压控制	驱动功率高	电流控制
抗辐射能力	强	参数变化小	较差	h_{FE}，β 下降
工艺要求	高	洁净度要求高	一般	一般洁净度

注：VLSI——超大规模集成电路；SSI——小规模集成电路；MSI——中规模集成电路。

5.1.4　集成 MOS 型晶体管与分立器件 MOS 型晶体管的异同

为便于比较集成 MOS 型晶体管与分立器件 MOS 型晶体管的器件结构，图 5-11 给出了两种器件的典型剖面结构图。如图 5-11（a）所示，集成 MOS 型管的源与漏区同时形成，结深相同，源、栅、漏三个电极均从表面引出，一般情况下，背面电极 B 接地。从结构上看，源极与漏极是可以互换的，这主要由应用时的偏置条件来决定。通常定义 NMOS 型晶体管中电位最低的电极为源极，电位较高的为漏极。而对于分立器件形式的 MOS 型管，如图 5-11（b）

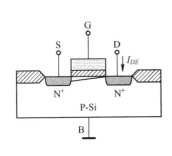

（a）集成MOS型晶体管

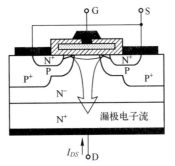

（b）分立器件MOS型晶体管

图 5-11　集成 MOS 型晶体管与分立器件 MOS 型晶体管的典型剖面结构图

所示，漏极从背面引出，源与漏之间不能互换，P 型区与 N^+ 区构成一个原胞，且 P 型区与 N^+ 区短接。通常一个 MOS 型管由若干个这样的原胞组成，漏区由 N^- 外延层构成，以提高漏极击穿电压，衬底为 N^+，以减小漏极电阻，其漏极电子流方向如图中所示。栅极一般采用多晶硅构成，最后通过金属电极引出。

5.2 MOS 型晶体管的阈值电压

在 4.3 节中，介绍了 MOS 型结构的阈值电压，并分析了影响它的几个因素。现在我们已经知道，MOS 型结构就是构成 MOS 型晶体管的核心结构，并且 MOS 型结构的特性很大程度上就决定了 MOS 型晶体管的特性。但这里我们为什么还要对 MOS 型晶体管的阈值电压加以探讨呢？原因就在于 MOS 型结构只是一个二端结构，它不存在诸如放大信号、充当开关的功能。而 MOS 型晶体管却是一个具有三端结构的器件（包括衬底在内应算作四端结构），它能完成放大信号这类电路的基本功能，并且也可以作为电子开关来切换信号。因此，它具备信号的输入端（栅极 G）与信号的输出端（漏极 D）。从这个角度看，MOS 型晶体管的阈值电压与 MOS 型结构的阈值电压存在一定的区别也就变得可以理解了。但是，它们两者之间的内在联系与相似性是主要的。阈值电压是 MOS 型晶体管一个十分重要的电参数，本节将在 4.3 节的基础上，对它做进一步的讨论，并分析影响它的一些相关因素。

5.2.1 MOS 型晶体管阈值电压的定义

为便于对 MOS 型晶体管阈值电压做出较精确的定义，将其工作原理示意图重画于图 5-12 中（以 NMOS 型晶体管为例）。

扫一扫下载阈值电压的定义微课

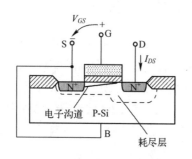

图 5-12 MOS 型晶体管工作原理示意图

图中仍然先考虑 B、S 短接的情形，并且将源漏区、沟道区的耗尽层（源漏区的耗尽层主要往衬底一侧扩展）以及电子反型沟道一并表达出来。图中显示，由于漏源电压 V_{DS} 的存在，因此，沿着沟道区 Si 表面处的各点表面势 φ_S 并不相等，故实际施加于 MOS 型结构栅氧化层两侧的电位差沿沟道各处并不相等，近源端最大，近漏端最小。这就造成反型层厚度位于近源端处最厚，位于近漏端处最薄，甚至消失，这就是所谓的夹断。因此，在通常情况下，沟道的厚薄沿源漏方向是不均匀的。

基于上述分析，给出 MOS 型晶体管的阈值电压 V_T 如下的定义：

MOS 型晶体管位于近源端处沟道区出现强反型层时，施加于栅源两极之间的电压称为 MOS 型晶体管的阈值电压，用 V_T 表示。显然，当 S、B 短接，即 $V_{SB} = 0V$ 时，要使上述现象发生，近源端处的表面势 φ_S 须满足 $\varphi_S \geq 2\varphi_{FP}$（以 NMOS 型晶体管为例，$\varphi_{FP}$ 为衬底 P-Si 材料的费米势）。

5.2.2 理想情况下 MOS 型晶体管阈值电压的表达式

扫一扫下载理想阈值电压微课

所谓理想情况，其情形完全类似于理想 MOS 型结构，即需满

足如下条件：

（1）栅电极与半导体衬底之间不存在功函数差，即两者的接触电势差 $\varphi_{ms}=0$；

（2）栅介质中不存在任何电荷效应。

因此，理想情况下的 NMOS 型晶体管的阈值电压 V_T，在形式上与式（4-31）相同，即：

$$V_T=\frac{\sqrt{4\varepsilon_S qN_A\varphi_{FP}}}{C_{OX}}+2\varphi_{FP} \tag{5-1}$$

其中，费米势为

$$\varphi_{FP}=\frac{kT}{q}\ln\frac{N_A}{n_i}$$

由式（5-1）显而易见，V_T 的表达式中的两项均大于零。因此，根据表 5-1 理想情况下制得的 NMOS 型晶体管，应属于增强型晶体管。

同理，也可以求得 PMOS 型晶体管理想情况下的阈值电压 V_T 的表达式为：

$$V_T=-\frac{\sqrt{4\varepsilon_S qN_D|\varphi_{FN}|}}{C_{OX}}+2\varphi_{FN} \tag{5-2}$$

其中，费米势为

$$\varphi_{FN}=-\frac{kT}{q}\ln\frac{N_D}{n_i}$$

根据式（5-2）可知，理想情况下 PMOS 型晶体管的 $V_T<0$，也属于增强型晶体管。

5.2.3　影响 MOS 型晶体管阈值电压的各种因素

由于各种非理想因素的存在，因此，就需要对 MOS 型晶体管的阈值电压的表达式做出修正，使其在应用时能更好地反映实际情况。下面就来讨论几种不同的影响因素，主要包括：金属半导体功函数不同产生的影响、栅氧化层电荷效应的影响、衬底偏置效应（体效应）以及短沟道效应。

1. 金属-半导体接触电势差 φ_{ms} 以及栅氧化层有效表面态电荷密度 Q_{SS} 的影响

扫一扫下载功函数差与表面态电荷密度对 V_T 的影响微课

在 4.3 节讨论了 MOS 结构的阈值电压，已经就栅极金属与半导体衬底间的功函数不同，以及栅氧化层有效表面态电荷密度 Q_{SS} 对 MOS 型结构所产生的影响进行了比较深入的分析。当分别考虑这两项因素的影响时，前者考虑引入接触电势差 φ_{ms}，而后者则考虑引入平带电压 $-\frac{Q_{SS}}{C_{OX}}$ 对阈值电压进行修正。做出修正后的 V_T 表达式为：

$$V_T=\varphi_{ms}-\frac{Q_{SS}}{C_{OX}}-\frac{Q_{SC}}{C_{OX}}+2\varphi_F \tag{5-3}$$

其中，

$$Q_{SC}=-\sqrt{4\varepsilon_S qN_A\varphi_{FP}} \quad \text{对于 NMOS 型晶体管}$$

$$Q_{SC}=\sqrt{4\varepsilon_S qN_D|\varphi_{FN}|} \quad \text{对于 PMOS 型晶体管}$$

而 φ_F 的表达式同前。

根据 V_T 的计算结果以及晶体管的类型，由表 5-1 就可以判断出 MOS 型管属于增强型还是耗尽型。

2. 衬底偏置效应（体效应）

扫一扫下载衬偏效应对 V_T 的影响微课

前面在介绍 MOS 型晶体管的阈值电压时，均认为源极 S 与衬底电极 B 之间是短接的，即认为 $V_{SB} = 0V$。这种情形普遍适用于分立器件形式的 MOS 型晶体管，如前所述，参见图 5-11（b）。而对于集成化 MOS 型晶体管而言，它们的源极 S 与衬底电极 B 之间常常不能短接，也就是说，会存在一个电位差，即 $V_{SB} \neq 0V$，通常是满足 $V_{SB} > 0$ 的情形（例如，NMOS 型晶体管）。下面让我们先来看一个局部电路的例子，如图 5-13 所示。

在图 5-13 中，当 VT_1、VT_2 同时导通时，可能会有电流流过 VT_1、VT_2（VT_1、VT_2 串联），尽管 VT_1 源极是接地的，即有 $V_{SB1} = 0$，但由于 VT_1 管的漏与源极之间存在一定的导通电阻，因此就会使得 $V_{S2} > 0$，即 $V_{SB2} > 0$，这时 VT_2 管的源极 PN 结处于反向偏置，这个反偏电压的存在会促使 T_2 管的阈值电压 V_{T2} 发生改变，通常是使其绝对值变大，这就是所谓的衬底偏置效应，也称体效应。如图 5-14 所示，给出了发生衬底偏置效应时，NMOS 型晶体管源极存在反向偏压的情形。

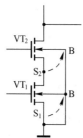

图 5-13 显示 $V_{SB2} > 0V$ 的情形

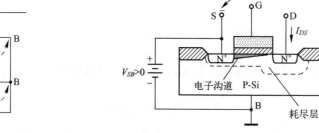

图 5-14 NMOS 型晶体管衬底偏置效应示意图

下面我们先进行定性分析，说明衬底偏置效应发生时，是如何促使 MOS 型管的阈值电压绝对值变大的。

由图 5-14 可知，反向偏置电压 V_{SB} 是通过源极施加于电子沟道和衬底之间的，因为电子沟道通常很薄（其厚度一般只约有整个表面耗尽层厚度的 1/10），故可将其看作为单边突变结的 N^+ 区，因为源区也是 N 型的，故此时 N^+ 源区与电子沟道是连成一片的。根据单边突变结原理，对于 N^+P 结而言，V_{SB} 的存在会使电子沟道和衬底间的耗尽层厚度 x_d 向衬底内部展宽，即会使耗尽层中的受主负电荷增多。假如这时 V_{GS} 保持不变，那么 Si 表面整个空间电荷区的负电荷总量将保持不变，由于受主负电荷的增多，因此使得反型层可动电子电荷密度降低，进而就使导电沟道变薄，可对比图 5-12 与图 5-14 中的电子沟道。

如果要维持原来的电子沟道厚度（即反型层厚度）不变，就意味着要施加更高的栅源电压 V_{GS}，这就从理论上解释了当存在 V_{SB} 时，会使得阈值电压 V_T 升高的原因。

考虑到 MOS 型管的衬底偏置效应以后，需要对 MOS 型管的阈值电压表达式（5-3）做出进一步的修正，这里主要变更的是 Q_{SC}。下面先以 NMOS 型晶体管为例。

当 $V_{SB} = 0$ 时：

$$Q_{SC} = -\sqrt{2\varepsilon_S q N_A \varphi_S} \qquad \varphi_S = 2\varphi_{FP}$$

当 $V_{SB} > 0$ 时，沟道区近源端表面势将由 φ_S 升高至 $\varphi_S' = \varphi_S + V_{SB}$，因此有：

$$Q_{SC}' = \sqrt{-2\varepsilon_S q N_A \varphi_S} = -\sqrt{2\varepsilon_S q N_A (\varphi_S + V_{SB})}$$

故有：

$$V_T' = \varphi_{ms} - \frac{Q_{SS}}{C_{OX}} - \frac{Q_{SC}'}{C_{OX}} + 2\varphi_{FP}$$

因此：

$$V_T' = \varphi_{ms} - \frac{Q_{SS}}{C_{OX}} + \frac{\sqrt{2\varepsilon_S q N_A (2\varphi_{FP} + V_{SB})}}{C_{OX}} + 2\varphi_{FP} \tag{5-4}$$

式（5-4）就是修正后的 NMOS 型晶体管的阈值电压表达式。

同理，对于 PMOS 型晶体管有：

$$V_T' = \varphi_{ms} - \frac{Q_{SS}}{C_{OX}} - \frac{\sqrt{2\varepsilon_S q N_D (|2\varphi_{FN}| + |V_{SB}|)}}{C_{OX}} + 2\varphi_{FN} \tag{5-5}$$

仍然考虑 NMOS 型晶体管，将式（5-4）减去式（5-3），可进一步求得阈值电压增量 ΔV_T 为：

$$\Delta V_T = V_T' - V_T = \frac{1}{C_{OX}} \left[\sqrt{2\varepsilon_S q N_A (2\varphi_{FP} + V_{SB})} - \sqrt{4\varepsilon_S q N_A \varphi_{FP}} \right]$$

即：

$$\Delta V_T = V_T' - V_T = \frac{\sqrt{2\varepsilon_S q N_A}}{C_{OX}} \left(\sqrt{2\varphi_{FP} + V_{SB}} - \sqrt{2\varphi_{FP}} \right) \tag{5-6}$$

同理，对于 PMOS 型晶体管，阈值电压增量 ΔV_T 为：

$$\Delta V_T = V_T' - V_T = -\frac{\sqrt{2\varepsilon_S q N_D}}{C_{OX}} \left(\sqrt{2|\varphi_{FN}| + |V_{SB}|} - \sqrt{2|\varphi_{FN}|} \right) \tag{5-7}$$

注意，当 PMOS 型晶体管衬底偏置效应发生时，应有 $V_{SB} < 0$，即源极 PN 结也应处于反偏状态，故上式中 V_{SB} 应取其绝对值。

ΔV_T 与衬底掺杂浓度和源极偏压 V_{SB} 的大小密切相关。在工程设计中，为简化起见，阈值电压增量往往采用近似表达式：

$$\Delta V_T \approx \pm C \sqrt{|V_{SB}|} \tag{5-8}$$

式中，C 为衬偏常数，它随衬底掺杂浓度以及栅介质厚度 t_{ox} 而变化，其经验值为：$C = 0.7 \sim 3.0$（对于 NMOS 型晶体管）；$C = 0.5 \sim 0.7$（对于 PMOS 型晶体管）。

实例 5-1　设有一集成 NMOS 型晶体管，已知衬底掺杂浓度 $N_A = 10^{15}/\text{cm}^3$，栅氧化层厚度 $T_{OX} = 50\text{nm}$，当源极 S 与衬底 B 之间存在反偏压 $V_{SB} = 3\text{V}$ 时，试求该 NMOS 型晶体管的阈值电压变化值 ΔV_T。

解　由式（5-6）可得：

$$\Delta V_T = \frac{\sqrt{2\varepsilon_S q N_A}}{C_{OX}} \left(\sqrt{2\varphi_{FP} + V_{SB}} - \sqrt{2\varphi_{FP}} \right)$$

代入 $\varphi_{FP} = 0.29\text{V}$、$C_{OX} = \dfrac{\varepsilon_{ox}}{t_{OX}} = 6.9 \times 10^{-8} \text{F/cm}^2$、$V_{SB} = 3\text{V}$ 后，算得：

$$\Delta V_T \approx 0.28\text{V}$$

3. 短沟道效应对 V_T 的影响

扫一扫下载
短沟道效应
对 V_T 的影
响微课

前面我们在导出 V_T 的公式时，所考虑的 MOS 型晶体管的沟道长度 L 是比较长的（如 $L > 5\mu m$），这时忽略了漏源区的耗尽层对 V_T 所产生的影响。但当沟道长度 L 较短时，漏源区耗尽层对 V_T 所产生的影响就不能再被忽略了，如图 5-15 所示。一般而言，当 MOS 型晶体管的沟道长度小于 $2\mu m$ 时，就属于短沟道情形。这时，MOS 型管的阈值电压 V_T 还与沟道长度 L、漏源区的结深 x_j 两个结构参数有关。如图 5-16 所示，显示了 MOS 型晶体管的 V_T 与其沟道长度 L 的关系曲线。从图中可见，L 越短，V_T 下降的速率越快。

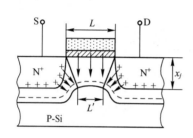

图 5-15　短沟道效应使 V_T 下降的示意图

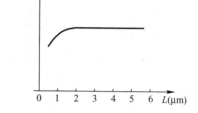

图 5-16　V_T 与沟道长度 L 的关系曲线

造成这种影响的原因在于沟道耗尽层中的电离杂质电荷密度 Q_{SC} 对 V_T 的贡献减小了。在短沟道情形下，由于 MOS 型管的漏源区的耗尽层电场对沟道内电势分布的影响增强，漏源区 N^+ 施主正电荷所发出的电力线有一部分将终止于沟道下面的耗尽层中，如图 5-15 所示。这样一来，Q_{SC} 对 V_T 的贡献就受到了削弱，从而导致 V_T 下降。

经理论分析，短沟道 MOS 型晶体管的阈值电压 V_T 可表示为：

$$V_T = \varphi_{ms} - \frac{Q_{SS}}{C_{OX}} - \frac{Q_{SC}}{C_{OX}}\left[1 - \frac{x_j}{L}\left(\sqrt{1 + \frac{2x_d}{x_j}} - 1\right)\right] + 2\varphi_F \qquad (5-9)$$

式中，x_j 为 MOS 型管的漏源区的结深；L 为沟道长度；x_d 为耗尽区的宽度。

从式（5-9）可见，要降低 L 变短所带来的对 V_T 的影响，必须适当减小漏源区的结深 x_j，同时适当提高衬底杂质浓度 N_A 和 N_D。

小贴士：沟道区阈值注入

根据前面分析可知，衬底掺杂浓度是影响阈值电压的因素之一。因此，在制作 MOS 器件过程中，会通过改变衬底掺杂浓度来调节阈值电压，但为了不影响衬底其他部分的参数特性，一般只对沟道区部分进行掺杂，这就是我们所说的沟道区阈值注入。例如，MOSFET 有增强型和耗尽型，在逻辑电路中，人们更常用增强型 MOS 管，也就是希望通过外加栅压来使器件导通，典型的设计是要求 MOS 的阈值电压为电源电压的 20%。NMOS 管一般容易形成耗尽层，为了调节阈值电压，在制作 NMOS 的过程中，往往会向 Si 衬底中的沟道区中注入 P 型杂质。

仿真实验 3　MOS 型晶体管阈值电压仿真

阈值电压是 MOS 型晶体管一个十分重要的器件参数，它表明了 MOS 型晶体管的开启条件。要想仿真得到 MOS 型晶体管的阈值电压，其实就是要得到 MOS 型晶体管的转移特性曲线，也就是 I_{DS} 与 V_{GS} 的关系。当 MOS 型晶体管的栅电压 V_{GS} 达到一定数值时，MOS 型晶体管才会开启，才会有电流通过。因此，根据转移特性曲线，就可以得到 MOS 型晶体管的阈值电压参数。仿真程序如下：

```
go athena
#
line x loc=0.0 spac=0.1
line x loc=0.2 spac=0.006
line x loc=0.4 spac=0.006
line x loc=0.6 spac=0.01
#
line y loc=0.0 spac=0.002
line y loc=0.2 spac=0.005
line y loc=0.5 spac=0.05
line y loc=0.8 spac=0.15
#
init orientation=100 c.phos=1e14 space.mul=2

#pwell formation including masking off of the nwell
#
diffus time=30 temp=1000 dryo2 press=1.00 hcl=3
#
etch oxide thick=0.02
#
#P-well Implant
#
implant boron dose=8e12 energy=100 pears

#
diffus temp=950 time=100 weto2 hcl=3
#
#N-well implant not shown -
#
# welldrive starts here
diffus time=50 temp=1000 t.rate=4.000 dryo2 press=0.10 hcl=3
#
diffus time=220 temp=1200 nitro press=1
```

```
#
diffus time=90 temp=1200 t.rate=-4.444 nitro press=1
#
etch oxide all
#
#sacrificial "cleaning" oxide
diffus time=20 temp=1000 dryo2 press=1 hcl=3
#
etch oxide all
#
#gate oxide grown here:-
diffus time=11 temp=925 dryo2 press=1.00 hcl=3
#
# Extract a design parameter
extract name="gateox" thickness oxide mat.occno=1 x.val=0.05


#
#vt adjust implant
implant boron dose=9.5e11 energy=10 pearson


#
depo poly thick=0.2 divi=10
#
#from now on the situation is 2-D
#
etch poly left p1.x=0.35
#
method fermi compress
diffuse time=3 temp=900 weto2 press=1.0
#
implant phosphor dose=3.0e13 energy=20 pearson
#
depo oxide thick=0.120 divisions=8
#
etch oxide dry thick=0.120
#
implant arsenic dose=5.0e15 energy=50 pearson
#
method fermi compress
diffuse time=1 temp=900 nitro press=1.0
#
```

```
# pattern s/d contact metal
etch oxide left p1.x=0.2
deposit alumin thick=0.03 divi=2
etch alumin right p1.x=0.18

# Extract design parameters

# extract final S/D Xj
extract name="nxj" xj silicon mat.occno=1 x.val=0.1 junc.occno=1

# extract the N++ regions sheet resistance
extract name="n++ sheet rho" sheet.res material="Silicon" mat.occno=1 x.val=0.05
region.occno=1

# extract the sheet rho under the spacer, of the LDD region
extract name="ldd sheet rho" sheet.res material="Silicon" \
    mat.occno=1 x.val=0.3 region.occno=1

# extract the surface conc under the channel.
extract name="chan surf conc" surf.conc impurity="Net Doping" \
    material="Silicon" mat.occno=1 x.val=0.45

# extract a curve of conductance versus bias.
extract start material="Polysilicon" mat.occno=1 \
    bias=0.0 bias.step=0.2 bias.stop=2 x.val=0.45
extract done name="sheet cond v bias" \
    curve(bias,1dn.conduct material="Silicon" mat.occno=1    region.occno=1)\
    outfile="extract.dat"

# extract the long chan Vt
extract name="n1dvt" 1dvt ntype vb=0.0 qss=1e10 x.val=0.49


structure mirror right

electrode name=gate x=0.5 y=0.1
electrode name=source x=0.1
electrode name=drain x=1.1
electrode name=substrate backside

structure outfile=mos1ex01_0.str
```

```
                # plot the structure
                tonyplot   mos1ex01_0.str -set mos1ex01_0.set

                ############## Vt Test : Returns Vt, Beta and Theta ###############
                go atlas

                # set material models
                models cvt srh print

                contact name=gate n.poly
                interface qf=3e10

                method newton
                solve init

                # Bias the drain
                solve vdrain=0.1

                # Ramp the gate
                log outf=mos1ex01_1.log master
                solve vgate=0 vstep=0.25 vfinal=3.0 name=gate
                save outf=mos1ex01_1.str

                # plot results
                tonyplot   mos1ex01_1.log -set mos1ex01_1_log.set

                # extract device parameters
                extract name="nvt" (xintercept(maxslope(curve(abs(v."gate"),abs(i."drain")))) \
                    - abs(ave(v."drain"))/2.0)
                extract name="nbeta" slope(maxslope(curve(abs(v."gate"),abs(i."drain")))) \
                    * (1.0/abs(ave(v."drain")))
                extract name="ntheta" ((max(abs(v."drain")) * $"nbeta")/max(abs(i."drain"))) \
                    - (1.0 / (max(abs(v."gate")) - ($"nvt")))

                quit
```

　　NMOS 型晶体管阈值电压仿真结果如图 5-17 所示。从仿真图中可以看出，当 $V_{GS}<0.5V$ 时，漏极电流基本为 0；而当 $V_{GS}>0.5V$ 以后，漏极电流才会较快地增长。有电流就表示有沟道形成，通常定义当漏极电流 I_{DS} 达到一定数值时所对应的栅电压称为 MOS 型晶体管的阈值电压。如果增加栅氧化层的厚度，可以看到阈值电压明显变大。除此之外，还可以看到由于有效表面态电荷的存在对于阈值电压也有明显的影响，有效表面态电荷如果较多，则阈值电压减小。

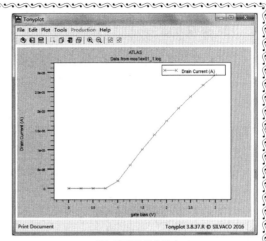

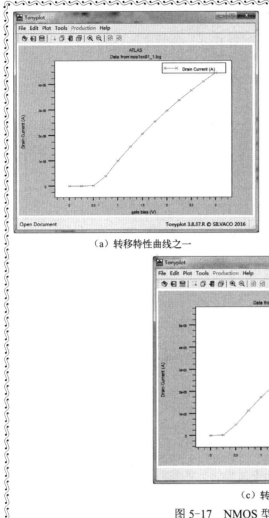

（a）转移特性曲线之一　　　　　　　　　　　　（b）转移特性曲线之二

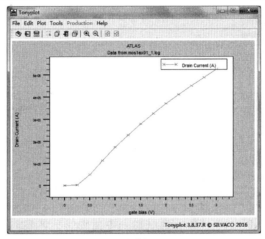

（c）转移特性曲线之三

图 5-17　NMOS 型晶体管阈值电压仿真

实验 9　MOS 型晶体管阈值电压 V_T 的测量

1. 实验目的

（1）熟悉 MOS 型晶体管的转移特性曲线。

（2）掌握 MOS 型晶体管的阈值电压 V_T 的测量方法。

2. 实验内容

测量 MOS 型晶体管的阈值电压 V_T。

3. 实验原理

由 MOS 型晶体管的转移特性曲线，根据规定的 I_{DS} 值，确定 V_T 值。

4. 实验方法

（1）开启半导体管特性图示仪的电源，预热 5 分钟。

（2）将半导体管特性图示仪各相关功能旋钮及按键的位置置于表 5-3 所示的位置。

表 5-3　半导体管特性图示仪功能旋钮及按键的位置

测试种类		V_T（NMOS 管增强型） （测试条件：$I_{DS} \geqslant 1\text{mA}$）	V_T（PMOS 管增强型） （测试条件：$I_{DS} \geqslant 1\text{mA}$）
集电极电源 （等效为漏极）	集电极电源极性	正	负
	峰值电压范围	10V	10V
	峰值电压	约 30% 位置	约 30% 位置
	功耗限制电阻	50Ω	50Ω
Y 轴与 X 轴作用	Y 轴作用	I_{DS}：1mA/度	I_{DS}：1mA/度
	X 轴作用	⌐_	⌐_
	转换	未选中	选中
	其余按键	未选中	未选中
阶梯信号	阶梯信号极性	正	负
	电压-电流/级	0.2V/级	0.2V/级
	级/族	10	10
	重复/关	重复	重复
	串联电阻	0	0
测试台	测试选择	左	左
	引脚位置	漏极 → C 孔（左） 栅极 → B 孔（左） 源极 → E 孔（左）	漏极 → C 孔（左） 栅极 → B 孔（左） 源极 → E 孔（左）
	其余按键	未选中	未选中

（3）半导体管特性图示仪屏幕上将出现一条条垂线，各条线的高度表示不同栅压下的漏源电流 I_{DS}，一条线对应一个栅压 V_{GS} 值，ΔV_{GS} 为 0.2V/级，如图 5-18 所示。从左至右共有 10 级 ΔV_{GS}，V_{GS} 从 0V 至 2V。第 0 级至第 5 级的 I_{DS} 近似为 0；第 6 级 I_{DS} 还没有达到 1mA；第 7 级 I_{DS} 已超过 1mA，此时 V_T=1.4V。

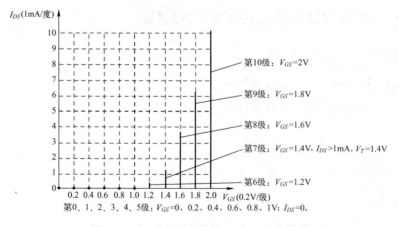

图 5-18　NMOS 型晶体管 I_{DS} 与 V_{GS} 的关系

5.3　MOS 型晶体管的输出伏安特性与直流参数

MOS 型晶体管是一种电压控制型器件，其输入阻抗很高。因此，在一般情况下，不用考虑其输入特性，而只需要考虑它的输出特性以及转移特性。有关 MOS 型管的转移特性，在 5.1 节已有所介绍。本节重点介绍 MOS 型晶体管的输出伏安特性，即反映 MOS 型管的输出漏极电流 I_{DS} 与漏极电压 V_{DS} 的关系曲线，然后介绍相关的直流参数。

5.3.1　MOS 型晶体管的输出伏安特性

 扫一扫下载 MOS管输出伏安特性微课 1　　 扫一扫下载 MOS 管的伏安特性微课 2

通过对本节前面的学习，已经对 MOS 型晶体管的工作原理有了基本的了解。类似于双极晶体管的输出伏安特性曲线，MOS 型晶体管也存在十分相似的曲线。不过，双极晶体管是一种电流控制型器件。因此，对应它的每一条输出伏安特性曲线，都选择了 I_B 作为输入控制参量。正如我们已所知的，MOS 型晶体管是一种电压控制型器件，因此，需要选择 V_{GS} 作为输入控制参量。研究 MOS 型晶体管输出伏安特性的方法是：先选取某一 V_{GS} 值并保持其不变，再通过逐点改变 V_{DS} 值，来得到与之对应的 I_{DS} 值，从而得到一条相应的 $I_{DS} \sim V_{DS}$ 输出伏安特性曲线；再选取另一个 V_{GS} 值，重复相同的操作，即可得到另一条相关的 $I_{DS} \sim V_{DS}$ 关系曲线。以此类推，我们就可以获得 MOS 型晶体管的一组输出伏安特性曲线，如图 5-19 所示。为便于后面的分析，针对 MOS 型晶体管不同的工作状态，显示其对应各区的输出伏安特性曲线如图 5-20 所示。当然，在实验室里，我们一般是通过专门的半导体管特性图示仪来直接测量并显示其输出伏安特性曲线的，如图 5-21 和图 5-22 所示。

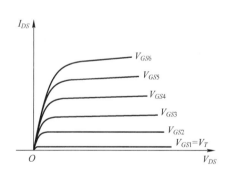

图 5-19　NMOS 型晶体管的一组输出伏安特性曲线（增强型）

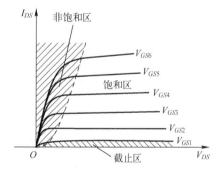

图 5-20　对应各区的输出伏安特性曲线

如图 5-21 所示是 NMOS 型晶体管输出伏安特性曲线测试原理图。图中显示，MOS 型晶体管的栅极连接阶梯电压信号，而 MOS 型晶体管的漏极则连接漏极扫描电压信号，它们两者的波形图如图 5-22 所示。注意图中两个信号彼此之间的相位关系，即在 $t_0 \sim t_1$ 时间段，有 $V_{GS} = V_{GS1}$ 保持不变，而对应的漏极电压 V_{DS} 则完成一次完整的扫描，以此类推。一般漏极扫描电压周期为 $T = t_1 - t_0 = 10 \text{ms}$，并完成显示一条对应的输出伏安特性曲线，如图 5-20 所示。

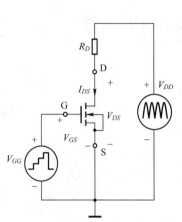

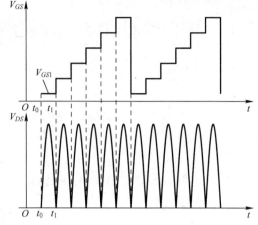

图 5-21　NMOS 型晶体管的一组输出伏安特性测试原理图　　图 5-22　栅极阶梯信号及漏极扫描信号波形图

在图 5-20 中，MOS 型晶体管的输出伏安特性曲线存在非饱和区与饱和区之分，这与 MOS 型晶体管的工作状态有什么内在联系呢？下面我们来分析一下。

如图 5-23 所示，显示了某一 NMOS 型晶体管（增强型）在不同漏极电压 V_{DS} 作用下的沟道变化情况。为了使问题易于理解，我们假设该 NMOS 型晶体管的阈值电压 $V_T = 2.0\text{V}$，且栅极施加了固定的 6V 电压，即 $V_{GS} = 6\text{V}$。

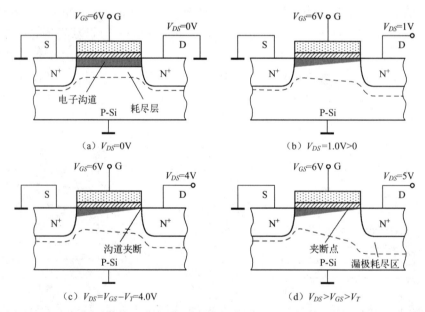

图 5-23　NMOS 型晶体管（增强型）在不同漏极电压 V_{DS} 作用下的电子沟道变化情况

1.　$V_{DS} = 0\text{V}$

对应图 5-23（a）所示的情形。图中显示，由于栅压 $V_{GS} = 6\text{V} > V_T$，因此，能够形成电子反型层沟道，并且在这种情形下，沟道的厚度从源到漏都一样。图中的虚线边界显示了源区、沟道区至漏区的空间电荷区（耗尽层）的情形。值得注意的是，源漏耗尽区主要将往衬底一侧扩展（因为衬底掺杂浓度较低），并且与中间反型层沟道下面的耗尽层连成一片。

2. $V_{DS} = 1.0\text{V} > 0$

对应图 5-23（b）所示情形。由于此时漏源电压 V_{DS} 不再等于 0，并且存在电子反型沟道，因此，就会存在对应的漏极电流 I_{DS}。对应于此时的沟道状态，可以将其视为一个等效电阻。很显然，当电流流过一个电阻时，就会在其两端产生一定的电势差。在图 5-23（b）中，漏极电流 I_{DS} 这时将从漏极 D 流入，往左方向流至源区，并经源区从源极 S 流出。为进一步清晰地显示沟道区半导体表面电势的变化情况，将图 5-23（b）局部放大并画于图 5-24 中。图中设定以沟道区近源端处为坐标原点 O，向右沿半导体表面至漏方向为 y 轴正方向，漏源区两个 N^{+} 之间的距离为 L，称为沟道长度。$V(y)$ 表示沿沟道某一点 y 处的表面势，它同时也表示了 y 点与原点之间的电势差（因为源极 S 和衬底均接地）。不难推测，现在沿着整个沟道区从漏至源，沟道区半导体 Si 表面的电势 $V(y)$ 将会逐点下降，其中位于近漏端沟道区的表面电势 $V(L)$ 为最高，接近于 V_{DS}，即有 $V(L) \approx V_{DS}$；而近源端沟道区的表面电势 $V(0)$ 为最低，基本等于源极电势 V_S，即有 $V(0) \approx V_S = 0$，如图 5-25 所示。

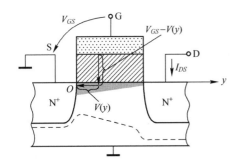

图 5-24 沟道区表面电势 $V(y)$ 示意图

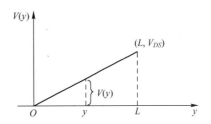

图 5-25 沟道区表面电势 $V(y)$ 近似变化趋势

但应注意，MOS 型晶体管整个栅电极是等电势的。因此，观察此时的 MOS 型结构，将与第 4 章中讨论的独立 MOS 型结构存在一定的区别。在这里，因为沟道沿漏方向，表面电势 $V(y)$ 会逐点升高，故对应位置的栅与沟道间的电压 $[V_{GS} - V(y)]$ 将会逐点下降，而这必然会导致 Si 表面所感应的反型层电荷数量的减少，即反型层厚度将会逐点变薄。

与此同时，近漏端半导体表面空间电荷区（耗尽层）将会有所扩展。尽管前面也曾表明，可以将此时的沟道视为一个电阻，但由于 V_{DS} 的增加会使沟道反型层沿漏方向变薄，也就是说，沟道电阻会随着 V_{DS} 的增加而增加，所以 I_{DS} 的增加并不会随 V_{DS} 呈现线性方式增加，而是呈现逐步变慢的趋势，参见图 5-20 中的非饱和区所示。

3. $V_{DS} = V_{GS} - V_T = 4.0\text{V}$

如图 5-23（c）所示，当 V_{DS} 继续上升且满足这个条件时，观察近漏端处栅极与沟道区表面之间的电位差，即有：

$$V_{GS} - V(L) = V_{GS} - V_{DS} = 2.0\text{V}$$

这时，刚满足半导体表面强反型的条件，但可动电荷——电子的数量仍然很少。因此，通常也认为此时近漏端处的表面沟道被夹断了。所谓被夹断是指这里的电子数目很少，成为了一个高阻区。不过，在夹断点与漏区之间，沿 y 方向存在较强的电场，它可以将从沟道流过来

的电子快速拉向漏极，这种情形十分类似于 NPN 型晶体管集电结空间电荷区电场的作用。

4. $V_{DS} > V_{GS} - V_T$

当满足该条件时，沟道区的形态如图 5-23（d）所示。我们发现近漏端处半导体表面的反型层几乎完全消失，并且夹断点稍稍往源区方向移动，即夹断区域有所扩大。由于夹断区实质上就是可动载流子很少的耗尽区，因此，该区域的电阻率 ρ 很高，从而导致漏源电压 V_{DS} 的增量部分几乎都降落在这里。而在夹断区以外的沟道区内，电场强度与先前相比，变化不大。一旦电子沿着反型沟道漂移至夹断区附近时，就立刻被夹断区内的强电场拉至漏区而形成漏极电流。这里，夹断区内的电场方向由漏区指向源区。因此，我们看到，漏极电流 I_{DS} 几乎不变，即进入了输出特性曲线的饱和区。不过，由于沟道夹断点稍稍往源区方向移动，导致有效沟道长度 L_{eff} 缩短，所以，漏极电流 I_{DS} 会随 V_{DS} 的增加而稍有增加。

如果 V_{GS} 增加，沟道的起始厚度跟着增加，输出特性曲线进入饱和区的漏源电压 $V_{DS} = V_{GS} - V_T$ 也就升高，这从输出特性曲线上可以反映出来。

5.3.2 MOS 型晶体管的输出伏安特性方程

扫一扫下载 MOS 管的输出伏安方程微课

前面对 MOS 型晶体管的输出伏安特性进行了定性分析，对其沟道区以及反型层随栅压和漏极电压的变化情况也有了基本的了解。本节我们就以此作为基础，来对 MOS 型管的输出伏安特性进行定量分析，也就是具体求出输出电流-电压的方程式（仍以 NMOS 型为例）。

MOS 型晶体管的输出伏安特性曲线可分为非饱和区与饱和区。对应于某一 V_{GS} 值，漏极电压 V_{DS} 在 $0 \sim (V_{GS} - V_T)$ 范围时，属于非饱和区；而当漏极电压 V_{DS} 大于 $(V_{GS} - V_T)$ 时，则进入饱和区段。为便于问题的讨论，我们画出其中一条输出伏安特性曲线于图 5-26（a）中。

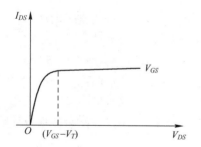

（a）非饱和区与饱和区的输出特性曲线

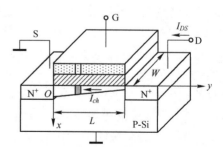

（b）NMOS 型晶体管非饱和区工作模型

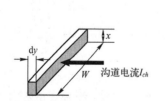

（c）反型层沟道 y 处的一个微分段

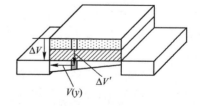

（d）增量栅压 ΔV 与沟道电压降 $V(y)$ 的关系

图 5-26　NMOS 型晶体管一组工作状态示意图

1．非饱和区的电流-电压方程式

如图 5-26 所示，给出了 NMOS 型晶体管一组工作状态示意图。在图 5-26（b）中，选择沟道的近源端与半导体表面的交接处作为坐标原点 O，以该点为基准，垂直指向半导体衬底为 x 轴正方向，沿半导体表面指向漏区的方向为 y 轴正方向。其中，L 表示沟道长度，W 表示沟道宽度，这是 MOS 型晶体管两个十分重要的结构参数。I_{ch} 代表沟道电流，由于漏极电流 I_{DS} 中尚包含有漏区 PN 结的反向饱和电流，故 I_{ch} 在数值上略小于 I_{DS}，方向一致。

图 5-26（c）显示了在反型层沟道 y 处所截取的一个微分段。设其长度为 $\mathrm{d}y$，此处反型层沟道厚度为 x，且沟道电流 I_{ch} 通过的截面积为 $A = x \cdot W$，在其两端产生的电压降为 $\mathrm{d}V$，该微分段呈现的电阻为 $\mathrm{d}R$，电阻率为 ρ，那么根据欧姆定律，有：

$$\mathrm{d}V = I_{ch} \cdot \mathrm{d}R \tag{5-10}$$

而：

$$\mathrm{d}R = \rho \frac{\mathrm{d}y}{A}$$

故：

$$\mathrm{d}V = I_{ch} \rho \frac{\mathrm{d}y}{A} \tag{5-11}$$

根据材料电阻率与载流子浓度、迁移率的关系式，设沟道 y 处微分段中的电子浓度为 $n(y)$，且电子的表面迁移率为 μ_n，则该微分段所对应的 ρ 满足：

$$\rho = \frac{1}{n(y)q\mu_n}$$

将 ρ、$A = x \cdot W$ 同时代入式（5-11），得：

$$\mathrm{d}V = I_{ch} \frac{\mathrm{d}y}{n(y)q\mu_n \cdot xW}$$

适当整理后，得：

$$\mathrm{d}V = I_{ch} \frac{\mathrm{d}y}{n(y)qx \cdot \mu_n W} \tag{5-12}$$

令 $Q_n(y) = n(y)qx$，$Q_n(y)$ 表示沟道 y 点处半导体表面单位面积的电子数量，即反型层可动电子电荷的面密度。将其代入式（5-12）得：

$$\mathrm{d}V = \frac{I_{ch}\mathrm{d}y}{Q_n(y) \cdot \mu_n W}$$

即：

$$I_{ch}\mathrm{d}y = Q_n(y)\mu_n W \cdot \mathrm{d}V \tag{5-13}$$

大家知道，当栅极电压等于阈值电压 V_T 时，沟道刚刚形成，此时的沟道可动电荷面密度 $Q_n(y) \approx 0$，故沟道电流仍约等于 0。现在将栅压进一步提升而超过阈值电压 ΔV 时，即有 $\Delta V = V_{GS} - V_T$。我们看到将会产生对应的沟道电流，由于有了沟道电流，沟道 y 点与原点之间这一段沟道两端将会产生电压降 $V(y)$，因此实际 y 点处栅沟之间氧化层两侧的电压增量为 $\Delta V'$，且它们三者之间应当满足：

$$\Delta V = \Delta V' + V(y)$$

即有：

$$V_{GS} - V_T = \Delta V' + V(y)$$

或者：

$$\Delta V' = V_{GS} - V_T - V(y) \tag{5-14}$$

参见图 5-26（d）增量栅压 ΔV 与沟道电压降 $V(y)$ 的关系。这时将在金属栅极与沟道 y 点处各产生增量面电荷密度 $+\Delta Q_M(y)$、$-Q_n(y)$，显然，它们在数值上相等且满足：

$$Q_n(y) = C_{ox} \cdot \Delta V'$$

即：

$$Q_n(y) = C_{ox} \cdot [V_{GS} - V_T - V(y)] \tag{5-15}$$

将式（5-15）代入式（5-13），得：

$$I_{ch}\mathrm{d}y = \mu_n W C_{ox} \cdot [V_{GS} - V_T - V(y)]\mathrm{d}V \tag{5-16}$$

两边同时积分，得：

$$\int_0^L I_{ch}\mathrm{d}y = \int_0^{V_{DS}} \mu_n W C_{ox} \cdot [V_{GS} - V_T - V(y)]\mathrm{d}V$$

$$I_{ch} = \frac{1}{2} \mu_n C_{ox} \left(\frac{W}{L}\right) \cdot [2(V_{GS} - V_T)V_{DS} - V_{DS}^2] \tag{5-17}$$

式（5-17）即是所求的 NMOS 型晶体管非饱和区的电流-电压方程式。我们看到，它是一条抛物线的一段，开口向下，经过原点，顶点横坐标为 $(V_{GS} - V_T)$。

2．饱和区的电流-电压方程式

根据上述 5.3.1 节的讨论，结合式（5-17），令 $V_{DS} = V_{GS} - V_T$，此时 NMOS 型晶体管进入饱和区，就可以得到饱和区的电流-电压方程式：

$$I_{ch} = \frac{1}{2} \mu_n C_{ox} \left(\frac{W}{L}\right) \cdot (V_{GS} - V_T)^2 \tag{5-18}$$

一般在工程中，实际的沟道电流 I_{ch} 与漏极电流 I_{DS} 相差极小。因此，用 I_{DS} 取代上述的 I_{ch}，即可得到 NMOS 型晶体管的输出伏安特性曲线的方程式：

$$I_{DS} = \frac{1}{2} \mu_n C_{ox} \left(\frac{W}{L}\right) \cdot [2(V_{GS} - V_T)V_{DS} - V_{DS}^2] \qquad V_{DS} \leqslant V_{GS} - V_T \tag{5-19}$$

$$I_{DS} = \frac{1}{2} \mu_n C_{ox} \left(\frac{W}{L}\right) \cdot (V_{GS} - V_T)^2 \qquad V_{DS} > V_{GS} - V_T \tag{5-20}$$

令 $k = \frac{1}{2} \mu_n C_{ox} \left(\frac{W}{L}\right)$，称为 MOS 型晶体管的导电因子，它是一个十分重要的参数，单位为 $\mathrm{mA/V^2}$ 或 $\mathrm{A/V^2}$；而 $\frac{W}{L}$ 则称为 MOS 型管的沟道宽长比，它通常决定了一个 MOS 型管的电流容量。

由此，有：

$$I_{DS} = k[2(V_{GS} - V_T)V_{DS} - V_{DS}^2] \qquad V_{DS} \leqslant V_{GS} - V_T \tag{5-21}$$

$$I_{DS} = k(V_{GS} - V_T)^2 \qquad V_{DS} > V_{GS} - V_T \tag{5-22}$$

式（5-21）和式（5-22）就是常用的 NMOS 型晶体管的输出伏安特性方程式。前者描述了 MOS 型管非饱和区的特性，而后者则描述了饱和区的特性。

对于 PMOS 型晶体管，也有类似的表达式，即：

$$I_{DS} = -k[2(V_{GS} - V_T)V_{DS} - V_{DS}^2] \qquad V_{DS} \geqslant V_{GS} - V_T \qquad (5\text{-}23)$$

$$I_{DS} = -k(V_{GS} - V_T)^2 \qquad V_{DS} < V_{GS} - V_T \qquad (5\text{-}24)$$

注意，上述式（5-23）和式（5-24）右边均出现一负号，原因是对 PMOS 型晶体管而言，它的电流、电压的实际方向与我们选择的参考方向均相反。因此，测量 PMOS 型晶体管时，需要同时施加负极性阶梯信号和负极性漏极扫描信号。其输出伏安特性曲线如图 5-27 所示，相应的转移特性曲线如图 5-8 所示。

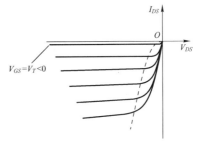

图 5-27 PMOS（增强型）晶体管输出伏安特性曲线

实例 5-2 有一增强型 NMOS 型晶体管，已知：$V_T = 1.2\text{V}$，栅氧化层厚为 $t_{ox} = 50\text{nm}$，沟道长度 $L = 3.0\mu\text{m}$，沟道宽度 $W = 1000\mu\text{m}$，电子迁移率 $\mu_n = 500\text{cm}^2 / \text{V}\cdot\text{S}$，试求：

（1）该管的导电因子 k 为多少？

（2）输出伏安特性方程。

解 （1）根据 NMOS 型晶体管导电因子 k 的表达式：

$$k = \frac{1}{2}\mu_n C_{ox}\left(\frac{W}{L}\right)$$

其中，$C_{ox} = \dfrac{\varepsilon_{ox}}{t_{ox}}$，是栅氧化层单位面积电容。代入已知数值得：

$$k = \frac{1}{2} \times 500 \times \frac{0.345 \times 10^{-12}}{50 \times 10^{-7}} \times \left(\frac{1000}{3.0}\right) \text{A/V}^2 = 5.75 \times 10^{-3}\text{A/V}^2$$

（2）由式（5-21）和式（5-22），可得该 NMOS 型晶体管的输出伏安特性方程。

对于非饱和区方程：

$$I_{DS} = 5.75 \times 10^{-3}[2(V_{GS} - 1.2)V_{DS} - V_{DS}^2] \text{ A} \qquad V_{DS} \leqslant V_{GS} - 1.2$$

对于饱和区方程：

$$I_{DS} = 5.75 \times 10^{-3}(V_{GS} - 1.2)^2 \text{ A} \qquad V_{DS} > V_{GS} - 1.2$$

5.3.3 影响 MOS 型晶体管输出伏安特性的一些因素

扫一扫下载伏安特性的影响因素微课

类似于双极晶体管的输出伏安特性，MOS 型晶体管也存在若干因素影响着它的输出伏安特性。下面重点说明沟道长度调制效应以及沟道载流子迁移率对伏安特性的影响。

1．沟道长度调制效应

式（5-22）描述了 NMOS 型晶体管饱和区的伏安特性。可以看到，在饱和区公式中所描述的漏极电流 I_{DS} 与漏极电压 V_{DS} 无关。但实际测量表明，I_{DS} 随 V_{DS} 会有所增长，即输出特性曲线略有上翘，如图 5-26（a）所示。为什么会出现这种现象呢？原因是实际的有效沟道长度 L' 会受到漏极电压 V_{DS} 的调制，使得实际的沟道长度随着 V_{DS} 的增加而有所缩短，如图 5-28 所示。

由图 5-28 可知，由于漏极电压 V_{DS} 的增加，导致漏区空间电荷区的扩展，因此夹断点往源方向移动，故有效沟道长度 L' 将小于 L，根据 MOS 型晶体管的导电因子表达式，有：

$$k' = \frac{1}{2}\mu_n C_{ox}\left(\frac{W}{L'}\right) \tag{5-25}$$

这将使 k' 上升，从而使得 I_{DS} 增加。MOS 型管沟道长度调制效应十分类似于双极晶体管的基区宽度调制效应，它们都会使得晶体管的输出特性变差，即使晶体管的输出阻抗 $r_{ds} = \frac{\Delta V_{DS}}{\Delta I_{DS}}$ 变小，如图 5-29 所示，从而使得放大器的增益降低。一般而言，短沟道器件情况会更严重一些。

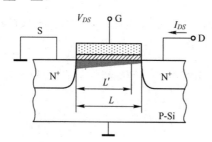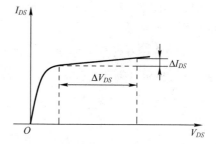

图 5-28　MOS 型晶体管沟道长度调制示意图　　图 5-29　MOS 型晶体管输出阻抗示意图

2．沟道载流子迁移率 μ 的影响

实验发现，沟道表面反型层中载流子的迁移率远低于其体内的迁移率，并且与衬底材料的晶向、掺杂浓度以及所施加的栅压等因素有关。造成表面迁移率比体内迁移率低的原因主要有两个：首先，半导体表面存在着不少缺陷，从而形成散射中心，使载流子在表面所受到的散射比体内更强烈；其次，在沟道区中，存在着与载流子的运动方向相垂直的较强的表面电场，该电场通常使表面反型层中的载流子浓度提高，使得载流子彼此之间的散射几率增加，也使得表面迁移率下降。

一般在 MOS 型晶体管设计中，NMOS 型晶体管沟道电子迁移率 μ_n 常取 $400\sim600\,cm^2/V\cdot s$，而 PMOS 型晶体管沟道空穴迁移率 μ_p 常取 $130\sim190\,cm^2/V\cdot s$。

仿真实验4　MOS 型晶体管输出伏安特性曲线仿真

MOS 型晶体管输出伏安特性曲线描述的是漏极电流 I_{DS} 随漏源电压 V_{DS} 变化的关系，它可以反映出 MOS 型晶体管的工作状态，同时这种关系还受到栅源电压 V_{GS} 的影响。仿真程序如下：

```
go athena
#
line x loc=0 spac=0.1
line x loc=0.2 spac=0.006
line x loc=0.4 spac=0.006
line x loc=0.5 spac=0.01
```

```
#
line y loc=0.00 spac=0.002
line y loc=0.2 spac=0.005
line y loc=0.5 spac=0.05
line y loc=0.8 spac=0.15
#
init orientation=100 c.phos=1e14 space.mul=2

#pwell formation including masking off of the nwell
#
diffus time=30 temp=1000 dryo2 press=1.00 hcl=3
#
etch oxide thick=0.02
#
#P-well Implant
#
implant boron dose=8e12 energy=100 pears

#
diffus temp=950 time=100 weto2 hcl=3
#
#N-well implant not shown -
#
# welldrive starts here
diffus time=50 temp=1000 t.rate=4.000 dryo2 press=0.10 hcl=3
#
diffus time=220 temp=1200 nitro press=1
#
diffus time=90 temp=1200 t.rate=-4.444 nitro press=1
#
etch oxide all
#
#sacrificial "cleaning" oxide
diffus time=20 temp=1000 dryo2 press=1 hcl=3
#
etch oxide all
#
#gate oxide grown here:-
diffus time=11 temp=925 dryo2 press=1.00 hcl=3
#
# extract gate oxide thickness
```

```
extract name="gateox" thickness oxide mat.occno=1 x.val=0.50


#
#vt adjust implant
implant boron dose=9.5e11 energy=10 pearson


#
depo poly thick=0.2 divi=10
#
#from now on the situation is 2-D
#
etch poly left p1.x=0.35
#
method fermi compress
diffuse time=3 temp=900 weto2 press=1.0
#
implant phosphor dose=3.0e13 energy=20 pearson
#
depo oxide thick=0.120 divisions=8
#
etch oxide dry thick=0.120
#
implant arsenic dose=5.0e15 energy=50 pearson
#
method fermi compress
diffuse time=1 temp=900 nitro press=1.0
#


#
etch oxide left p1.x=0.2
deposit alumin thick=0.03 divi=2
etch alumin right p1.x=0.18


# Extract a design parameter.....
# extract final S/D Xj...
extract name="nxj" xj silicon mat.occno=1 x.val=0.1 junc.occno=1
# extract the long chan Vt...
extract name="n1dvt" 1dvt ntype vb=0.0 qss=1e10 x.val=0.49
# extract a curve of conductance versus bias....
extract start material="Polysilicon" mat.occno=1 \
    bias=0.0 bias.step=0.2 bias.stop=2 x.val=0.45
```

```
extract done name="sheet cond v bias" curve(bias,1dn.conduct material="Silicon" mat.occno=1
region.occno=1) outfile="extract.dat"
# extract the N++ regions sheet resistance...
extract name="n++ sheet rho" sheet.res material="Silicon" mat.occno=1 x.val=0.05
region.occno=1
# extract the sheet rho under the spacer, of the LDD region...
extract name="ldd sheet rho" sheet.res material="Silicon" mat.occno=1 x.val=0.3 region.occno=1
# extract the surface conc under the channel....
extract name="chan surf conc" surf.conc impurity="Net Doping" material="Silicon" mat.occno=1
x.val=0.45


structure mirror right


electrode name=gate x=0.5 y=0.1
electrode name=source x=0.1
electrode name=drain x=0.9
electrode name=substrate backside


structure outfile=mos1ex02_0.str


# plot the structure
tonyplot -st mos1ex02_0.str −set mos1ex02_0.set


go atlas


# define the Gate workfunction
contact name=gate n.poly


# Define the Gate Qss
interface qf=3e10


# Use the cvt mobility model for MOS
models cvt srh print numcarr=2
method climit=1e−4 maxtrap=10
# set gate biases with Vds=0.0
solve init
solve vgate=1.1 outf=solve_tmp1
solve vgate=2.2 outf=solve_tmp2
solve vgate=3.3 outf=solve_tmp3


#load in temporary files and ramp Vds
load infile=solve_tmp1
```

```
log outf=mos1ex02_1.log
solve name=drain vdrain=0 vfinal=3.3 vstep=0.3

load infile=solve_tmp2
log outf=mos1ex02_2.log
solve name=drain vdrain=0 vfinal=3.3 vstep=0.3

load infile=solve_tmp3
log outf=mos1ex02_3.log
solve name=drain vdrain=0 vfinal=3.3 vstep=0.3

# extract max current and saturation slope
extract name="nidsmax" max(i."drain")
extract name="sat_slope" slope(minslope(curve(v."drain",i."drain")))

tonyplot -overlay -st mos1ex02_1.log    mos1ex02_2.log mos1ex02_3.log -set mos1ex02_1.set

quit
```

如图 5-30 所示，给出了 NMOS 型晶体管输出伏安特性曲线的仿真结果。图中当 V_{DS} 较小时，I_{DS} 也较小，且会随着 V_{DS} 的增加近似呈线性增加，此时 NMOS 型晶体管工作在非饱和区，也称线性区；而当 V_{DS} 较大时，I_{DS} 趋于饱和，基本不随 V_{DS} 的增加而增加，这时 NMOS 型晶体管工作在饱和区。

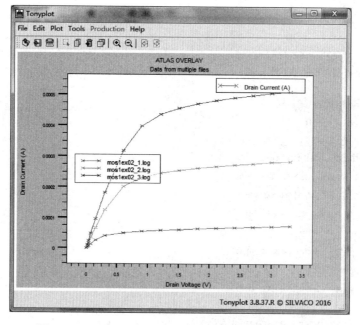

图 5-30　NMOS 型晶体管输出伏安特性曲线的仿真结果

实验 10　MOS 型晶体管输出伏安特性曲线的测量

1. 实验目的

（1）通过测量，熟悉 MOS 型晶体管的输出伏安特性曲线。

（2）根据特性曲线，求取 MOS 型晶体管的跨导 g_m。

2. 实验内容

（1）测量 MOS 型晶体管的输出伏安特性曲线。

（2）求取跨导 g_m。

3. 实验原理

运用半导体管特性图示仪测量 MOS 型晶体管的输出伏安特性曲线。根据跨导的定义式（5-31），可以得到 MOS 型晶体管饱和区的跨导 g_m：

$$g_m \approx \left. \frac{\Delta I_{DS}}{\Delta V_{GS}} \right|_{V_{DS}=C}$$

4. 实验方法

（1）开启半导体管特性图示仪 XJ4810 的电源，预热 5 分钟。

（2）将半导体管特性图示仪各相关功能旋钮及按键的位置置于如表 5-4 所示的位置。

表 5-4　半导体管特性图示仪功能旋钮及按键的位置

测试种类		V_T（NMOS 增强型）V_{DS}=2.5V，ΔV_{GS}=0.2V	V_T（PMOS 增强型）V_{DS}=-2.5V，ΔV_{GS}=0.2V
集电极电源	极性	正	负
	峰值电压范围	10V	10V
	峰值电压	约 50% 的位置	约 50% 的位置
	功耗限制电阻	50 Ω	50 Ω
Y 轴 X 轴	Y 轴作用	I_{DS}：1mA /度	I_{DS}：1mA /度
	X 轴作用	V_{DS}：0.5V /度	V_{DS}：0.5V /度
	转换	未选中	选中
	其余按键	未选中	未选中
阶梯信号	极性	正	负
	电压-电流/级	ΔV_{GS}=0.2V/级	ΔV_{GS}=-0.2V/级
	级/族	10	10
	重复/关	重复	重复
	串联电阻	0	0
测试台	测试选择	左	左
	引脚位置	漏极 → C 孔（左）栅极 → B 孔（左）源极 → E 孔（左）	漏极 → C 孔（左）栅极 → B 孔（左）源极 → E 孔（左）
	其余按键	未选中	未选中

（3）半导体管特性图示仪屏幕上将出现如图 5-31 所示的曲线。由于 ΔV_{GS} 设置为 0.2V/级，所以第 10 级 V_{GS10}=2V，第 9 级 V_{GS9}=1.8V，第 8 级 V_{GS8}=1.6V，第 7 级 V_{GS7}=1.4V，第 6 级 V_{GS6}=1.2V，以此类推。第 5 至第 0 级所对应的 V_{GS} 分别为：1V、0.8V、0.6V、0.4V、0.2V、0V。因为当 V_{GS} 为 0~1V 时，$I_{DS} \approx 0$，所以第 0 至第 5 级 V_{GS} 曲线与横坐标重合在一起。

（4）根据测试条件：V_{DS}=2.5V，$\Delta V_{GS} = V_{GS9} - V_{GS8} = 0.2V$，可求得待测 NMOS 管在该测试条件下的 g_m 为：

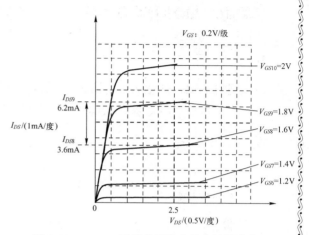

图 5-31　NMOS 型晶体管输出伏安特性曲线

$$g_m = \frac{\Delta I_{DS}}{\Delta V_{GS}} = \frac{6.2\text{mA} - 3.6\text{mA}}{1.8\text{V} - 1.6\text{V}} = \frac{2.6\text{mA}}{0.2\text{V}} = 1.3 \times 10^{-2}\text{S}$$

5.3.4　MOS 型晶体管的直流参数

扫一扫下载 MOS 管直流参数微课

MOS 型晶体管的直流参数除了 5.2 节介绍的阈值电压参数 V_T 以外，还有一些电流、电压参数，它们对于一个 MOS 型晶体管的合理应用也至关重要。下面对几个常用参数进行介绍。

1. 漏源击穿电压 BV_{DS}

当 MOS 型管所施加的漏源电压达到一定数值时，漏极电流迅速上升，这时通常就认为 MOS 型管的漏极发生了击穿，对应的电压值就定义为 MOS 型管的漏源击穿电压，用 BV_{DS} 表示。从 MOS 型管的击穿机理来看，该击穿电压主要取决于漏极 PN 结的耐压，而衬底电阻率和漏区结深是主要决定因素。另外，对于短沟道器件，MOS 型管也类似于双极晶体管，还容易发生漏源穿通现象，导致漏源击穿降低。对于分立器件 MOS 型管，类似于双极型器件，常采用外延结构，来提高击穿电压。

2. 漏栅击穿电压 BV_{DG}

漏栅击穿电压 BV_{DG} 是指漏极与栅极之间的耐压。对于集成 MOS 型晶体管，该耐压较低，一般取决于栅氧化层的厚度。而对于分立器件型 MOS 型晶体管，如功率 VDMOS 型，一种垂直双扩散 MOS 型器件，如图 5-11（b）所示，则该耐压较高，除了栅介质以外，它还与外延层 N⁻ 厚度有关。

3. 栅源击穿电压 BV_{GS}

栅源击穿电压 BV_{GS} 是指 MOS 型管的栅极与源极之间的耐压。通常该耐压较低，一般在

几十伏量级，主要取决于栅氧化层厚度。

4．漏源截止电流 I_{OFF}

对于增强型 MOS 型晶体管，当 $V_{GS}=0V$ 时，管子应当截止，漏源之间不能导通，即漏源电流应该为 0。但由于漏极 PN 结反向漏电等原因，漏源之间仍有很小的漏电流通过。该电流的大小与工艺关系密切。

5．漏极最大电流 I_{DM}

漏极最大电流 I_{DM} 是指 MOS 型晶体管在正常工作条件下，漏极的最大工作电流。它反映了一个 MOS 型晶体管的电流容量。该电流主要取决于 MOS 型管的沟道宽长比 $\dfrac{W}{L}$、栅介质厚度 t_{ox} 和载流子迁移率 μ_n。

6．开态导通电阻 R_{on}

观察 MOS 型晶体管输出特性曲线的非饱和区，可以看到，当 V_{DS} 较小时，特性曲线接近于直线。以 NMOS 型晶体管为例，根据式（5-21），略去二次项 V_{DS}^2，则有 $I_{DS} \approx 2k(V_{GS}-V_T)V_{DS}$，即 I_{DS} 正比于 V_{DS}，这时 MOS 型管漏源相当于一个纯电阻。定义 MOS 型管开态导通电阻 R_{on}：

$$R_{on}=\frac{V_{DS}}{I_{DS}}$$

则有：

$$R_{on} \approx \frac{1}{2k(V_{GS}-V_T)} \tag{5-26}$$

可以看出，管子的导电因子 k 值越大，则 R_{on} 越小。由于 MOS 型晶体管是一种单极型器件，缺乏漏极电导调制，故与双极型器件相比，R_{on} 较大。但随着工艺技术的进步，目前普通的功率 MOS 型晶体管的 R_{on} 也可以做到小于 1Ω。

5.3.5　MOS 型晶体管的温度特性与栅保护

扫一扫下载
MOS 温度
特性和栅保
护微课

在 MOS 型晶体管的输出伏安特性方程中，我们看到有两个参数与温度 T 直接相关，一个是载流子的迁移率 μ，另一个是 MOS 型管的阈值电压 V_T，两者随温度的变化情况基本上就决定了 MOS 型管的温度特性，主要是指漏极电流。

1．迁移率 μ 随温度的变化

在 MOS 型晶体管的沟道反型层中，当感应电荷的面密度 $\dfrac{Q}{q}<10^{12}/cm^2$，并且沟道表面电场强度 $E_S<10^5 V/cm$ 时，则载流子的迁移率通常可认为是常数，数值上约等于体内迁移率的 1/2。而随着温度 T 的上升，迁移率 μ 呈现下降趋势。实验发现，迁移率与温度之间存在如下变化趋势关系：

$$\mu \propto T^{-3/2}$$

迁移率下降尽管不利于漏极电流容量，但却有利于它的温度稳定性。

2. 阈值电压 V_T 随温度的变化

根据 MOS 型晶体管阈值电压 V_T 的表达式：

$$V_T = \varphi_{ms} - \frac{Q_{SS}}{C_{ox}} - \frac{Q_{SC}}{C_{ox}} + 2\varphi_F$$

可以看到，表达式中明显随温度变化的参量主要是费米势 φ_F 和沟道耗尽区的电荷面密度 Q_{SC}。以 NMOS 型晶体管为例，φ_F 由下式决定：

$$\varphi_F = \frac{kT}{q} \ln \frac{N_A}{n_i}$$

其中：

$$n_i = 3.86 \times 10^{16} T^{3/2} \exp\left(-\frac{E_g}{2kT}\right)$$

当温度上升时，本征载流子浓度 n_i 变化迅速，故使得费米势 φ_F 下降。而 $Q_{SC} = -\sqrt{4\varepsilon_S q N_A \varphi_F}$，因此，温度的上升也促使 $|Q_{SC}|$ 的下降。综合作用的结果是使 V_T 下降。同理，对 PMOS 型晶体管可做类似分析，温度上升，使得 PMOS 型晶体管的阈值电压的绝对值下降。一般而言，MOS 型晶体管的漏极电流具有负的温度系数，这一点有利于提高器件工作时的温度稳定性。

3. MOS 型晶体管的栅保护

在 MOS 型晶体管中，栅电极与沟道之间仅隔着一层很薄的氧化层，厚度 t_{ox} 通常从几十埃至几百埃不等。这种结构与一个普通电容器的结构一样。当 MOS 型管的栅压 V_{GS} 超过一定数值时，就会引起栅氧化层的击穿，从而造成器件的永久失效。由于 MOS 型晶体管的栅输入电容很小，因此，只需感应极小的电荷量，就可能产生很高的栅压，从而使栅介质击穿。例如，某 MOS 型管的栅电容仅为 2pF，那么只需感应 1.5×10^{-10}C（库仑）的电荷，就可产生 75V 的高电压，这对 MOS 型晶体管来讲是很危险的。

因此，预防产生过高的感应电压，从而防止 MOS 型晶体管的栅击穿，无论在 MOS 型晶体管的设计、制造以及应用过程中都必须认真对待，这就是所谓的 ESD（Electro-Static Discharge，静电释放）问题。通常在整机装配过程中，如果涉及 MOS 型晶体管或 MOS 型集成电路等器件，那么所有的测量仪器、电源以及焊接设备等均要良好接地，工作人员需要穿戴防静电服装，进出车间、工作现场等需要进行静电放电。

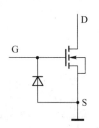

图 5-32　MOS 型晶体管的输入二极管保护

从 MOS 型晶体管设计的角度考虑，可以采取栅保护器件。最简单的就是输入二极管保护，如图 5-32 所示。

在 MOS 型管的栅源两极，并联一反向连接的二极管。要求该二极管的反向击穿电压低于 MOS 型管的栅源击穿电压 BV_{GS}。当输入电压因为某种原因大于二极管的反向击穿电压时，二极管首先击穿，它提供了静电泄放回路，从而使 MOS 型管的栅极得到保护。

5.4　MOS 型晶体管频率特性与交流小信号参数

晶体管一个重要而基本的任务就是放大交流信号。然而，无论是第 4 章讨论的双极晶体管还是本章讨论的 MOS 型晶体管，都会因为存在 PN 结结电容或者 MOS 型电容等因素，而使得当信号源的频率升高时，晶体管的放大性能变差甚至恶化。因此，了解晶体管的频率特性及其特点，掌握其变化规律将有助于我们更好地来设计、制造晶体管或者使用晶体管。与双极晶体管的频率特性相似，本节讨论 MOS 型晶体管的频率特性。首先介绍其交流小信号等效电路及其相关参数，然后讨论 MOS 型晶体管的最高工作频率 f_m。

5.4.1　MOS 型晶体管的交流小信号等效电路

扫一扫下载
MOS 交流
小信号等效
电路微课

为了能够准确地理解 MOS 型晶体管的交流小信号等效电路，同时把握问题的关键所在，并在可能的情况下尽量地简化其等效电路，下面先对 MOS 型晶体管的输出伏安特性曲线进行一下适当的演变与简化，并讲解进行简化的目的，如图 5-33 所示。

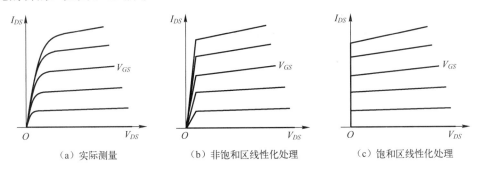

（a）实际测量　　　　　（b）非饱和区线性化处理　　　　　（c）饱和区线性化处理

图 5-33　MOS 型晶体管输出伏安特性曲线的简化示意图

如图 5-33（a）所示为 MOS 型晶体管实际测量所得到的输出伏安特性曲线；图 5-33（b）将其非饱和区的特性曲线做了线性化处理；而图 5-33（c）则是进一步忽略了非饱和区，用饱和区的伏安特性曲线做了覆盖，原因是当 MOS 型晶体管工作于放大小信号状态时，工作点处于饱和区的缘故，做这样的近似处理是合理的。

考虑到沟道长度调制效应，饱和区输出特性曲线均有一定的上翘。为了对其做数学上的定量处理，现选取某一适当的栅极电压 V_{GS}，并画出一条对应的输出伏安特性曲线，如图 5-34 所示。图中显示，漏极电流 I_{DS} 中包括了两种成分，一种是受栅极电压 V_{GS} 控制的成分，即 $k(V_{GS} - V_T)^2$；而另一种则是受沟道长度调制的成分，反映了 I_{DS} 会随 V_{DS} 进行一定的变化。根据图 5-34 的输出特性曲线，可以画出 MOS 型晶体管的直流等效电路，如图 5-35 所示。因为 MOS 型管的输入电阻很高，图中输入电阻 R_i 可以认为趋于无穷大，而 r_{ds} 则是输出电阻。

考虑沟道长度受到调制，因此需对饱和区的伏安特性方程进行一定的修正，引入沟道长度调制因子 λ，则 MOS 型管饱和区伏安方程可修正为：

$$I_{DS} = k(V_{GS} - V_T)^2 \cdot (1 + \lambda \cdot V_{DS})$$

（5-27）

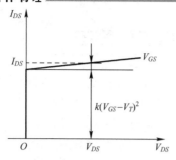

图 5-34　MOS 型晶体管的简化输出伏安特性曲线

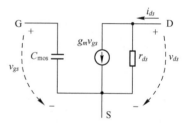

图 5-35　MOS 型晶体管的直流等效电路

λ 精确计算较为困难，一般取经验值，其典型值在 $0.005 \sim 0.03\ \text{V}^{-1}$ 之间。因为 I_{DS} 是 (V_{GS}, V_{DS}) 的函数，即有 $I_{DS} = I_{DS}(V_{GS}, V_{DS})$，故需对式（5-27）求全微分，得：

$$\mathrm{d}I_{DS} = \frac{\partial I_{DS}}{\partial V_{GS}}\mathrm{d}V_{GS} + \frac{\partial I_{DS}}{\partial V_{DS}}\mathrm{d}V_{DS} \tag{5-28}$$

即：

$$\mathrm{d}I_{DS} = 2k(V_{GS} - V_T)(1 + \lambda \cdot V_{DS})\mathrm{d}V_{GS} + \lambda k(V_{GS} - V_T)^2 \mathrm{d}V_{DS}$$

因为 λ 较小，一般地，$\lambda \cdot V_{DS} \ll 1$，上式中近似取 $(1 + \lambda \cdot V_{DS}) = 1$，则有：

$$\mathrm{d}I_{DS} = 2k(V_{GS} - V_T)\mathrm{d}V_{GS} + \lambda k(V_{GS} - V_T)^2 \mathrm{d}V_{DS}$$

当所放大的信号为小信号情形时，取 $\Delta I_{DS} \approx \mathrm{d}I_{DS}$，$\Delta V_{GS} \approx \mathrm{d}V_{GS}$，$\Delta V_{DS} \approx \mathrm{d}V_{DS}$，则：

$$\Delta I_{DS} = 2k(V_{GS} - V_T)\Delta V_{GS} + \lambda k(V_{GS} - V_T)^2 \Delta V_{DS}$$

令 $i_{ds} = \Delta I_{DS}$，$v_{gs} = \Delta V_{GS}$，$v_{ds} = \Delta V_{DS}$，上式进一步变换为：

$$i_{ds} = 2k(V_{GS} - V_T)v_{gs} + \lambda k(V_{GS} - V_T)^2 v_{ds} \tag{5-29}$$

考虑到信号高频情况下，输入 MOS 型电容 C_{mos} 的旁路作用，结合式（5-29）与图 5-33，我们可以画出简化了的 MOS 型晶体管高频交流小信号等效电路，如图 5-36 所示，图中忽略了 C_{gd}、C_{ds}，因为这两者均远小于 C_{mos} 的作用。

图 5-36　MOS 型晶体管高频交流小信号等效电路

5.4.2　MOS 型晶体管的交流小信号参数

扫一扫下载 MOS 管交流小信号参数微课

与双极晶体管的交流小信号等效电路相比，作为电压控制型器件的 MOS 型晶体管的交流小信号等效电路要简单一些。根据式（5-29）得到的图 5-36 所示的 MOS 型管高频交流小信号等效电路，主要将涉及两个交流小信号参数，分别是跨导 g_m 和漏极输出电阻 r_{ds}。下面来介绍这两个参数。

1．跨导 g_m

根据式（5-28），跨导 g_m 定义的数学表达式为：

$$g_m = \left.\frac{\partial I_{DS}}{\partial V_{GS}}\right|_{V_{DS} = C} \tag{5-30}$$

式（5-30）的含义是：输出漏极电压 V_{DS} 一定时，漏极电流 I_{DS} 随输入栅压 V_{GS} 的变化率。

换句话说，即是单位栅压（ $\Delta V_{GS}=1V$ ）所引起的漏极电流的变化量。因此，跨导表征了栅电压对输出漏极电流的控制能力，其单位有 S（西门子）、mS（毫西门子）或 Ω^{-1} 。

该定义式引入了偏微分，只是严格意义上的定义，一般不易理解。经常采用以下的近似定义式：

$$g_m \approx \left.\frac{\Delta I_{DS}}{\Delta V_{GS}}\right|_{V_{DS}=C} \tag{5-31}$$

以 NMOS 管的饱和区为例，根据式（5-30），可得：

$$g_m = 2k(V_{GS}-V_T) \tag{5-32}$$

2．漏极输出电阻 r_{ds}

当栅极电压 V_{GS} 一定时，MOS 型管漏极电压 V_{DS} 随漏极电流 I_{DS} 的变化率，称为漏极输出电阻，用 r_{ds} 表示。由式（5-28），漏极输出电阻 r_{ds} 可表达为：

$$\frac{1}{r_{ds}} = \left.\frac{\partial I_{DS}}{\partial V_{DS}}\right|_{V_{GS}=C} \tag{5-33}$$

类似跨导所取的近似定义式，式（5-33）也可改写成：

$$\frac{1}{r_{ds}} \approx \left.\frac{\Delta I_{DS}}{\Delta V_{DS}}\right|_{V_{GS}=C} \tag{5-34}$$

由式（5-29），可得：

$$\frac{1}{r_{ds}} = \lambda k(V_{GS}-V_T)^2$$

即：

$$r_{ds} = \frac{1}{\lambda k(V_{GS}-V_T)^2} \tag{5-35}$$

一般地， r_{ds} 在几十千欧至几百千欧之间。

有了跨导 g_m 以及漏极输出电阻 r_{ds} 的定义，式（5-29）可表示为：

$$i_{ds} = g_m \cdot v_{gs} + \frac{1}{r_{ds}} \cdot v_{ds} \tag{5-36}$$

当 r_{ds} 较大时，可以认为 $\frac{1}{r_{ds}} \to 0$ ，则式（5-36）可近似为：

$$i_{ds} = g_m \cdot v_{gs} \tag{5-37}$$

此时，图 5-36 中 MOS 型管小信号等效电路的输入回路就由 MOS 型管输入电容 C_{mos} 构成，而输出回路就只由一个受控电流源 $g_m \cdot v_{gs}$ 构成。

5.4.3 MOS 型晶体管的最高工作频率 f_m

扫一扫下载 MOS 管最高工作频率微课

当由 MOS 型晶体管所构成的放大器的输入信号频率 f 增高时，一般而言，放大器的增益会逐步下降，主要原因是 MOS 型管中存在着各种寄生电容，其中输入电容 C_{mos} 是最主要的，如图 5-37 所示为一共源放大器的交流小信号等效电路图（类似于双极晶体管的共发射极电路连接）。我们看到，随着信号频率 f 的提高，由于

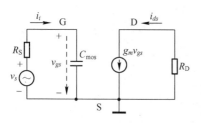

图 5-37　MOS 型晶体管共源放大器的
交流小信号等效电路

输入电容 C_{mos} 的容抗 x_c 下降，导致信号分压 v_{gs}，从而使得输出信号电流 i_{ds} 下降，进而使得放大器的增益下降。

定义：当放大器的输入信号频率 f 升高，并使得 MOS 型晶体管的输出漏极信号电流 i_{ds} 下降至等于输入信号电流 i_i 时，这时的输入信号频率就称为 MOS 型晶体管的最高频率，用 f_m 表示。

根据该定义，有：

$$i_i = i_{ds} \tag{5-38}$$

设 MOS 型管输入电容 C_{mos} 的容抗为 x_c，栅电极面积为 $A = W \cdot L$，则：

$$C_{mos} = C_{ox} \cdot A = C_{ox}(W \cdot L)$$

因此，容抗 x_c 为：

$$x_c = \frac{1}{\omega \cdot C_{mos}} = \frac{1}{2\pi f_m \cdot C_{ox} \cdot WL} \tag{5-39}$$

由式（5-38）得：

$$\frac{v_{gs}}{x_c} = g_m \cdot v_{gs}$$

即：

$$\frac{1}{x_c} = g_m \tag{5-40}$$

将式（5-39）和 $g_m = 2k(V_{GS} - V_T) = \mu_n C_{ox} \cdot \dfrac{W}{L} \cdot (V_{GS} - V_T)$ 代入式（5-40），得：

$$2\pi f_m \cdot C_{ox} \cdot WL = \mu_n C_{ox} \cdot \frac{W}{L} \cdot (V_{GS} - V_T)$$

从而，有：

$$f_m = \frac{\mu_n}{2\pi L^2}(V_{GS} - V_T) \tag{5-41}$$

这就是 MOS 型晶体管的最高工作频率 f_m 的表达式。由表达式可知，f_m 与 μ_n 成正比，而与沟道长度 L^2 成反比。由于电子迁移率 μ_n 大于空穴迁移率 μ_p，故 NMOS 型晶体管比 PMOS 型晶体管更常用。

实例 5-3　有一 NMOS 型晶体管，已知：阈值电压 $V_T = 2.0\text{V}$，沟道长度 $L = 5.0\mu m$，沟道电子迁移率 $\mu_n = 400\text{cm}^2 / \text{V} \cdot \text{s}$，所施加的栅压 $V_{GS} = 8.0\text{V}$。试求：该管的最高工作频率 f_m。

解　根据 NMOS 型晶体管最高工作频率 f_m 表达式：

$$f_m = \frac{\mu_n}{2\pi L^2}(V_{GS} - V_T)$$

代入已知值，有：

$$f_m = \frac{400}{2 \times 3.14 \times (5 \times 10^{-4})^2} \times (8.0 - 2.0)\text{Hz} \approx 1.5 \times 10^9 \text{Hz} = 1500\text{MHz} = 1.5\text{GHz}$$

可见，MOS 型晶体管具有良好的频率特性。

5.4.4　MOS 型晶体管开关

扫一扫下载
MOS 管开
关微课

MOS 型晶体管是一种电压控制型器件，具有极高的输入阻抗。导通时，它只有一种载流子参与导电，不存在所谓的少子存储效应。因此，管子从导通到截止（关断）的时间很短，开关速度很快，非常适合于充当电子开关而用于数字集成电路中。随着微电子制造工艺技术的不断进步，MOS 型晶体管的几何尺寸已进入到纳米（$1nm=10^{-9}m$）时代，制备 MOS 型晶体管栅介质层的厚度 t_{ox} 甚至薄至仅有几十个埃，在同一片半导体 Si 小芯片上，集成几千万个 MOS 型晶体管的超大规模集成电路已成为现实。在 MOS 型晶体管充当电子开关的数字集成电路中，以一种称为 CMOS 型的集成电路最为有名，关于它的特性与用途将在后续相关课程中进行学习。

5.5　MOS 型晶体管版图及其结构特征

现代晶体管和以晶体管为核心的半导体集成电路的制备与加工主要是在 Si 晶圆衬底上进行的（也有少量采用其他衬底材料的），这种制备技术被称为平面工艺。实际上这里所说的平面工艺技术是一种集光、机、电以及自动化技术为一体的精密的超微细加工技术，它涉及多种专用的半导体加工装备，如氧化与扩散炉、离子注入机、曝光机（也称光刻机）、化学气相淀积（CVD）设备、溅射台以及自动清洗机等。其中，平面工艺的核心是光刻工艺，它是一种图形转移技术。光刻技术最早出现于彩色印刷业中，20 世纪 60 年代初经过技术转移与改进，被引入并应用于制备半导体晶体管，并一直沿用至今（当然技术上已有质的、极大的飞跃）。因此，当代微电子工业所大量制造的晶体管也被广泛地称为平面型晶体管。

为便于与后续半导体工艺课程、半导体集成电路课程等相衔接，同时也起到一个铺垫作用，本节以在同一晶圆衬底上制备一个小尺寸的集成 NMOS 型晶体管和一个小尺寸的集成 PMOS 型晶体管为例，来具体介绍有关 MOS 型晶体管版图的概念、MOS 型晶体管的制作流程、器件的剖面结构及其特征等。当然，这里的介绍也只能是概要性的。最后对 MOS 型晶体管设计中的按比例缩小设计规则做一简要说明。

5.5.1　小尺寸集成 MOS 型晶体管的版图（横向结构）

扫一扫下载
小尺寸集成
MOS 管 的
版图微课

所谓集成 MOS 型晶体管，是指这种晶体管主要应用于 MOS 型集成电路中，而小尺寸则是指这种晶体管的沟道宽长比 $\dfrac{W}{L}$ 较小，一般为几至几十，特殊情况下也可能小于 1。集成 MOS 型晶体管与分立器件形式的 MOS 型晶体管在结构上存在一定的差异，本章 5.1 节曾对它们的器件结构进行过比较。

上面提到光刻技术是平面工艺的核心技术。而对应每一次光刻操作，都需要用到一块掩膜版（也称光刻版），掩膜版上的几何图形及其尺寸直接决定了 MOS 型晶体管的物理尺寸。制造一种 MOS 型晶体管或者 MOS 型集成电路需要少则几次、多则几十次光刻。而要制作掩膜版必须先设计对应的晶体管或者集成电路的版图。

版图是指一系列简单几何图形（如矩形、线条、圆弧等）的集合，这些图形元素按规定

及要求进行排列与组合，构成一个图形阵列。通常意义上所说的版图一般是指某一种晶体管或者某一型号的集成电路所对应的复合版图，它们按层次或先后顺序彼此套叠在一起。版图设计就是指根据制备晶体管的特定工艺流程、要求以及设计规则，用有色且带有花样的图形、线条等来具体表达晶体管的各个组成部分的几何图形，并确定它们的具体尺寸，逐个完成所有图形单元的绘制（人工的或计算机的）并且将它们组合在一起的一种工作过程。版图设计的最终成果就是要得到一套按一定比例绘制的关于晶体管或者集成电路的复合版图，并提供用于制作对应的掩膜版。版图直接决定了某一种晶体管芯片或者集成电路芯片的横向结构与尺寸。

下面以一个 NMOS 型晶体管和一个 PMOS 型晶体管所组成的简单器件组合为例，来说明版图的概念（这里两个不同沟道类型的晶体管彼此连接在一起，构成一个最简单的电路，称作反相器）。在这个简单电路中，能够同时看到 NMOS 型晶体管与 PMOS 型晶体管的版图。如图 5-38 所示，给出了它们的连接图及其对应的复合版图。

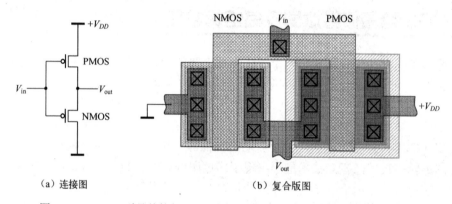

（a）连接图　　　　　　　　　　（b）复合版图

图 5-38　NMOS 型晶体管与 PMOS 型晶体管的连接图及其对应的复合版图

图 5-38（a）所示是一个 NMOS 型晶体管与一个 PMOS 型晶体管的连接图，它们的栅极连接在一起，共同连接输入端 V_{in}，漏极互相连接在一起，接到输出端 V_{out}，NMOS 型晶体管的源极接地，PMOS 型晶体管源极接电源正极 V_{DD}。图中所示 MOS 型晶体管是一种常用的简化画法，它们都是增强型晶体管。图 5-38（b）所示是对应的复合版图。复合版图中的各对应图层说明参见表 5-5。

表 5-5　关于图 5-38（b）所示复合版图中各对应图层的说明

序号	图层	图层名称	说　明
1		N-well（N-阱）	形成 N 型隔离阱区，用于制作 PMOS 型晶体管
2		有源区	MOS 型晶体管所在的区域
3		多晶硅	形成 MOS 型晶体管多晶硅栅电极
4		磷离子注入区	形成 NMOS 型晶体管源/漏区（S/D）
5		硼离子注入区	形成 PMOS 型晶体管源/漏区（S/D）
6		接触孔	形成金属接触孔
7		金属层	形成 MOS 型晶体管电极和互连线

如图 5-39 所示，显示了图 5-38（b）所示的复合版图的分版图及实际掩膜图形。一般在计算机上绘制版图时，各个图层都会设置成一定的颜色及图案（花样），这样便于分辨。而实际生成的掩膜图形通常都是黑白图形，可分为透光区与不透光区，当然这还与使用的具体光刻胶有关。掩膜版通常采用玻璃或石英制成，上述黑白图形采用特殊薄膜材料制成。

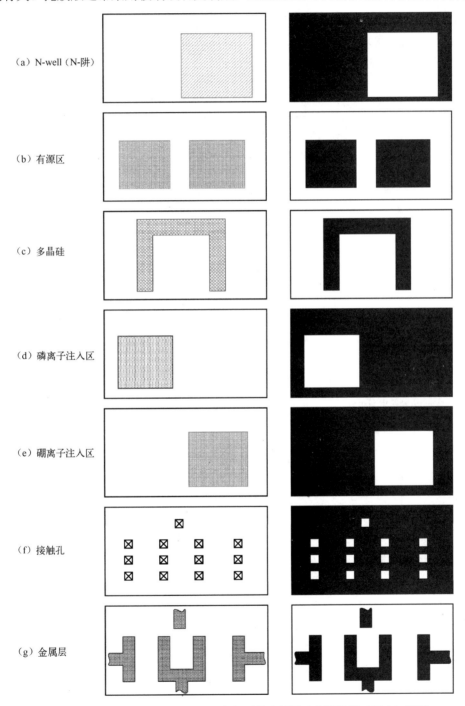

图 5-39　对应图 5-38（b）所示复合版图的分版图及实际掩膜（黑白）图形

5.5.2 小尺寸集成MOS型晶体管的剖面结构（纵向结构）

扫一扫下载小尺寸集成MOS管的剖面微课

如图 5-40 所示，给出了图 5-38 中一个 NMOS 型晶体管与一个 PMOS 型晶体管简单电路的制作工艺流程以及器件剖面结构图。图中 PMOS 型晶体管制作在 N-阱中，N-阱与 P-Si 衬底之间实现 PN 结隔离。

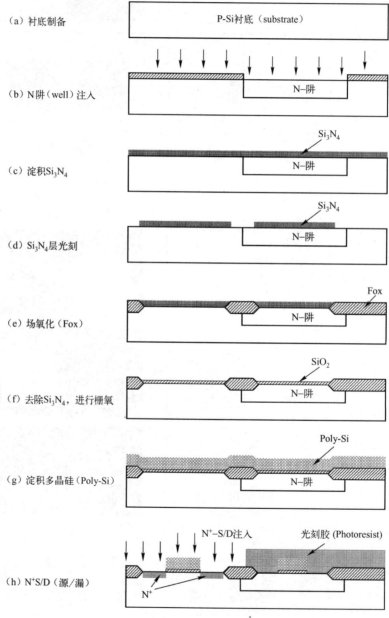

图 5-40　对应图 5-38 中一个 NMOS 型晶体管与一个 PMOS 型晶体管简单电路的制作工艺流程以及器件剖面结构图

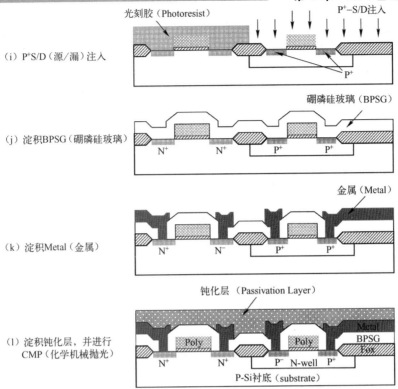

（i）P⁺S/D（源/漏）注入

（j）淀积BPSG（硼磷硅玻璃）

（k）淀积Metal（金属）

（l）淀积钝化层，并进行
CMP（化学机械抛光）

图 5-40　对应图 5-38 中一个 NMOS 型晶体管与一个 PMOS 型晶体管
简单电路的制作工艺流程以及器件剖面结构图（续）

上述 MOS 型晶体管的栅电极采用了多晶硅来制作，因而常称为硅栅工艺。上述工艺流程中，选择了 P-Si 衬底，<100>晶向。按照图示工艺流程，首先进行 N-well（阱）离子注入并扩散形成 N-阱区，N-阱中制作 PMOS 型晶体管。然后淀积 Si_3N_4，光刻后利用 Si_3N_4 层作掩蔽膜进行局部氧化（场氧化），形成场氧化层（Field Oxide，Fox），场氧化层一般较厚，控制在 0.8～1.0μm。去除 Si_3N_4 层以后进行栅氧化，形成 MOS 型管的栅介质。下一步工序是淀积多晶硅，光刻并形成 MOS 型晶体管的栅电极，接着分别进行 N⁺（S/D）、P⁺（S/D）源漏注入，分别形成 NMOS 型、PMOS 型晶体管的源漏区。至此，两个 MOS 型晶体管的内部器件结构便形成了。然后，分别光刻形成接触孔，并淀积金属层，光刻后形成器件的金属电极与互连线，最后淀积钝化层，钝化层用于保护芯片上的器件免受环境影响。至此，两个 MOS 型晶体管便制作完成了，等待后续晶圆的分割（划片）、装片、健合与测试等工序。

5.5.3　按比例缩小设计规则

扫一扫下载
按比例缩小
的设计规则
微课

经过 40 多年的技术发展，我们看到 MOS 型晶体管的特征尺寸（沟道长度 L）已经下降到不足最初的 0.5%，已由初期的 20μm 缩短到现在的 0.1μm 以下，而相应的 Si 芯片上单位面积可以集成的器件数量提高到原来的 4 万倍以上。表 5-6 给出了 1997—2016 年 MOSFET 沟道长度 L 的演变。

表5-6　1997—2016 年 MOSFET 沟道长度 L 的演变

年　份	1997	1999	2001	2004	2006	2010	2016
沟道长度 L(μm)	0.25	0.18	0.13	0.09	0.07	0.045	0.016

　　MOS 型晶体管的几何尺寸之所以能如表 5-6 中所呈现的那样迅速地变化，一方面是由于半导体制造技术本身的快速进步，而另一方面也得益于对器件物理的深入研究而所做出的理论上的推测。其中，比较著名的一个就是 Moore（摩尔）定律，第二个就是按比例缩小理论。1965 年，美国 Intel 公司的 Gordon Moore（戈登·摩尔）做出了这样的预测，即 MOS 型集成电路芯片上器件的集成度每隔 18～24 个月翻一番。30 多年的实践检验证明，他所提出的这个预测非常准确。由 R. H. Dennard（R. H. 迪纳德）于 1974 年所提出的有关 MOS 型器件"按比例缩小"设计的理论则成为日后 MOS 型晶体管尺寸持续缩小的理论支撑，并就此开创了一个新的研究领域。以下简要介绍由 R. H. Dennard 提出的有关"按比例缩小"设计的 CE（恒定电场）理论的指导思想。

　　所谓恒定电场按比例缩小设计理论，是指 MOS 型晶体管的横向与纵向尺寸以及工作电压等参数按同样的比例缩小，从而使器件中的电场强度保持不变。如图 5-41 所示，显示了按等比例缩小前后的 MOS 型晶体管的结构剖面图及电压参数等情况，其中，k 为比例因子，且 $k<1$，如 $k=0.7$。

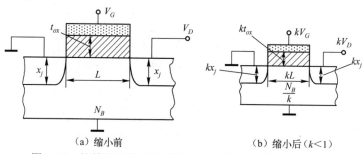

（a）缩小前　　　　　　　　　（b）缩小后（$k<1$）

图 5-41　按等比例缩小前后的 MOS 型晶体管的结构剖面图

　　由图 5-41 可知，沟道长度从 L 缩小到 kL。为了使得沟道中的水平电场强度保持不变，漏极电压应该从 V_D 缩小到 kV_D，而对应的最大栅压也从 V_G 下降到 kV_G。另外，为了保持恒定的垂直电场，栅氧化层厚度必须从 t_{ox} 缩小到 kt_{ox}。根据漏区 PN 结耗尽层计算公式，我们可以推得衬底掺杂浓度应增大为原来的 $\dfrac{1}{k}$。

　　当 MOS 型管处于饱和态时，其单位沟道宽度的漏电流 $\dfrac{I_{DS}}{W}$（NMOS 型晶体管）可表示为：

$$\frac{I_{DS}}{W}=\frac{\mu_n\varepsilon_{ox}}{2t_{ox}L}(V_{GS}-V_T)^2 \tag{5-42}$$

MOS 型管尺寸缩小以后，其 $\dfrac{I'_{DS}}{W'}$ 为：

$$\frac{I'_{DS}}{W'}=\frac{\mu_n\varepsilon_{ox}}{2kt_{ox}\cdot kL}(kV_{GS}-V_T)^2 \tag{5-43}$$

　　式（5-42）与式（5-43）近似相等，即单位沟道宽度的漏电流 $\dfrac{I_{DS}}{W}$ 基本保持不变。

因此，如果 MOS 型管的沟道宽度从 W 变化为 kW，那么漏极电流也将减小为 $1/k$。同时，器件所占芯片面积也将减小 $1/k^2$，而消耗功率 $P=IV$ 也将减小 $1/k^2$，但芯片的功率密度保持不变。表 5-7 对恒定电场下 MOS 型晶体管按比例缩小后各相关性能参数的提升做了小结。从表中可以看到，器件按比例缩小以后，芯片的集成度获得较大提升，而功耗又有较大辐度下降。

表 5-7　恒定电场下 MOS 型晶体管按比例缩小后对相关性能影响的小结（$k<1$）

性能影响	器件和电路参数	比例因子
比例参数	器件尺寸（L，t_{ox}，W，x_j）	k
	衬底掺杂浓度 N_B	$1/k$
	电压	k
器件参数性能	耗尽区宽度	k
	电容	k
	沟道电流	k
电路参数性能	器件密度	$1/k^2$
	器件功耗（$P=IV$）	k^2
	延迟时间 τ_d	k
	功耗延时乘积 $P\cdot\tau$	k^3

5.6　小尺寸集成 MOS 型晶体管的几个效应

正如在表 5-6 中所看到的那样，在过去 10 年中，MOS 型晶体管的沟道长度呈现出持续缩短的态势。不过，这种情况直到今天也似乎仍然没有结束的征兆，现今 MOS 型晶体管的沟道长度 L 处在 0.016μm，或者说 16nm 的量级。其实，仔细追溯一下历史，我们就会发现 MOS 型晶体管的尺寸及其沟道长度的缩短在过去几十年中从未间断过，从 20 世纪 60 年代末的大约 10μm 一直持续缩减到现在的 16nm 时代。如图 5-42 所示，表示出 MOS 型晶体管几何尺寸的缩减。

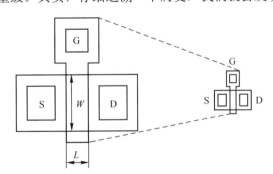

图 5-42　MOS 型晶体管几何尺寸的缩小（演变）过程

在 MOS 型晶体管的沟道长度 $L>10$μm 的时代，运用前面的那些假设模型（即所谓的长沟道模型，尽管我们那时没有刻意这样强调）所得出的结论，与实际符合得很好。可是，现在所制造的大多数 MOS 型晶体管，它们的沟道长度都远远小于 10μm。对于这些小尺寸集成 MOS 型器件，我们需要考虑其内部存在的一些新的物理效应，才能使所建立的物理模型能更好地符合实际情形，或者至少说与实际比较接近。粗略地进行一下归并，在这些物理效应当中，比较典型的效应有短沟道效应、窄沟道效应和热电子效应，当然也还有其他的一些效应。以下我们重点来对所提及的这些效应做一简要的定性说明，原因是这些效应所涉及的物理过程大多比较复杂，其中短沟道效应在本章讨论 MOS 型晶体管的阈值电压时已有提及。

5.6.1　短沟道效应

扫一扫下载
MOS 管的
短沟道效应
微课

如图 5-43 所示，给出了 MOS 型晶体管沟道区耗尽层电荷与漏、源区 PN 结耗尽层电荷部分共享的示意图。

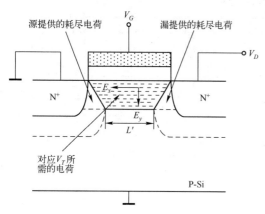

源提供的耗尽电荷　V_G　漏提供的耗尽电荷

E_x

N^+　　E_y　　N^+

L'

对应 V_T 所
需的电荷

P-Si

图 5-43　短沟道效应电荷共享示意图

由图 5-43 可知，当 MOS 型晶体管的沟道长度缩短，且可以和漏、源区的 PN 结耗尽层宽度相比拟时，这时沟道区的电场分布将由两个电场共同决定。其中，一个是水平电场 E_x，它的强弱由漏极电压 V_D 决定；而另一个则是垂直电场 E_y，它由栅极电压 V_G 控制。这时沟道区的电势分布将是（E_x,E_y）的函数。同时，我们注意到图中沟道区近漏端与近源端两个三角形耗尽区域，这两个三角形耗尽区域应当分别属于漏极与源极 PN 结耗尽区，所以耗尽其中的可动载流子就不需要栅极电压作用在这两部分区域上，或者也可以说，阈值电压中的有效电荷密度 Q_{SC} 减小了，从而导致阈值电压 V_T 下降。

沟道长度 L 的缩短，促使图中水平电场强度 E_x 增强，而沟道区载流子的表面迁移率 μ 与该电场密切相关，当电场强度超过一定数值以后，载流子的平均漂移速度将会趋于饱和。与此同时，近漏端过强的电场会引发载流子的雪崩倍增，从而导致衬底漏电流上升以及使得漏源间寄生双极晶体管的穿透电流 I_{CEO} 增加。强电场也促使漏极附近的热载流子注入氧化层，导致栅氧化层内的负电荷增加并引起 MOS 型管的阈值电压发生移动。因此，MOS 型晶体管的短沟道效应实际上也是一种综合效应，它使得器件的工作机理相对变得复杂化，必须针对不同的沟道长度建立适当的器件模型，才能比较真实地反映器件内部的实际工作情况。

5.6.2　窄沟道效应

扫一扫下载
窄沟道效应
微课

如果 MOS 型晶体管的沟道宽度 W 减小到可以与沟道区的耗尽层厚度相比拟，则 MOS 型管的阈值电压 V_T 也会受到 W 的影响，通常表现为随着 W 的减小 V_T 而上升，这种效应称为窄沟道效应。如图 5-44 所示，给出了 MOS 型晶体管窄沟道效应。

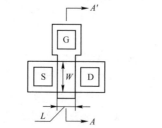
（a）小尺寸MOS型晶体管版图示意图

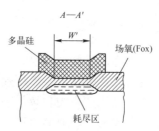
（b）沿 AA' 方向的截面示意图

图 5-44　MOS 型晶体管窄沟道效应示意图

我们看到，在实际 MOS 型晶体管的制造过程中，因为要制备较厚的场氧化层（Fox），这样一来，在有源区边缘的厚场氧化层就会"侵入"到薄的栅区，形成一个所谓的锥形过渡区——"鸟嘴"，如图 5-44（b）所示。这就使得实际的沟道宽度 W' 减小，图中 $W' < W$。通常，由于"鸟嘴"区边缘电场的作用，部分由栅压感应出来的耗尽层电荷分布在沟道区以外的区域，因此，要形成导电沟道就必须加大栅压，故使得阈值电压 V_T 升高。一般地，当沟道宽度 $W < 5\mu m$ 时，就开始发生窄沟道效应。

5.6.3 热电子效应

制备 MOS 型集成电路的工艺自 21 世纪初期已进入到深亚微米阶段，即 MOS 型器件的几何尺寸（包括沟道长度）已减小到远
小于 1μm，这时遇到的突出问题之一就是热载流子效应。我们假设在 0.5μm 的长度上施加有 1V 的电位差，那么就将产生 $2 \times 10^4 V/cm$ 的平均电场强度，这么高的场强已经足以使得电子和空穴的漂移速度达到饱和值。这时的载流子被称为热载流子，由于两种载流子中电子更被关注（它是实物粒子，而空穴则是虚拟粒子），因此，有时也直接称其为热电子效应。而伴随热电子效应的产生常会使器件的性能产生退化。如 图 5-45 所示，显示了短沟器件（NMOS 型晶体管）中的热电子效应。

扫一扫下载
热电子效应
微课

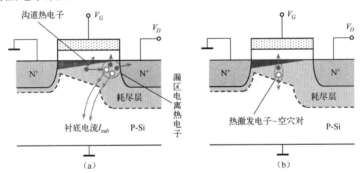

图 5-45 短沟器件（NMOS 型晶体管）中的热电子效应示意图

根据热电子的性质，大致可以将其分为以下 3 类。

1．沟道热电子

如图 5-45（a）所示，当沟道中的电场强度大到一定数值时，反型层中的一些电子有可能获得足够高的能量而突破 Si-SiO₂ 界面的势垒（该势垒高约 4.35 eV），从而注入到栅氧化层中。通常，沟道近漏端附近电场最强，故注入主要发生在该区域。

2．漏区电离热电子

如图 5-45（a）所示，在漏区附近的耗尽区内，电场较强，在碰撞电离所产生的电子-空穴对中，存在部分能量高于 4.35 eV 的电子也有可能注入到栅氧化层中，碰撞电离产生的空穴则流向衬底，形成所谓的衬底电流 I_{sub}。

3．热激发电子

如图 5-45（b）所示，对于沟道耗尽区的热激发电子，在沟道区垂直电场 E_y 的作用下，

也有可能获得足够高的能量而突破上述势垒，注入到栅氧化层中。

上述透过 Si-SiO$_2$ 界面的热电子，一部分将直接穿越栅氧化层，形成栅极电流 I_G；而另一部分则"陷入"在栅氧化层中，并形成受主型界面态。栅极电流 I_G 将会明显降低 MOS 型晶体管的输入阻抗，同时造成栅氧化层性能的退化。不过，"陷入"在栅氧化层中的注入电子也提供了一种制造可编程不挥发性存储器的方法，它通过改变阈值电压来标明存储的是 1 还是 0，这就是今天被广泛应用的——闪存（Flash Memory）。

为改善 MOS 型晶体管的热电子效应，人们对 MOS 型晶体管结构进行了种种改进，其中轻掺杂漏-源，简称轻掺杂漏（Lightly Doped Drain-Source，LDD）MOS 型晶体管结构具有较好的实用价值，LDD MOS 型晶体管结构示意图如图 5-46 所示。利用图中的 N$^-$ 区，可以很好地改善沟道区的水平电场强度。

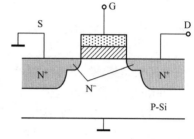

图 5-46　LDD MOS 型晶体管结构示意图

小贴士：FinFET 结构

自 20 世纪 60 年代硅平面工艺技术实用化以来，半导体集成电路的集成度一直遵循摩尔定律的规律并快速提升着，与此同时，以 MOSFET 为代表的集成晶体管的几何尺寸不断缩小。当平面工艺的光刻线宽（特征尺寸）进入深亚微米以后，MOS 型晶体管的各种小尺寸效应日益突出，如短沟道效应、薄栅氧化层漏电流效应等。事实上，光刻特征尺寸以 28nm 为技术分水岭，MOS 型晶体管如果继续沿用原来的平面结构技术，则其性能的进一步提升将难以为继。在标准 CMOS 工艺中采用了诸如应变硅技术、高 K-金属栅工艺、铜互连线、SOI 等一系列技术以后，到达 22nm 技术节点，3D 晶体管（即 FinFET，发明人为美国加州大学的华裔科学家胡正明先生）也终于进入实际应用阶段。该技术的实际运用，标志着摩尔定律将继续得到有效延续，并且光刻的特征线宽有望进一步缩小到 5nm，如图 5-47 所示。

由图 5-47 可见，FinFET 结构上包含有一个薄的硅鳍片，因形状与鱼鳍很相似而得名。通常情况下，栅极 G 与硅鳍片呈正交状态，并且栅极与鳍片间有栅氧化层隔离，而硅鳍片的两端则通过离子注入分别形成 FinFET 的源型和漏型（结构上不同于传统的平面结构 MOS 型晶体管，3D 晶体管也由此得名）。这时，沟道长度 L 应当

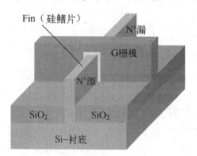

图 5-47　FinFET（3D 晶体管）结构示意图

是被认为沿着薄的鳍片的方向，而沟道宽度 W 则包括了鳍片的两侧高度以及鳍片的宽度。这样的结构设计，可以在占用较小的硅芯片面积的情况下充分获取较大的器件的沟道宽长比 $\dfrac{W}{L}$，以获取器件足够的电流容量，同时也可以大大提升芯片的集成度，并降低器件的功耗。实际测量结果表明，22nm FinFET 晶体管相比于 32nm 传统平面结构晶体管在提升 37% 性能的情况下，功耗却降低了 1/2。

知识梳理与总结

本章首先介绍了 MOS 型晶体管的结构与分类，重点讨论了 MOS 型晶体管的阈值电压参数以及 MOS 型晶体管的输出伏安特性曲线，分析了 MOS 型晶体管的频率特性与交流工作情况下的小信号参数。基于 MOS 集成电路工艺已经进入深亚微米与纳米时代，本章还着重介绍了集成 MOS 型晶体管的几个小尺寸效应及其版图特点、FinFET 晶体管的结构特点与特性。

思考题与习题 5

扫一扫下载
本习题参
考答案

1. 按沟道导电类型区分，MOS 型晶体管可分成哪两种类型？分别画出它们的增强型器件电路符号以及转移特性曲线。

2. MOS 型晶体管在哪些性能方面表现出优于双极晶体管？

3. 从器件结构的角度，试比较集成 MOS 型晶体管与分立器件形式的 MOS 型晶体管的异同。

4. 在相同工艺条件下，为什么 PMOS 型晶体管的阈值电压较 NMOS 型晶体管的阈值电压的绝对值更大？

5. 写出理想情况下，NMOS 型晶体管的阈值电压 V_T 表达式。

6. 什么是衬底偏置效应（体效应）？考虑衬底偏置效应，V_T 会发生怎样的变化？

7. 当 MOS 型晶体管工作在饱和区时，其导电沟道有什么特点？

8. MOS 型晶体管的跨导反映了其什么样的器件特性？

9. 已知增强型 NMOS 型晶体管工作在非饱和区，$V_{DS} = 4\text{V}$；当 $V_{GS} = 6\text{V}$ 时，$I_{DS} = 4.8 \times 10^{-5}\text{A}$；当 $V_{GS} = 7\text{V}$ 时，$I_{DS} = 6.4 \times 10^{-5}\text{A}$，试求 k 因子及 V_T 的值。

10. 根据 MOS 型晶体管最高工作频率 f_m 表达式，当 $V_T = 1.5\text{V}$，$V_{GS} = 6\text{V}$，$L = 5\mu\text{m}$，$\mu_n = 400\text{cm}^2 / \text{V} \cdot \text{s}$ 时，试求 f_m 的值。

11. 在 MOS 型晶体管制作工艺中，通常需制作场氧化层（简称 Fox），它有什么作用？

12. MOS 型晶体管的小尺寸效应主要包括哪些？

第6章

其他常用半导体器件

本章要点

扫一扫下载
本章教学课
体

半导体器件种类繁多，限于篇幅，不能一一详细阐述。本章主要在前面章节详细讨论的 BJT 和 MOS 器件的基础上，简要介绍达林顿晶体管、功率 MOS 器件、IGBT、LED、太阳能电池等常见半导体器件的结构和工作原理。

6.1 达林顿晶体管

产生于 20 世纪 70 年代的电力双极晶体管（GTR）是一种耐高压、能承受大电流的双极晶体管，简称为电力晶体管。它具有线性放大特性，但在电力电子应用中工作在开关状态，从而减小功耗。电力晶体管可通过基极控制其开通和关断，是典型的自关断器件。其工作原理与普通小信号双极晶体管完全相同，主要差别在于电力晶体管能够承受很高的正向阻断电压，具有很大的功率容量。在电源、电机控制、通用逆变器等中等容量、中等频率的电路中应用广泛。

电力晶体管的一大缺点就是电流放大倍数一般都很小（一般 5 倍左右），放大倍数低，导致器件在开通和关断时，都需要很大的基极电流，这就使得电力晶体管的驱动电路十分复杂和昂贵。采用达林顿结构组成的复合晶体管有很大的放大倍数，解决了电力晶体管放大倍数小的问题。如图 6-1 所示，将两个电力晶体管以适当的方式集成在一起，就形成了具有达林顿结构的达林顿晶体管。

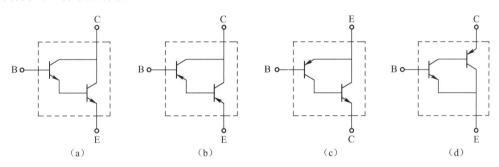

（a）　　　　　　　（b）　　　　　　　（c）　　　　　　　（d）

图 6-1　达林顿晶体管电路连接

以图 6-1（a）连接方式为例说明其工作原理，如图 6-2 所示。

从图 6-2 中可以看出，达林顿晶体管的基极驱动电流加在输入晶体管 T_1 的基极，T_1 的发射极与输出晶体管 T_2 的基极连接在一起，因此 T_1 的发射极电流同时也是 T_2 的基极电流；T_1 晶体管和 T_2 晶体管的集电极连接在一起构成了达林顿晶体管的集电极；T_2 晶体管的发射极构成了达林顿晶体管的发射极，即：

$$I_{B2} = I_{E1} = (1+\beta_1)I_{B1} = (1+\beta_1)I_{BD} \qquad (6\text{-}1)$$

式中，β_1 为输入晶体管 T_1 的共发射极电流放大倍数。

由此可得 T_2 晶体管的集电极电流：

$$I_{C2} = \beta_2 I_{B2} = \beta_2(1+\beta_1)I_{BD} \qquad (6\text{-}2)$$

式中，β_2 为输出晶体管 T_2 的共发射极电流放大倍数。

由于 T_1 晶体管的集电极电流：

$$I_{C1} = \beta_1 I_{B1} = \beta_1 I_{BD}$$

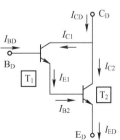

图 6-2　达林顿晶体管工作原理

可以推得达林顿晶体管的集电极电流：

$$I_{CD} = I_{C1} + I_{C2} = \beta_1 I_{BD} + \beta_2(1+\beta_1)I_{BD} \tag{6-3}$$

由式（6-3）可得达林顿晶体管的共发射极电流放大倍数：

$$\beta_{BD} = \frac{I_{CD}}{I_{BD}} = \beta_1 + \beta_2(1+\beta_1) = \beta_1 + \beta_2 + \beta_1\beta_2 \tag{6-4}$$

由式（6-4）可以看出，达林顿晶体管的电流放大倍数是 T_1 和 T_2 晶体管电流放大倍数的乘积加上 T_1 和 T_2 电流放大倍数之和。所以，采用达林顿结构可以得到很大的电流放大倍数。

达林顿晶体管在改善了电流放大倍数的同时，也引入了其他问题，如增加了正向导通压降。从图 6-2 中可以看出，达林顿晶体管的正向导通压降是输入晶体管 T_1 导通压降与 T_2 晶体管基极-发射极结电压之和，即：

$$V_{CED} = V_{CE1} + V_{BE2}$$

在达林顿晶体管的设计中，还有其他几个因素需要考虑。首先，输出晶体管 T_2 对输入晶体管 T_1 漏电流的放大作用，达林顿晶体管的漏电流较大。其次，为了加快达林顿晶体管的关断速度，需要设计一条移除输出晶体管 T_2 内储存的载流子的通路。一般都是采用分别在晶体管 T_1 和 T_2 的基极-发射极结之间并联一个电阻来实现的，如图 6-3 所示。这个并联电阻同时也降低了晶体管 T_1 和 T_2 小电流下的电流放大倍数，因此也同时降低了达林顿晶体管的漏电流。

另外，在电机控制等应用中会用到反向并联的续流二极管，这也可以很容易的在达林顿晶体管中实现，如图 6-4 所示。左边是输入晶体管 T_1，右边是输出晶体管 T_2。R_1 是通过 T_1 的 N^+ 发射极下面的 P 型基极电阻来形成的，R_2 在右边，也是通过 P 型基极电阻来形成的。反向并联的续流二极管是 P 型基区和达林顿晶体管的发射区形成的。

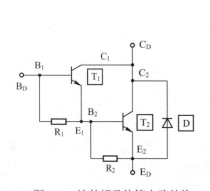

图 6-3　达林顿晶体管电路结构

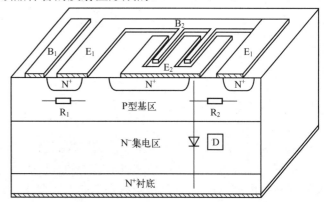

图 6-4　达林顿晶体管剖面图

6.2　功率 MOS 型晶体管

功率 MOSFET 发明于 20 世纪 70 年代中期，具有优于双极晶体管的特性。当时大量应用的双极晶体管存在以下几个缺点。首先，高压双极晶体管的跨导太小，不利于开关应用；其次，由于双极晶体管开关速度慢，不适合在高频领域应用；最后，双极晶体管在硬开关感性负载的应用情况下很容易损坏。与双极晶体管相比，功率 MOSFET 具有输入阻抗高，驱动电路简单等优点。另外，功率 MOSFET 可以工作在频率在 1～10MHz 的应用领域。由于具有

以上优点，功率 MOSFET 的应用领域迅速扩展，如今，功率 MOSFET 已经成为 200V 以下应用领域最常用的功率器件。

6.2.1　功率 MOS 型晶体管的种类

1. VMOSFET 和 UMOSFET

1975 年美国 Siliconix 公司将 V 形槽腐蚀技术成功的移植到 MOS 场效应晶体管上，制造出 VMOSFET，其名称来源于其呈 V 字形的栅极结构。形成这种结构，首先进行 P 区扩散，然后是 N⁺源区扩散，两次扩散的结深差就是沟道长度。之后，通过各向异性腐蚀形成 V 形槽，然后热生长形成栅氧，之后淀积栅极。此结构的沟道位于 V 形槽的侧壁，改变了传统 MOS 管的电流方向，载流子不再沿着表面水平流动，而是垂直流向漏极。VMOSFET 是最早成功商用的功率 MOS 器件，但是存在种种缺陷，如工艺不稳定，V 形槽底部容易造成电场集中，耐压难以提高等。其后又将槽底由尖的 V 字形改为平底型的 U 字形，称为 UMOSFET。

UMOSFET 同 VMOSFET 一样，其 N 型沟道也是垂直于圆片表面的。与 VMOSFET 不同的是它的 U 型栅极是通过反应离子刻蚀形成的。因此，侧壁更直，并且通过特殊工艺过程使沟槽底部更平滑，从而消除了电场集中现象，提高了器件的可靠性。与平面 VDMOS 相比，UMOSFET 由于采用垂直沟道，完全消除了寄生 JFET 电阻的影响，并且提高了原胞密度。因此，其导通电阻更小，有更大的电压电流容量。但此种结构对槽的刻蚀工艺要求高难度较大，目前已逐步被 VDMOS 结构所代替。

如图 6-5 所示，展示了 VMOSFET 和 UMOSFET 单元结构。

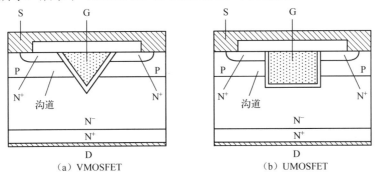

(a) VMOSFET　　　　　　　　　(b) UMOSFET

图 6-5　VMOSFET 和 UMOSFET 单元结构

2. LDMOSFET

LDMOSFET 结构是用平面工艺双扩散法或双离子注入法制作的 MOSFET 器件，如图 6-6 所示。首先是在 N-硅片或 N-外延片上进行 P 型硼扩散或注入硼离子形成沟道区，然后用磷扩散或磷注入形成 N⁺的漏区和源区。沟道长度是通过沟道区和 N⁺源区的结深差形成的，由于通过扩散工艺可以精确控制两个扩散结的结深差，从而可以不需要昂贵的精确光刻，也可以获得精确的沟道长度。这也是 DMOSFET 和普通 MOSFET 的主要差别。

这种结构的源极、漏极、栅极都在同一平面上，由于发生面积竞争，一般分立的电力集成器件中不采用此种结构，主要使用在功率集成电路上。

3．VDMOSFET

如图 6-7 所示为 VDMOSFET 的单元结构图，它是采用平面工艺制作的，用多晶硅做掩膜，采用自对准工艺，形成 N^+ 源极。它的沟道同样是采用双扩散工艺形成，P-Well 和 N^+ 结深差形成了沟道，这是 DMOS 最显著地特征之一。电流在沟道内沿表面流动，然后垂直的被漏极收集。平面 VDMOSFET 是一种非常成功的结构，目前仍在大量生产。

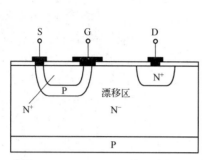

图 6-6　LDMOSFET 单元结构

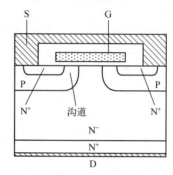

图 6-7　VDMOSFET 单元结构

以上几种功率 MOSFET 中，是由其 P-Well 区和 N^- 漂移区的 PN 结提供了正向阻断能力的。当栅极与源极短接在一起并接地时，若在漏极上外加一个正电压，则该 PN 结反偏，由于通常该 PN 结为 P^+N^- 结，耗尽层主要向 N^- 漂移区扩展。若在栅极上加上正向偏置电压，当电压大于其阈值电压后，与普通 MOSFET 类似，就会在栅极下面感应出 N 型沟道，形成电子的流通通道。电子就会通过此通道从源极流到漏极，功率 MOSFET 进入正向导通状态。若将栅极上的电压降到零，重新使栅极与源极短路，栅极下面的 N 型沟道就会消失，漏源之间的导电通道被切断，功率 MOSFET 就会很快从开通状态过渡到关断状态。在功率 MOSFET 中只有多子——电子参与导电，没有少子电流，不存在少子的复合过程，因此功率 MOSFET 的开关速度更快。以上讲述的均以 N 沟道功率 MOSFET 为例，P 沟道功率 MOSFET 结构与 N 沟道 MOSFET 结构类似，只是各结构掺杂类型相反。

上面介绍的功率 MOSFET 中都包含有寄生 N^+PNN^+ 垂直结构，这个寄生晶体管无论功率 MOSFET 工作在什么工作状态都应保持在关断状态。为了满足这一要求，需要将源极 N^+ 区和 P-Well 区通过正面金属短接，以保证寄生晶体管始终处于关断状态。

6.2.2　功率 MOS 型晶体管的版图结构与制造工艺

从版图结构上来看，功率 MOSFET 可以分为终端保护区和有源区。终端保护区的作用是使有源区周围的耗尽层尽量延展，降低有源区周围的电场强度，提高击穿电压，如图 6-8 所示。

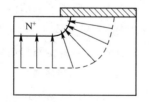
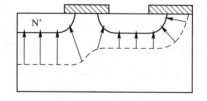

图 6-8　终端保护区示意图

终端保护区主要有以下几种结构：场限环结构、场板结构、Resurf 结构、结终端延伸（JTE）结构和横向可变掺杂（VLD）结构，这些结构也可以组合起来作为终端保护结构，如与场板相结合的场限环结构等。在实际应用中，终端保护区结构设计的好坏决定了功率 MOSFET 击穿电压的大小。

采用终端保护结构后，有源区边缘的击穿电压提高了，但若有源区原胞结构设计不合理，会使击穿提前在有源区发生，这样器件的耐压值由有源区的最高耐压值决定。人们为了提高功率 MOSFET 的击穿电压，同时降低其导通电阻，设计了各种各样的原胞结构，如图 6-9 所示。图中阴影部分为多晶硅光刻版结构。

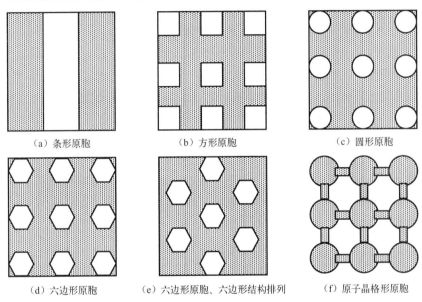

（a）条形原胞　　　　　　　（b）方形原胞　　　　　　　（c）圆形原胞

（d）六边形原胞　　　（e）六边形原胞、六边形结构排列　　　（f）原子晶格形原胞

图 6-9　功率 MOSFET 的原胞结构

如图 6-9（a）所示，在条形原胞结构中，有源区的边缘是一个柱面结，电场在此处最集中，击穿会首先在这里发生，因此柱面结的击穿电压决定器件的耐压值。终端保护结构可以缓解柱面结处的电场集中现象，提高器件的耐压。在条形原胞的栅极两端最终会与栅极总线连接在一起，并汇集到栅极引出区。如果原胞两端的原胞形状不加以处理，就会形成像图 6-9（b）类似的尖角，引起电场集中，使器件的击穿电压下降。如果采用图 6-9（c）所示的圆形原胞，就避免了条形原胞两端的电场集中现象。设计时，必须让原胞半径远大于 P-Well 区的结深，否则击穿电压就会降低。由于大部分器件的版图都是方形的，图 6-9（d）所示的六边形原胞与圆形原胞相比更容易实现，所以在实际应用中，大部分器件设计都是采用六边形原胞设计的。六边形原胞可以平行摆放，也可以像图 6-9（e）所示，按照六边形摆放。如图 6-9（f）所示是一种类似于晶格形状的原胞，这种原胞可以弥补圆形和六边形原胞球面结的不足，提高原胞的击穿电压，但此种原胞比较少见。总体来讲，原胞结构的形状，不仅影响器件的抗冲击能力，而且也影响器件的导通电阻。抗冲击能力，条形原胞大于方形原胞，方形原胞大于六边形原胞，器件的抗冲击能力越强，器件在实际应用中就越不容易损坏；导通电阻，条形原胞大于方形原胞，方形原胞大于六边形原胞，器件的导通电阻越小，导通损耗就越小，器件的转换效率就越高。在器件设计时，需要根据不同的应用要求，灵活设计。

下面以 VDMOS 为例简要介绍一下功率 MOS 器件的制作过程。VDMOS 所采用的材料是在 N$^+$ 基片上生长一层 N$^-$ 外延的外延片，通常这种外延片只有几百微米厚。外延层的厚度从几微米到一百多微米，电阻率从零点几欧姆·厘米到几十欧姆·厘米之间，是根据 VDMOS 所需的击穿电压来选择的。VDMOS 一般需要以下几次光刻，分别为保护环光刻、有源区光刻、多晶硅光刻、N$^+$ 源极光刻、接触孔光刻、金属层光刻和钝化层光刻。首先，在外延片上生长一层厚场氧（厚度通常为 8000Å～15000 Å）；然后，经过保护环光刻，将需要注入硼离子的区域上方的场氧刻蚀掉；然后，注入硼离子，并做高温推进，形成所需的保护环结构；然后，经过有源区光刻，将有源区的场氧刻蚀掉，形成有源区，为后续制作器件的原胞结构做准备；然后，经过多晶硅淀积、光刻、刻蚀等步骤，形成栅极，若保护环区有多晶场板结构，也会在此步骤形成；然后，经过 N$^+$ 光刻、磷离子注入并通过退火激活，形成 N$^+$ 源极；然后，做一次硼离子普注（不需要光刻，整个圆片都注入硼离子，在没有场氧或多晶阻挡的区域都会注入硼离子），并退火激活；然后，淀积一层 BPSG（硼磷硅玻璃）作为介质层，之后经过光刻、刻蚀，形成接触孔；然后，在圆片表面淀积一层金属层（通常为 ALSiCu，其中 Si 是用来防止铝硅互溶，Cu 是用来防止铝原子在强场下的电迁移），之后经过光刻、刻蚀步骤，形成所需的结构；然后，在圆片表面淀积一层钝化层，防止器件被水汽、有机物和可动离子等沾污，之后经过光刻和刻蚀步骤，形成所需结构；然后，经过研磨步骤减薄，将圆片减薄到所需厚度（通常在 150 μm 到 250 μm 之间）；最后，在圆片背面淀积一层金属结构（通常为 TiNiAg 三层结构），形成漏极接触。至此，VDMOS 器件制作完成。圆片后续会经过测试、封装、打标等步骤，真正成为完整的可以使用的产品。

6.3 绝缘栅双极晶体管（IGBT）

IGBT（Insulated Gate Bipolar Transistor，绝缘栅双极晶体管）是由 BJT（双极型三极管）和 MOS（绝缘栅型场效应管）组成的复合全控型电压驱动式功率半导体器件，兼有 MOSFET 的高输入阻抗和 GTR 的低导通压降两方面的优点，是当前功率集成器件的主要发展方向之一。

6.3.1 IGBT 的结构与伏安特性

在 IGBT 器件发明之前，在频率较高的中压和低压应用中主要使用功率 MOSFET，而在大电流的中高压应用领域主要使用 BJT、晶闸管和 GTO。功率 MOSFET 栅极驱动电路简单，应用频率高，但当其击穿电压大于 200V 以后，功率 MOSFET 的导通电阻会随着击穿电压的升高而迅速增大。BJT 由于在正向导通时有电导调制效应，其正向导通压降较小，但由于 BJT 是电流驱动器件，其驱动电路比较复杂，增加了制造成本。另外，由于其开关速度较慢，只能应用在低频领域。在 1980 年年初人们发明 IGBT 这种新型器件，它是结合了 BJT 和 MOS 器件优点的复合器件，具有 MOS 器件的栅极电压控制特性和 BJT 的低导通电阻特性，所以具有输入阻抗大、驱动功率小、开关损耗低及工作频率高等优点，是近乎理想的开关器件，有着广阔的发展和应用前景。经过 30 多年的发展，人们已经研发出各种不同类型的 IGBT。按照不同的栅极结构，可以分为 Trench（沟槽）和 Planar（平面）型 IGBT；按照不同的纵向结构，可以分为 PT（穿通）型、NPT（非穿通）型和 Field Stop（场截止型）等。

如图 6-10 所示，IGBT 有 3 个电极，分别称为集电极（C）、栅极（G）和发射极（E）。

从纵向上看，IGBT 可以看成是由 4 层 PNPN 晶闸管结构组成的。在图 6-10（a）中给出了 IGBT 的基本结构剖面图，与 VDMOS 相比，除了背面多了一层 P 型层外，其他结构均与 VDMOS 相同。但正是因为增加了这层 P 型层，使得 IGBT 具有许多不同于 VDMOS 的器件特性。当在 IGBT 的集电极（C）相对发射极（E）上外加一

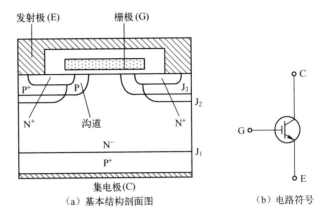

图 6-10 IGBT 的单元结构和符号

个负电压时，J_2 结正向偏置，而 J_1 结被反向偏置，电压主要降落在 J_1 结上，没有电流流过器件，此时 IGBT 器件处于反向阻断状态。在反向阻断状态下，耗尽层主要向 N⁻漂移区扩展。当在 IGBT 的集电极（C）相对发射极（E）上外加一个正向电压，同时栅极（G）与发射极（E）短接时，J_1 结被正向偏置，而 J_2 结被反向偏置，电压主要由 J_2 结承担，此时同样没有电流流过器件，IGBT 器件工作在截止区，处于正向阻断状态。在正向阻断状态下，耗尽层同样主要向 N⁻漂移区扩展。

当 IGBT 器件处于正向阻断状态时，同时在栅极上施加一个足够大的正电压 V_{GE}（$>V_{TH}$），就会在栅极下面的 P-Well 区感应出反型层，形成 N 型沟道，电子就能通过 N 型沟道流到集电极（C），IGBT 器件开通，若此时 $V_{GE} > V_{CE} + V_{TH}$，导电沟道没有被夹断，IGBT 器件工作在线性区，处于正向导通状态。若此时 $V_{GE} < V_{CE} + V_{TH}$，导电沟道被夹断，IGBT 器件工作在饱和区，其集电极电流 I_C 受栅极电压 V_{GE} 的控制。当 V_{GE} 升高时，集电极电流 I_C 增大；当 V_{GE} 降低时，集电极电流 I_C 减小。作为开关器件的 IGBT，主要工作在线性区和截止区。当把施加在栅极上的电压撤除，重新将栅极（G）与发射极（E）短接起来，或在栅极（G）上施加一个负电压时，在栅极（G）下面 P-Well 区感应出来的 N 型沟道区消失，电子不能继续流动到集电极（C），此时 IGBT 被关断，IGBT 重新回到正向阻断状态。所以，与 VDMOS 类似，IGBT 也是采用截止区、线性区和饱和区来描述 IGBT 各工作状态的，如图 6-11 所示。

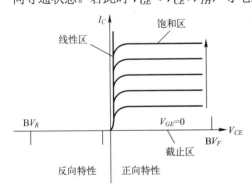

图 6-11 IGBT 的伏安特性曲线

6.3.2 IGBT 的工作原理

1. IGBT 的等效电路

如图 6-12（a）所示，IGBT 可等效为 N-MOSFET、NPN 三极管和 PNP 三极管的复合电路。从图中可以看出，IGBT 器件的集电极（C）和发射极（E）之间寄生了一个 PNPN 晶闸管结构。在正常工作状态下，此寄生 PNPN 晶闸管是不允许导通的，若此寄生晶闸管结构一旦导通，器件

就会进入闩锁状态，栅极（G）就会失去对器件的控制能力，无法关断器件，器件最终会被烧毁。在 IGBT 器件设计制造过程中的一项重要工作就是极力避免此寄生 PNPN 晶闸管导通。目前，人们已经想出了各种办法来避免该寄生晶闸管的导通，如降低 PNP 和 NPN 三极管的放大倍数、减小寄生电阻 Rs 等。如图 6-12（b）所示，IGBT 也可以等效为一个 N-MOSFET 和一个 PIN 二极管的串联结构。此等效结构通常应用于 IGBT 的正向导通状态。

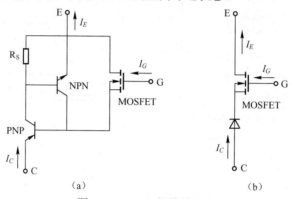

图 6-12　IGBT 的等效电路

2．正向阻断状态

由于目前大部分 IGBT 均为非对称结构（无反向阻断能力或对反向阻断能力无要求），所以只讨论 IGBT 的正向阻断状态。考量 IGBT 正向阻断能力的一个重要参数为 BV_{CES}。当在 IGBT 的发射极（E）与栅极（G）短接在一起并接地，且在集电极（C）上施加正向电压时，IGBT 处于正向截止状态。此时，J_2 结反向偏置，耗尽层分别向 N^- 漂移区和 P-Well 区扩展，由于 J_2 结是 P^+N^- 结，所以耗尽层主要向 N^- 漂移区扩展。其扩展宽度为：

$$W = \sqrt{\frac{2\varepsilon_S V_{CE}}{qN_D}} \tag{6-5}$$

式中，ε_S 为硅的相对介电常数；V_{CE} 为集电极（C）和发射极（E）之间的电压；q 为单位电荷；N_D 为漂移区掺杂浓度。

影响 IGBT 的正向阻断能力有很多因素，但主要受以下两个因素的影响：一个是漂移区厚度 d_1；另一个影响 IGBT 正向阻断能力的参数是漂移区的掺杂浓度 N_D。

（1）漂移区厚度 d_1：

$$d_1 = \sqrt{\frac{2\varepsilon_S BV_{CES}}{qN_D}} + L_p \tag{6-6}$$

由此可以推出：

$$BV_{CES} = \frac{qN_D}{2\varepsilon_S}(d_1 - L_p)^2 \tag{6-7}$$

式中，BV_{CES} 为 IGBT 的最大正向阻断电压；L_p 为空穴扩散长度。

此时 IGBT 器件发生的是由于耗尽层扩展到背面的 P 型层导致的穿通击穿。

（2）N_D 的大小决定了临界电场的大小，在漂移区足够厚的情况下，当 J_2 结处的最大电场达到临界电场时，就会发生雪崩击穿。通常 N_D 越小，IGBT 的正向阻断电压 BV_{CES} 越大；N_D

越大，IGBT 的正向阻断电压 BV_{CES} 越小。

3．正向导通状态

当在 IGBT 器件的集电极（C）上外加正电压、发射极（E）接地，并在栅极（G）上外加正电压（$>V_{TH}$）时，IGBT 处于正向导通状态。下面将详细描述其开关通断过程。初始状态，IGBT 集电极上加正电压（>0.7V），发射极和栅极均接地，IGBT 处于截止状态。当需开通 IGBT 时，与 MOSFET 类似，需要使栅极上的电压不断升高，当大于阈值电压（V_{TH}）后，会在栅极下面的 P-Well 区形成反型层，从而形成 N 型导电沟道。此时电子可以通过 N 型导电沟道从 IGBT 的发射极注入，然后流过 N 漂移区，最终到达背面的 P 型层。此时，由于寄生的 PNP 三极管的发射极基极结处于正偏状态，从而这个电子电流就充当了 PNP 三极管的基极驱动电流，从而导致大量的空穴从 P^+ 型层（PNP 三极管发射极）注入到 N^- 漂移区。由于 N^- 漂移区掺杂较淡，而注入的空穴浓度远远高于 N^- 漂移区的掺杂浓度，最终形成强烈的电导调制效应，强烈的电导调制效应大大降低了 N^- 漂移区的电阻率，从而减小了 IGBT 的正向导通压降。这就是 IGBT 正向导通压降远低于功率 MOSFET 的原因。与功率 MOSFET 不同，IGBT 的正向导通电流是由两部分组成的：一部分是从导电沟道流过的电子电流 I_e；另一部分是从 P-Well 流过的空穴电流 I_h。处于正向导通状态的 IGBT 器件，通常其 $V_{CE\,(sat)}$（饱和导通压降）为 1.5~3V，V_{TH} 为 3.5~6V，栅极驱动电压为 +15V，所以 $V_{GE} > V_{CE} + V_{TH}$，IGBT 工作在线性区。当关断 IGBT 时，需要使其栅极上的电压逐渐降低，当低于阈值电压（V_{TH}）时，栅极下面的导电沟道消失，发射极不再注入电子，此时 IGBT 的关断过程开始。但是与功率 MOSFET 不同，其集电极电流 I_C 不会马上消失。在导电沟道消失后，其集电极电流 I_C 开始会有一个比较明显的下降过程，接着集电极电流会有一个缓慢减小，最后直至消失的阶段。这是因为在 IGBT 正向导通时有大量的过剩载流子——空穴注入到 N^- 漂移区，器件关断后，注入到 N^- 漂移区的空穴需要通过一个比较缓慢的复合过程才能消失，而这个缓慢消失的过程就形成了 IGBT 特有的拖尾电流（Tail Current）现象，如图 6-13 所示。拖尾电流消失后，IGBT 重新回到正向阻断状态。在 IGBT 的设计和生产过程中，拖尾电流是需要尽量减小的，因为它会增加 IGBT 的关断损耗，影响 IGBT 的开关速度。

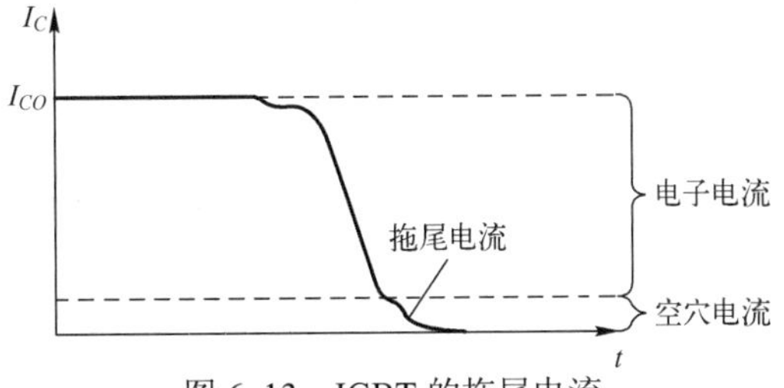

考量 IGBT 正向导通能力的电参数是 $V_{CE(sat)}$（正向导通压降）。$V_{CE(sat)}$ 越小，IGBT 的导通损耗就小。正向导通时，IGBT 器件可以等效为一个 N-MOSFET 和一个 PIN 二极管串联，如图 6-12（b）所示。所以，IGBT 的正向饱和导通压降可用下式计算：

图 6-13　IGBT 的拖尾电流

$$V_{CE(sat)} = \frac{2kT}{q}\ln\left[\frac{I_C d}{2qWZD_a n_i F \dfrac{d}{L_a}}\right] + \frac{I_C L_{CH}}{\mu_{ns} C_{ox} Z(V_G - V_{TH})} \tag{6-8}$$

6.4　发光二极管（LED）

发光二极管（Light-Emitting Diode）简称为 LED，实际就是一种 PN 结。它能把电能通

半导体器件物理

过电子和空穴的复合转化为光能，可以发出紫外线、可见光和红外光。由于其低功耗、高效率、长寿命、无辐射、节能、环保的优点，目前被广泛应用于照明、显示、光纤通信等领域。

6.4.1 LED 发光原理

当 PN 结正偏时，注入的电子和空穴复合，以光子的形式放出能量，称为辐射复合。以声子的形式放出能量，并最终转变为热能（晶格振动能量），称为非辐射复合。

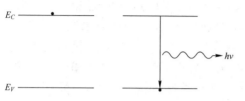

图 6-14 辐射复合示意图

如图 6-14 所示，导带电子和价带空穴直接复合时，发射出的光子的能量 hv 就等于高低能级之间的能量差 E_g。也就是：

$$E_g = hv = h\frac{c}{\lambda}$$

可见光的波长为 3800～7600 Å，取波长的最大值代入可得 $hv = 1.63\,\text{eV}$。也就是说，要发出可见光则要求 $E_g > 1.63\,\text{eV}$。对于依靠杂质能级的间接复合发光来说，则要求半导体的禁带宽度比上面数值还要大一些。可见，通常做晶体管材料的硅晶体并不是做可见光发光二极管的合适材料，常用的是砷化镓、磷化镓等化合物半导体材料。

6.4.2 LED 的结构与种类

目前 LED 通常由平面工艺制成，如图 6-15 所示为典型的平面结构的镓磷砷红光二极管。首先在 N-GaAs 衬底上生长 N-GaAs$_{1-x}$P$_x$，然后在上面扩散锌形成 PN 结。图 6-15（a）中的氮化硅既作为光刻掩膜，又作为最后器件的保护层。上电极为纯铝，下电极为金锗镍合金。最后必须

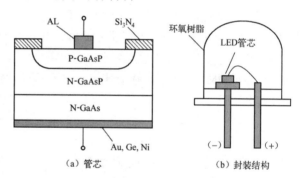

图 6-15 镓磷砷红光二极管

用光吸收系数小的透明材料把管芯封装起来，一般采用环氧树脂。

表 6-1 是几种发射不同颜色光的发光二极管及其基本制备方法。

表 6-1 几种可见光发光二极管及制备方法

材　　料	发光颜色	辐射复合类型	PN 结生长方法	
			N 层	P 层
GaP：(Zn, O)	红	间接	液相外延	液相外延
GaP：N	绿	间接	液相外延	液相外延
GaP：N	绿	间接	气相外延	Zn 扩散
GaP：N	黄	间接	气相外延	Zn 扩散
GaAs$_{0.6}$P$_{0.4}$	红	直接	气相外延	Zn 扩散
GaAs$_{0.35}$P$_{0.65}$：N	橙	间接	气相外延	Zn 扩散
GaAs$_{0.15}$P$_{0.85}$：N	黄	间接	气相外延	Zn 扩散
Ga$_{0.7}$Al$_{0.3}$As	红	直接	液相外延	液相外延
In$_{0.3}$Ga$_{0.7}$P	橙	直接	气相外延	Zn 扩散

1. GaP LED

GaP 是一种间接复合型半导体材料，其禁带宽度为 2.3 eV。GaP LED 的发光原理是通过禁带中的发光中心（复合中心）来实现的。掺入不同的杂质，其发光机制不同，则可发出不同颜色的光。其中，构成绿色发光中心的是氮，构成红色发光中心的是氧，另外还有橙黄色发光中心。

2. GaAs$_{1-x}$P$_x$ LED

GaAs$_{1-x}$P$_x$ 是一种 III～V 族化合物固溶体。控制其合金组分 x 则可以改变它的禁带宽度。GaAs 是直接复合半导体，GaP 是间接复合半导体。当合金组分增加时，禁带宽度也要增加。当 $x > 0.45$ 时，材料由直接辐射复合变为间接辐射复合。

早期的 GaAsP LED 的 GaAsP 层是生长在 GaAs 衬底上的。由于 GaAs 的禁带宽度小于 GaAsP 的禁带宽度，因此从 GaAsP 中发射出的光会被 GaAs 衬底吸收，光输出减少。因此后来多数 GaAsP LED 制造在 GaP 衬底上。直带 GaAsP LED 发射红光，制备在 GaP 衬底上的间接复合的 GaAsP LED 可发射橙、黄、绿光，如图 6-16 所示。

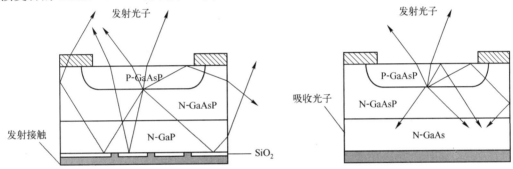

图 6-16 透明衬底（GaP）和不透明衬底（GaAs）对 PN 结光子发射的影响

3. GaN LED

GaN 是一种直接复合型半导体，在室温下，禁带宽度为 3.39 eV。GaN LED 能发出红、黄、绿、蓝、紫等颜色的光。其中，蓝色是三基色之一。从 20 世纪 90 年代起，GaN 材料和 GaN LED 就受到极大关注，发展很快。

早期 GaN LED 的基本结构是 In/I-GaN: Mg/N-GaN 蓝宝石结构，这是一种 MIS 结构，即金属-高阻绝缘体-半导体（N 型层）结构。N-GaN 层是在蓝宝石衬底上用气相外延方法制备的单晶层。高阻 I-GN 用掺镁或掺锌的方法获得。它们是价带上面 0.7 eV 的深能级。目前气相外延生长的 GaN 单晶层只能获得 N 型材料。这种结构的 GaN LED 发射蓝光，发光波长为 490nm，典型工作电压为 7.5 eV。由于非 PN 结结构，发光效率低，在 1%以下。

近年来，采用 MOCVD 技术制备 PN 结型的 GaN LED 已经获得成功，其基本结构如图 6-17 所示。其中 5

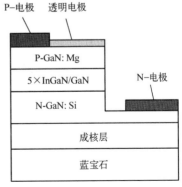

图 6-17 In/GaN/GaN MQW LED

×InGaN/GaN 层为 5 层的量子阱结构。P-电极采用 Ni/Cu 合金，N-电极采用 Ti/Al/Au 合金。上述结构的 GaN LED 可发出 465～480nm 的蓝光，380～405nm 的紫光，505～525nm 的绿光和 280～320nm 的深紫外光。器件的工作电压下降到 3.2V，工作电流为 20mA，效率达到 20%，半宽为 20～30nm。轴向发光强度在 20mA 条件下可达 4～6cd。

目前，GaN 技术的发展受到极大重视。室温连续的 GaN laser（380～405nm）已经有商品问世，基于 GaN 材料的偏振光 LED、光子晶体、光学微腔、磁半导体和自选电子学器件等研究工作迅速发展，尤其是 GaN 基白光 LED 成为世界多国在高技术领域激烈竞争的焦点。以 GaN 为代表的宽禁带半导体技术被称为第三代半导体技术。

6.4.3　LED 的量子效率

量子效率是发光二极管特性中一个与辐射量有关的重要参数，它反映了注入载流子复合产生光量子的效率：

$$\eta_Y = \eta_Z \cdot \eta_F \cdot \eta_C \qquad (6\text{-}9)$$

式中，η_Y 为外量子效率；η_Z 为正向 PN 结的注入效率；η_F 为辐射效率；η_C 为出光效率。

（1）外量子效率 η_Y。定义为单位时间内输出二极管外的光子数目与注入的载流子数目之比。提高外量子效率要从后面 3 个因子入手。

（2）正向 PN 结的注入效率 η_Z。前面我们讲到，PN 结正向电流分为电子电流 I_n，空穴电流 I_p，势垒区复合电流 I_{rg}。通常发光二极管都设计成 P 区侧发光，也就是说，仅仅是 I_n 对发光有贡献。因此注入效率定义为通过 PN 结的电子电流和总电流之比：

$$\eta_Z = \frac{I_n}{I_n + I_p + I_{rg}} \qquad (6\text{-}10)$$

那么，提高注入效率的途径是：一，P 区受主杂质浓度要远小于 N 区施主杂质浓度。二，LED 的材料和工艺要尽可能保证晶格完整，避免有害杂质的掺入，减小耗尽层中的复合电流。三，选用电子迁移率比空穴大得多的材料，比如砷化镓、磷化镓等化合物半导体。

（3）辐射效率 η_F。并非全部注入到 P 区的电子都会发生辐射复合，有些可能发生非辐射复合，比如俄歇复合。因此辐射效率定义为 P 区侧可以产生辐射复合的电子数在总的注入电子中的百分比。对于直接复合，降低少数载流子的辐射复合寿命，增大非辐射复合寿命，即可提高辐射效率。

（4）出光效率 η_C。PN 结产生的光子通过晶体传到外部空间时，有一部分要被晶体吸收，另一部分要被晶体界面反射回来。因此定义 PN 结辐射复合产生的光子射到晶体外部的百分比为出光效率。提高出光效率的途径是：一是减少晶体吸收系数；二是增大晶体表面透过率；三是采用折射率在空气和半导体之间的环氧树脂做成半球形圆顶能使透光量增加 1～2 倍。

6.5　太阳能电池

半导体太阳能电池是利用 PN 光生伏特效应直接把太阳能转化为电能的器件。太阳能电池具有寿命长、效率高、性能可靠、成本低和无污染等优点。目前，太阳能电池的应用已从军事领域、航天领域进入工业、商业、农业、通信、家用电器以及公用设施等部门。

太阳能电池的光电转换效率已经相当可观，单晶硅电池的转换效率接近 24%，多晶硅电池为 16.5%，非晶硅电池为 13.2%。

6.5.1　PN 结的光生伏特效应

如图 6-18 所示是 PN 结太阳能电池的示意图。它包含一个形成于表面的浅 PN 结，一个指状条形的正面电极、一个覆盖整个背部的背面电极以及一层在正面的抗反射层。

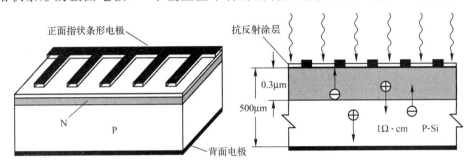

图 6-18　硅 PN 结太阳能电池示意图

光生伏特效应就是半导体吸收光能后在 PN 结上产生光生电动势的现象。它主要涉及以下物理过程：如果入射光子的能量 hv 大于或等于半导体材料的禁带宽度 E_g，半导体中的原子会吸收光子能量而在 PN 结及其附近产生出非平衡的电子-空穴对。由于 PN 结内存在内建电场，N 区电位高，P 区电位低，使势垒区内产生的光生空穴和 N 区扩散进势垒区的光生空穴都向 P 区做漂移运动，从而带动 N 区约一个少子扩散长度范围内的光生空穴向势垒区边界做扩散运动。同理，内建电场是光生电子做反方向的漂移运动和扩散运动。也就是说，势垒区分离了两种不同电荷的非平衡载流子，结果就在 P 区内积累了非平衡空穴，N 区内积累了非平衡电子，产生了一个与平衡 PN 结内建电场方向相反的光生电场。于是，在 P 区和 N 区之间建立了光生电动势。

6.5.2　太阳能电池的 I-V 特性和效率

由上述分析可知，理想光伏 PN 结可用恒定电流 I_L（光生电流）和理想二极管的并联来表示，其中 I_D 是 PN 结正向电流，R_L 是负载电阻。

如图 6-19 所示为理想太阳能电池的等效电路。

理想的太阳能电池的 I-V 特性为：

$$I = I_L - I_D = I_L - I_0\left(e^{\frac{qV}{kT}} - 1\right)　　　　　　（6-11）$$

在开路情况下，$I = 0$，由式（6-11）得到开路电压：

$$V_{OC} = \frac{kT}{q}\ln\left(\frac{I_L}{I_0} + 1\right) \approx \frac{kT}{q}\ln\left(\frac{I_L}{I_0}\right)　　　　　（6-12）$$

在短路情况下，$V = 0$，由式（6-11）得到短路电流：

$$I_{SC} = I_L　　　　　　　　　　　（6-13）$$

将式（6-13）表示理想的 I-V 特性绘于图 6-20 中。当电流为 I_m，电压为 V_m 时，输出最大功率 $P_m = V_m I_m$。

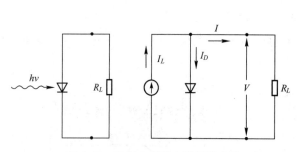

图 6-19　理想太阳能电池等效电路

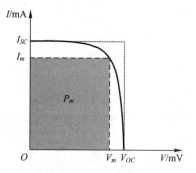

图 6-20　太阳能电池的电流-电压特性

太阳能电池的功率转换效率定义为：

$$\eta = \frac{P_m}{P_{in}} \quad\quad (6-14)$$

式中，P_{in} 为是入射到太阳能电池上的光总功率，为进一步表示出功率转换效率和开路电压，短路电流的关系，定义填充因子 FF（fill factor）为最大功率矩形 $V_m \times I_m$ 在 V_{OC} 和 I_{SC} 构成矩形 $V_{OC} \times I_{SC}$ 中所占的百分比，则：

$$\eta = \frac{P_m}{P_{in}} = \frac{V_m I_m}{P_{in}} = \frac{V_{OC} I_{SC} \text{FF}}{P_{in}} \quad\quad (6-15)$$

要想使效率最大，必须使上式分子中的三项全都最大化。对于做得好的太阳能电池，填充因子的数值在 0.7～0.85 之间。而要提高开路电压和光生电流，实际上是要提高光子的吸收率和载流子寿命。

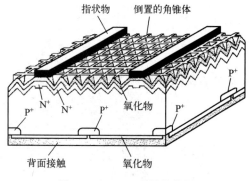

图 6-21　PERL 电池结构图

6.5.3　PERL 太阳能电池

如图 6-21 所示为硅 PERL（Passivated Emitter Rear Locally-diffused）电池。此电池在顶部具有上下颠倒的角锥体结构，是利用各向异性刻蚀暴露出刻蚀速度较慢的（111）晶面。此角锥体结构可以减少入射光在顶部表面的反射。因为垂直于电池的入射光会以斜角度撞击倾斜的（111）面，然后以斜角度折射入电池内部。而背面接触是由一个介于中间的氧化层与硅材料分隔开，这样的构造具有比铝层更好的背面反射。至今，PERL 电池展现了高达 24%的最高转换效率。

6.5.4　非晶硅太阳能电池

非晶硅（a-Si）太阳能电池的转化效率没有单晶硅太阳能电池那么高，但成本要低得多。

目前,能够制成有较高效率的太阳能电池的非晶态半导体主要有辉光放电法生产的 a-Si:H(氢化非晶硅)。硅烷在辉光放电中生长 a-Si,氢原子填补了部分硅的悬挂键而形成 a-Si:H 合金。也可以引入磷和硼分别制成 N 型 a-Si:H 和 P 型 a-Si:H。在可见光范围内,a-Si:H 的光学吸收系数都比单晶硅大一个数量级以上,因而 $\lambda < 0.7\,\mu m$ 的太阳能辐射光谱的大部分都能被 $1.0\,\mu m$ 左右厚度的 a-Si:H 薄膜吸收。

随着多年来的研究和实践,PIN 结已经成为非晶硅太阳能电池的主要结构,如图 6-22 所示,其光电转换效率能做到 10%左右。

非晶硅的载流子输运和复合的性质与单晶硅有很大的不同。通常,a-Si 的电子迁移率约为 $10^{-2} \sim 10^{-1}\ \mathrm{cm/V \cdot s}$,空穴的迁移率更低,其扩散长度约为 $0.1\,\mu m$。为了充分吸收太阳光的能量,非晶硅太阳能电池中,光生载流子的搜集主要是靠自建电场的漂移作用而不是靠少数载流子的扩散作用。为了保证非晶硅薄膜内有足够的自建电场,必须在 P 型层和 N 型层之间加进一层本征

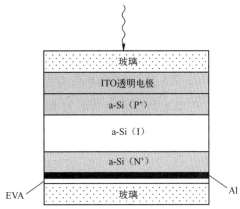

图 6-22 PIN 结非晶硅太阳能电池结构

的非晶硅——a-Si（I）。也就是说,非晶硅由于载流子的扩散长度很短,用 PN 结的方法形成太阳能电池难以获得高效率,必须选用 PIN 结构,靠自建电场对 I 层产生的光生载流子的漂移作用,提高搜集效率。非晶硅太阳能电池的衬底可以用玻璃、不锈钢或特种塑料制造,用乙烯醋酸乙烯酯（EVA）与铝层黏结。在光照面上可以用射频溅射等方法生长一层 ITO（铟-锡氧化物）透明导电薄膜,这些薄膜可以起到减反射的作用。

此外,利用反射镜和透镜将太阳光聚焦,通过聚光,可用小面积电池取代大面积电池,从而减少了电池的成本,还可以使效率有所提升。

6.6 结型场效应晶体管（JFET）

前面我们学习的 MOS 管是一种场效应晶体管,除了 MOSFET 之外,场效应晶体管还包括 MESFET 和 JEFT,其中 JFET 和 MOSFET 在集成电路中都有较多的应用,而 MESFET 主要应用于 GaAs 微波单片集成电路中。JFET 与双极晶体管兼容性良好,在模拟电路中应用广泛,可用于恒流源、差分放大器等单元电路中。

6.6.1 JFET 的结构

在 P⁺衬底上制作 N 型外延层,并在 N 型外延中扩散高浓度 P 型区,该 P 型区就作为 JFET 的栅极。在 N 型外延层中制作 N⁺掺杂区,并引出电极,作为 JFET 的源、漏区。这样一来,栅和 N 型外延,以及衬底和 N 型外延之间就形成了两个 PN 结,而两个 PN 结中间所夹的这个 N 型区域也称为 N 型沟道,这样的一种 JFET 就称为 N 沟道 JFET,如图 6-23 所示。P 沟道 JFET 的制作方式与 N 沟道类似,如图 6-24 所示。

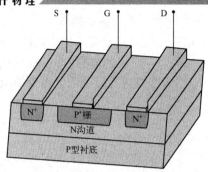

图 6-23　N 沟道 JFET 结构剖面示意图

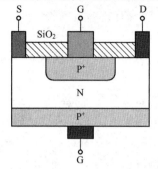

图 6-24　P 沟道 JFET 结构剖面示意图

JFET 的电路符号如图 6-25 所示。

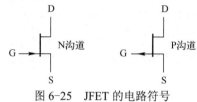

图 6-25　JFET 的电路符号

6.6.2　JFET 的工作原理

如图 6-26 所示，N 沟道 JFET 实际就是在 N 型半导体硅片的两侧各制造一个 PN 结，形成两个 PN 结夹着一个 N 型沟道的结构。现以 N 沟道 JFET 为例来说明 JFET 的工作原理。

N 沟道 JFET 工作时，需要在栅源间施加控制电压 V_{GS}，且 V_{GS} 必须小于 0。在这样的栅压控制下，上下两个栅 PN 结都处于反偏状态。由于栅 PN 结为 P^+N 结，所以栅 PN 结的空间电荷区主要向 N 型半导体中扩展。上下两个栅的空间电荷区之间，未被耗尽的中性 N 区就是沟道。只要在漏源间加上电压 V_{DS}，就会有电流通过沟道从源流向漏，形成电流 I_{DS}。

从上面的分析可以看出，JFET 的工作是由栅源电压 V_{GS} 控制工作电流 I_{DS}，而工作电流 I_{DS} 还同时受到漏源电压 V_{DS} 的影响，所以 JFET 也是一种电压控制型器件。

随着 V_{GS} 的增大，即 $|V_{GS}|$ 增加，相当于栅 PN 结上所承受的反向电压增大，所以栅 PN 结耗尽区增大。这样一来，实际起作用的有效 N 型沟道区变小，沟道电阻变大，I_{DS} 变小，最终当上下沟道的空间电荷区连通时，也就是漏源间的电阻趋向于无穷大，此时沟道消失，称为沟道夹断。

上述分析表明，改变 V_{GS} 的大小，对于沟道及沟道电阻有明显的影响，也就是 JFET 的沟道电流是受 V_{GS} 控制的，如图 6-27 所示。

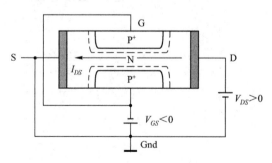

图 6-26　N 沟道 JFET 工作电路示意图

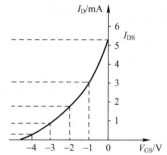

图 6-27　转移特性曲线

6.6.3　JFET 的输出特性

接下来我们分析在 V_{GS} 电压一定时，V_{DS} 对 I_{DS} 的影响，如图 6-28 所示。

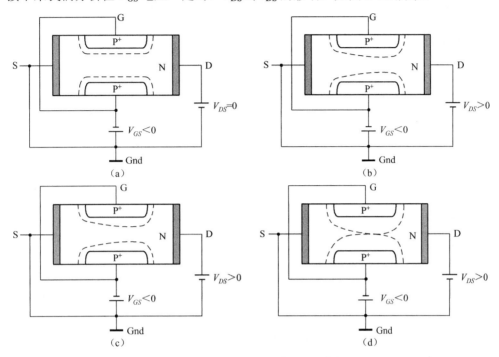

图 6-28　改变 V_{DS} 时导电沟道的变化

如图 6-28（a）所示，当 $V_{DS}=0$ 时，肯定没有电流形成，I_{DS} 也为 0

但随着 V_{DS} 的增加，一方面沟道电场强度增大，I_{DS} 增加，但同时 V_{DS} 在沟道中也会产生一个电位梯度，近源端为 0，近漏端为 V_{DS}。在这个电位梯度和栅源电压的共同作用下，离源端越远，栅 PN 结所受的电压越大，耗尽区也越大，反过来，沟道也越窄，如图 6-28（b）所示。

当 V_{DS} 继续增加，电位差不断增大，漏端的两个耗尽层会相遇，也就是说明此时近漏端的沟道消失了，此时就称为沟道漏端夹断，如图 6-28（c）所示。

如果漏端夹断后还继续增大 V_{DS}，就可以看到夹断区会增加，有效的沟道区会变小。此时增加的电压基本都降落在夹断区上，所以电子仍能被强电场拉过夹断区，开成漏极电流。而有效沟道区两端的电压基本不变，所以沟道区中的电流也基本不变，I_{DS} 趋于饱和，如图 6-28（d）所示。

也就是说，与 MOSFET 类似，在 V_{GS} 固定不变时，受漏源电压 V_{DS} 的影响，沟道漏端栅耗尽区的厚度将随 V_{DS} 的升高而逐渐增大。当 V_{DS} 上升到某一数值时上下栅结耗尽区连通，这就是沟道漏端夹断。　此时的 V_{DS} 称为饱和漏源电压，并用 V_{Dsat} 表示。

漏端沟道夹断后，继续增大 V_{DS}，从源极出发的电子在沟道电场作用下漂移到达夹断区边缘即可被夹断区电场拉向漏端。既然夹断是由于上下栅耗尽区连通，而栅结耗尽区的厚度又决定于沟道电势，所以 $V_{DS} > V_{Dsat}$ 时，沟道起始夹断点的电势将不再改变，它到源端的电势差始终都将等于 V_{Dsat}。外加漏源电压超出 V_{Dsat} 的那一部分，即 $V_{DS} - V_{Dsat}$ 降落于夹断区。

也就是随 V_{DS} 的增加，夹断区会变大，与此同时未夹断区长度就要缩短。此时，由于未夹断区两端的电势基本不变，所以此时的漏源电流 I_{DS} 也基本保持不变，所以此时也称为 JFET 工作在恒流区或饱和区，如图 6-29 所示。

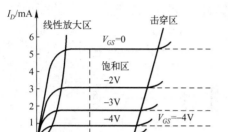

图 6-29 N 沟道 JFET 的输出特性曲线

综上所述，可得到以下结论：

（1）JFET 的栅和沟道之间的 PN 结在工作中是处于反偏状态的，所以其栅电流很小，输入电阻很高。

（2）JFET 是电压控制型器件，工作电流 I_{DS} 受栅源电压 V_{GS} 控制。

（3）漏端沟道夹断前，电流 I_{DS} 与电压 V_{DS} 间呈近似线性关系，此时称 JFET 工作在线性工作区，也称可变电阻区。

（4）漏端沟道夹断后，电流 I_{DS} 基本不随 V_{DS} 的变化而变化，趋于饱和，此时称 JFET 工作在饱和区，也称恒流区。

6.7 晶闸管

晶闸管是晶体闸流管的简称，又称为可控硅（Silicon Controlled Rectifier，SCR），它是在双极晶体管的基础上派生出来的一种功率型半导体器件。这种器件主要作开关使用，它可以用较小的信号功率去控制较大的电源功率。在开关频率较低（数百千赫兹以下）的情况下，晶闸管的开关效能比通常的晶体管有效得多，因而在电力电子控制领域占据着十分重要的地位。就器件性能而言，目前晶闸管的电流容量最大可以做到几千安培，耐压可达到上万伏，然而控制功率却很小。因而，在可控整流、交流调压与逆变、电机无级调速、温度控制等方面都有着广泛的应用。

6.7.1 晶闸管的基本结构和特性

晶闸管具有三端四层的器件结构，其器件结构剖面图与电路符号如图 6-30 所示。

由图 6-30（a）可以看出，晶闸管是由 P-N-P-N 四层半导体所构成，并且内部分别形成 3 个 P-N 结：J_1、J_2 和 J_3。其中由 P_1 层经欧姆接触后引出阳极 A，由 N_2 层引出阴极 K，中间的 P_2 层引出控制极 G。

如图 6-31 所示是晶闸管的伏安特性曲线，即阳极与阴极之间的电压 V_{AK} 和阳极电流 I_A 之间的关系曲线。当晶闸管施加反向电压（阴极接正、阳极接负）时，J_1 结和 J_3 结处于反向偏置，因而只有很小的反向漏电流 I_R，这时晶闸管处于反向阻断状态。当反向电压达到 V_{BR} 时，晶闸管发生击穿，反向电流迅速增加。而当晶闸管施加正向电压（阳极接正、阴极接负）且控制极不加电压时，J_1 结和 J_3 结均处于正向偏置，而 J_2 结为反向偏置，所以晶闸管此时也只流过很小的正向漏电流 I_F，即伏安特性曲线上的 A 段，晶闸管处于正向阻断状态。

当所加的正向电压上升至转折电压 V_{BO} 时，阳极电流突然增加，晶闸管由正向阻断状态突然转变为导通状态。在图 6-31 中，阳极电流此时由 A 段越过 B 段而迅速转变到 C 段，导通后的晶闸管正向特性和普通的二极管的正向特性相似。不过需要指出的是，在很高的正向

电压作用下从而使得晶闸管导通，实际上是不允许的。通常使用中都是在正向阻断状态下，在控制极 G 和阴极 K 之间施加一触发电流使晶闸管导通。

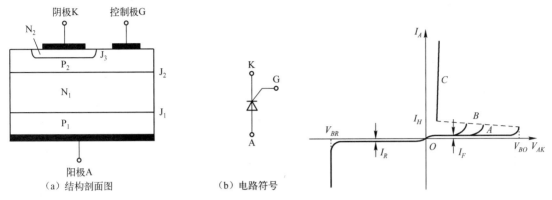

　　图 6-30　晶闸管的器件结构剖面图与电路符号　　　　图 6-31　晶闸管的伏安特性曲线

　　晶闸管触发导通是在极短的时间内完成的，一般只有几微秒。晶闸管一旦导通以后即使去掉控制极的触发电流，晶闸管仍然可以维持导通，控制极不再起作用。晶闸管导通以后，其正向压降一般在 1.0～1.2V，导通后的阳极电流 I_A 取决于负载的大小与外电路的电源电压。如果外电路的负载电阻增加或者降低电源电压而使得晶闸管的阳极电流 I_A 降低到小于某一数值 I_H，则晶闸管就不能继续维持导通状态而回归到阻断状态。I_H 称为晶闸管的维持电流，它表示维持晶闸管导通所需的最小阳极电流。另外，如果切断处于导通状态的晶闸管的外部电源电压，从而使其阳极电压 V_{AK} 回归到零，则此时晶闸管的阳极电流 I_A 也会回归到零值而使晶闸管处于阻断状态。

6.7.2　晶闸管的工作原理

　　在分析晶闸管的工作原理之前，先了解一下晶闸管各区半导体导电层杂质浓度分布的特点。如图 6-32 所示是一只典型的双扩散晶闸管各区的掺杂浓度分布图。基片材料 N_1 的杂质浓度在 $10^{14}/cm^3$ 左右，P_1 层的表面浓度为 $10^{17}～10^{18}/cm^3$，N_2 层的表面浓度为 $10^{20}～10^{21}/cm^3$。N_1 区不仅杂质浓度低而且较厚，这是因为要求晶闸管耐压高的特点所决定的。习惯上，把 N_1 区称为"长基区"，把 P_2 区称为"短基区"。

1. 晶闸管的正向伏安特性

　　当晶闸管外加正向电压时，J_1 结和 J_3 结为正向偏置，而 J_2 结是反向偏置，因而可将晶闸管看成是背对背连接的两个晶体管。一个是以 N_2 为发射区的 N_2-P_2-N_1 晶体管，另一个是以 P_1 为发射区的 P_1-N_1-P_2 晶体管，J_2 是两个晶体管共有的集电结，如图 6-33（a）所示。

　　由图 6-33（b）可见，T_1 管和 T_2 管的发射极电流分别为 I_A 和 I_K。阳极电流 I_A 进入 N_1 区形成空穴扩散电流，到达 J_2 结的电流为 $\alpha_1 I_A$。阴极电流 I_K 在 P_2 区是电子扩散电流，到达 J_2 结的电流为 $\alpha_2 I_K$。设流过 J_2 结的反向电流为 I_{CO}，则流过 J_2 结的总电流就是阳极电流 I_A，其数值为上述三部分电流之和：

$$I_A = \alpha_1 I_A + \alpha_2 I_K + I_{CO} \tag{6-16}$$

如果控制极不施加触发电流，即 $I_G=0$，则有 $I_A=I_K$，并且 I_A 满足：

$$I_A = \frac{I_{CO}}{1-(\alpha_1+\alpha_2)} \qquad (6-17)$$

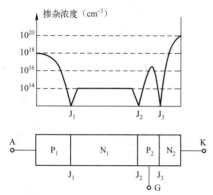

图 6-32 晶闸管各区的掺杂浓度

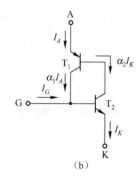

图 6-33 晶闸管施加正向电压时的等效电路

从式（6-17）中可以看出，当晶闸管处于正向阻断状态时，其正向漏电流 I_F 将受到 J_1 结和 J_3 结的影响，即由于 α_1 和 α_2 的作用使得漏电流比单个 J_2 结的反向漏电流 I_{CO} 增大了，但通常情况下仍是一个较小的数值。此时如果提高阳极电压 V_{AK}，则只能使 J_2 结承受的反向电压增加，并不能使 I_{CO} 和 I_A 增加很多，这就是晶闸管伏安特性曲线上正向阻断区的特性。

如果控制极注入一触发电流 I_G，此时，$I_K=I_A+I_G$，代入式（6-16）得：

$$I_A = \frac{I_{CO}+\alpha_2 I_G}{1-(\alpha_1+\alpha_2)} \qquad (6-18)$$

触发电流 I_G 的输入，使得等效晶体管 T_1、T_2 的 α_1 与 α_2 增大，并且这样很容易满足 $\alpha_1+\alpha_2=1$ 的导通条件，使得晶闸管在较低的阳极电压下就能触发导通。显然，触发电流越大，触发导通的阳极电压就越低。从图 6-33（b）晶闸管的等效电路还可以看出，T_1 管的集电极电流同时也是 T_2 管的基极电流，而 T_2 管的集电极电流又是 T_1 管的基极电流。当触发电流 I_G 足够大时，T_1 与 T_2 相互构成强烈的正反馈，即有：

$$I_G \rightarrow I_{B2}\uparrow \rightarrow I_{C2}\,(\alpha_2 I_K)\uparrow \rightarrow I_{B1}\uparrow \rightarrow I_{C1}\,(\alpha_1 I_A)\uparrow \rightarrow$$

使晶闸管瞬时导通。

晶闸管一旦导通以后，即使去除触发电流，晶闸管依靠自身内部的正反馈作用仍然可以继续维持导通状态，并且 T_1 与 T_2 两只等效晶体管均处于深饱和态。只有当阳极电流 I_A 降低到小于维持电流 I_H 时，晶闸管回到 $\alpha_1+\alpha_2<1$ 的条件，晶闸管才重新回到阻断状态。

2. 晶闸管的反向伏安特性

当晶闸管的阳极接负而阴极接正时，即晶闸管施加反向偏压时，如图 6-34 所示。可以看到，这时晶闸管的 J_1 和 J_3 结均处于反向偏置，但 J_2 结处于正向偏置。

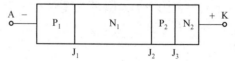

图 6-34 晶闸管反向阻断状态（施加反向偏压）

由晶闸管的制作工艺可知，J_3 结是重掺杂的 PN 结，两侧杂质浓度较高（尤其是 N_2 侧），参见图 6-32 所示，因此 J_3 结的反向击穿电压很低，一般小于 10V。而 J_2 结虽是正向偏置，但由于 N_1 区掺杂浓度远远低于 P_2 区的掺杂浓度，因此，J_2 结的注入效率 γ 很小，$\gamma \to 0$。同时，N_1 区（长基区）宽度较大，这样由 P_2 区注入过来的空穴在到达处于反偏状态的 J_1 结之前，基本复合殆尽，所以 J_1 结基本收集不到来自 P_2 区的空穴。因此晶闸管的反向特性接近于单个 J_1 结的反向特性，其反向击穿电压 V_{BR} 也十分接近于 J_1 结的反向击穿电压，如图 6-31 第三象限特性曲线所示。

6.7.3　双向晶闸管

上述晶闸管从器件结构上讲是一种单向晶闸管，即工作电源电压必须是直流电压。随着晶闸管应用的不断深入，许多场合要求晶闸管能够直接在交流电源下触发并工作，因为这样不仅可以大大简化电路设计，同时可节省电力控制设备的成本。基于这些因素的考虑，双向晶闸管结构应运而生。从结构特点上来看，双向结构晶闸管很像是两只反向并联的常规单向晶闸管，它可以适应两种极性的触发信号，并能直接接入交流电源中工作。其器件结构剖面图如图 6-35 (a) 所示。除控制极外，结构上基本是对称的，设计上常习惯将控制极放在阴极一侧，由于其面积很小，因而它所产生的不完全对称性是相当小的。

当双向晶闸管工作时，其阳极 A 与阴极 K 之间的极性和控制极触发电流的方向可能存在 4 种组合，下面分别介绍每种组合的工作原理。

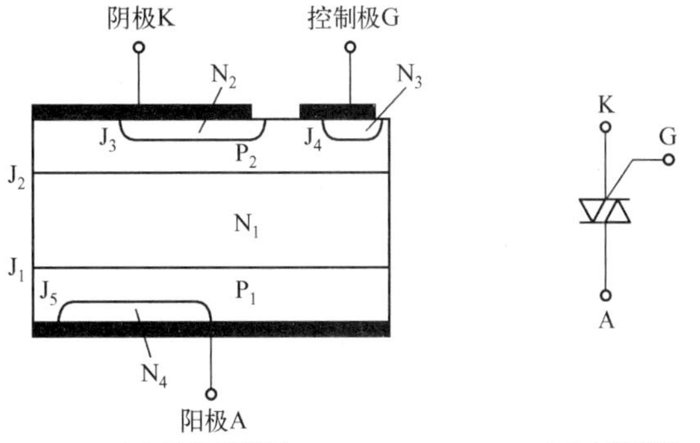

1．阳极接正、阴极接负，$I_G > 0$

此时双向晶闸管与普通单向晶闸管一样，J_1 和 J_3 结此时为正偏，J_2 结为反偏，J_4、J_5 结不起作用。当施加触发电流时，晶闸管 P_1-N_1-P_2-N_2 将由阻断到导通。

2．阳极接正、阴极接负，$I_G < 0$

由于 I_G 小于零，即控制极相对阴极为负偏置，由于横向压降的作用，此时 J_4 结将转向正偏。即可看作为阴极 K 与 P_2 区接触部分向 N_3-P_2-N_1 晶体管提供基极电流（空穴电流），该电流将很快触发小晶闸管 P_1-N_1-P_2-N_3 导通，即使 P_1-N_1-P_2 晶体管能很快进入到饱和态，此时受阳极 A 高压的作用，P_2 区电位瞬间抬高，促使 J_3 结正偏，从而促使主晶闸管 P_1-N_1-P_2-N_2 很快导通。

3．阳极接负、阴极接正，$I_G > 0$

现在主晶闸管可以认为是由 P_2-N_1-P_1-N_4 所构成。当控制极 G 端相对阴极 K 端施加正触发电流时，会导致 N_1-P_2-N_2 晶体管进入到饱和态，促使 P_2 区向 N_1 区注入空穴，该空穴电流

图 6-35　双向晶闸管结构示意图与电路符号

(a) 结构剖面图　　　　　　(b) 电路符号

被 J_1 结收集到达 P_1 区，并充当了 N_1-P_1-N_4 的基极电流，当该空穴电流足够大时，也将促使 N_1-P_1-N_4 迅速进入饱和态，并导致此时主晶闸管 P_2-N_1-P_1-N_4 的快速导通。

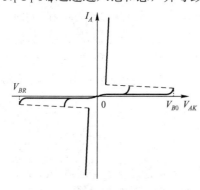

图 6-36　双向晶闸管伏安特性曲线

4. 阳极接负、阴极接正，$I_G < 0$

当触发电流 I_G 小于零时，J_4 结处于正向偏置，由于 J_4 结的注入，会促使 N_3-P_2-N_1 晶体管快速饱和，由 P_2 区注入过来的空穴被 J_1 结收集，并到达 P_1 区，促使 N_1-P_1-N_4 晶体管快速导通并且也进入饱和态，并导致主晶闸管 P_2-N_1-P_1-N_4 导通。

双向晶闸管的伏安特性曲线如图 6-36 所示。由于具有正、反向触发导通能力，双向晶闸管常常也被称为三端交流开关。

知识梳理与总结

（1）达林顿晶体管的结构和工作原理。电流放大倍数表达式：

$$\beta_{BD} = \frac{I_{CD}}{I_{BD}} = \beta_1 + \beta_2(1 + \beta_1) = \beta_1 + \beta_2 + \beta_1\beta_2$$

（2）VMOSFET、UMOSFET、LDMOSFET 和 VDMOSFET 等功率 MOS 型晶体管的单元结构，功率 MOS 型晶体管的版图结构和制造工艺。

（3）IGBT 的单元结构和伏安特性，IGBT 的工作原理。

（4）LED 的发光原理、结构种类以及提高效率的途径。

（5）太阳能电池的工作原理、伏安特性和效率，以及分类介绍。

（6）结型场效应管的结构、工作原理和输出特性。

（7）晶闸管的基本结构和工作原理。

思考题与习题 6

扫一扫下载
本习题参
考答案

1. 达林顿晶体管有何特点，在设计中要注意哪些问题？
2. IGBT 和 VDMOS 在结构和特性上有何区别？
3. 简述 IGBT 和 VDMOS 的工作原理。
4. 发光二极管对材料的禁带宽度有何要求？
5. 如何提高发光二极管的外量子效率？
6. 简述 PN 结的光生伏特效应。
7. 如何使太阳能电池的效率最大？

附录A XJ4810型半导体管特性图示仪面板功能

半导体管特性图示仪是以通用电子测量仪器为技术基础，以半导体器件为测量对象的电子仪器。用它可以测试晶体三极管（NPN 型和 PNP 型）的共发射极、共基极电路的输入特性、输出特性；测试各种反向饱和电流和击穿电压，还可以测量场效管、稳压管、二极管、单结晶体管、可控硅等器件的各种参数。

下面介绍 XJ4810 型半导体管特性图示仪的面板功能，通过本实验和后续试验可逐步掌握其使用方法。

XJ4810 型半导体管特性图示仪面板如图 A-1 所示。

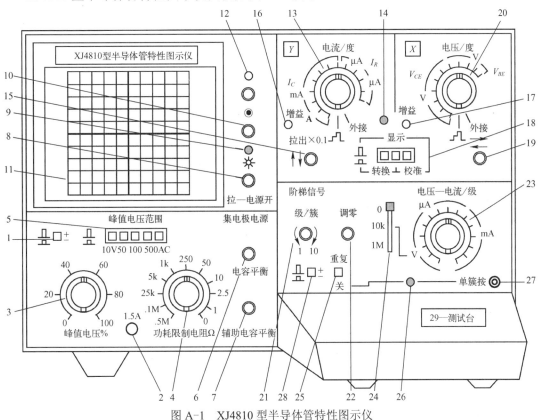

图 A-1 XJ4810 型半导体管特性图示仪

1—集电极电源极性按钮，极性可按面板指示选择。

2—集电极峰值电压保险丝：1.5A。

3—峰值电压%：峰值电压可在 0～10V、0～50V、0～100V、0～500V 之连续可调，面板上的标称值是近似值，作参考用。

4—功耗限制电阻：它是串联在被测管的集电极电路中，限制超过功耗，也可作为被测半导体管集电极的负载电阻。

5—峰值电压范围：分 0～10V/5A、0～50V/1A、0～100V/0.5A、0～500V/0.1A 四挡。当由低挡改换高挡观察半导体管的特性时，须先将峰值电压调到零值，换挡后再按需要的电压逐渐增加，否则容易击穿被测晶体管。

AC 挡的设置专为二极管或其他元件的测试提供双向扫描，以便能同时显示器件正、反向的特性曲线。

6—电容平衡：由于集电极电流输出端对地存在各种杂散电容，都将形成电容性电流，因而在电流取样电阻上产生电压降，造成测量误差。为了尽量减小电容性电流，测试前应调节电容平衡，使容性电流减至最小。

7—辅助电容平衡：是针对集电极变压器次级绕组对地电容的不对称，而再次进行的电容平衡调节。

8—电源开关及辉度调节：旋钮拉出，接通仪器电源，旋转旋钮可以改变示波管光点亮度。

9—电源指示：接通电源时灯亮。

10—聚焦旋钮：调节旋钮可使光迹最清晰。

11—荧光屏幕：示波管屏幕，外有坐标刻度片。

12—辅助聚焦：与聚焦旋钮配合使用。

13—Y 轴选择（电流/度）开关：具有 22 挡 4 种偏转作用的开关。可以进行集电极电流、基极电压、基极电流和外接的不同转换。

14—电流/度×0.1 倍率指示灯：灯亮时，仪器进入电流/度×0.1 倍工作状态。

15—垂直移位及电流/度倍率开关：调节迹线在垂直方向的移位。旋钮拉出，放大器增益扩大 10 倍，电流/度各挡 I_C 标值×0.1，同时指示灯 14 亮。

16—Y 轴增益：校正 Y 轴增益。

17—X 轴增益：校正 X 轴增益。

18—显示开关：分转换、接地、校准 3 挡，其作用是：

（1）转换：使图像在Ⅰ、Ⅲ象限内相互转换，便于由 NPN 管转测 PNP 管时简化测试操作。

（2）接地：放大器输入接地，表示输入为零的基准点。

（3）校准：按下校准键，光点在 X、Y 轴方向移动的距离刚好为 10 度，以达到 10 度校正目的。

19—X 轴移位：调节光迹在水平方向的移位。

20—X 轴选择（电压/度）开关：可以进行集电极电压、基极电流、基极电压和外接 4 种功能的转换，共 17 挡。

21—"级/簇"调节：在 0～10 的范围内可连续调节阶梯信号的级数。

22—调零旋钮：测试前，应首先调整阶梯信号的起始级零电平的位置。当荧光屏上已观察到基极阶梯信号后，按下测试台上选择按键"零电压"，观察光点停留在荧光屏上的位置，复位后调节零旋钮，使阶梯信号的起始级光点仍在该处，这样阶梯信号的零电位即被准确校正。

23—阶梯信号选择开关：可以调节每级电流大小注入被测管的基极，作为测试各种特性曲线的基极信号源，共 22 挡。一般选用基极电流/级，当测试场效应管时选用基极源电压/级。

24—串联电阻开关：当阶梯信号选择开关置于电压/级的位置时，串联电阻将串联在被测管的输入电路中。

25—重复-关按键：拉出为重复，阶梯信号重复出现；按下为关，阶梯信号处于待触发状态。

26—阶梯信号待触发指示灯：重复按键按下时灯亮，阶梯信号进入待触发状态。

27—单簇按键开关：单簇的按动其作用是使预先调整好的电压（电流）/级，出现一次阶梯信号后回到等待触发位置，因此可利用它瞬间作用的特性来观察被测管的各种极限特性。

28—极性按键：极性的选择取决于被测管的特性。

29—测试台：XJ4810 型半导体管特性图示仪测试台如图 A-2 所示。

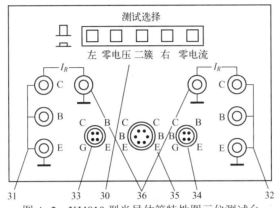

图 A-2　XJ4810 型半导体管特性图示仪测试台

30—测试选择按键：

（1）"左"、"右"、"二簇"：可以在测试时任选左右两个被测管的特性，当置于"二簇"时，即通过电子开关自动地交替显示左右二簇特性曲线，此时"级/簇"应置适当位置以利于观察。二簇特性曲线比较时，请不要误按单簇按键。

（2）"零电压"键：按下此键用于调整阶梯信号的起始级在零电平的位置，参见（22）项。

（3）"零电流"键：按下此键时被测管的基极处于开路状态，即能测量 ICEO 特性。

31、32—左右测试插孔：插上专用插座（随机附件），可测试 F_1、F_2 型管座的功率晶体管。

33、34、35—晶体管测试插座。

36—二极管反向漏电流专用插孔（接地端）。

在仪器右侧板上分布有如图 A-3 所示的旋钮和端子。

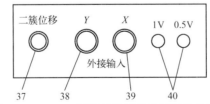

图 A-3　XJ4810 型半导体管特性图示仪右侧板

37—二簇位移旋钮：在二簇显示时，可改变右簇曲线的位置，更方便于对晶体管各种参数的比较。

38—Y 轴信号输入：Y 轴选择开关置外接时，Y 轴信号由此插座输入。

39—X 轴信号输入：X 轴选择开关置外接时，X 轴信号由此插座输入。

40—校准信号输出端：1V、0.5V 校准信号由此二孔输出。

附录 B　扩散结电容和势垒宽度的计算曲线

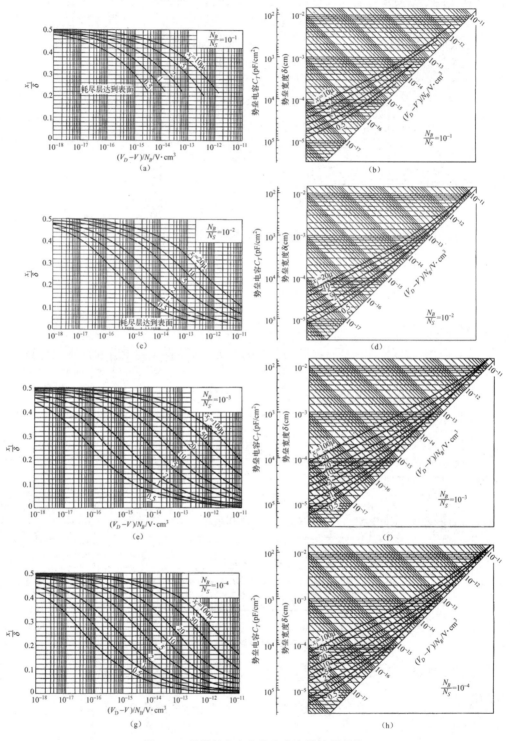

图 B-1　扩散结电容和势垒宽度的计算曲线

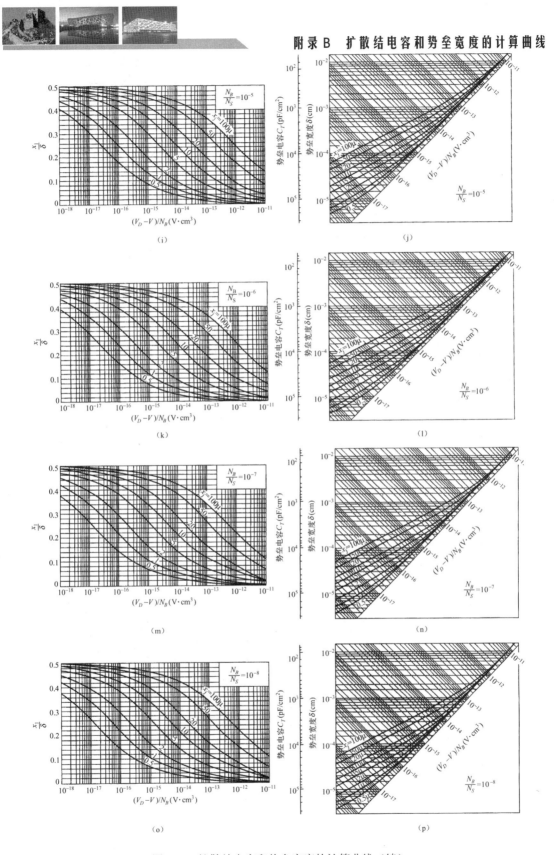

图 B-1　扩散结电容和势垒宽度的计算曲线（续）

附录 C 硅扩散层表面杂质浓度与扩散层平均电导率的关系曲线

1. 硅中 N 型余误差函数分布扩散层平均电导率

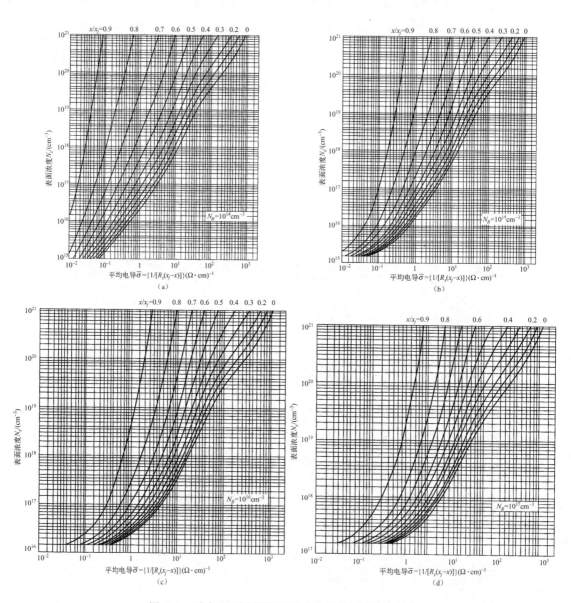

图 C-1 硅中 N 型余误差函数分布扩散层平均电导率

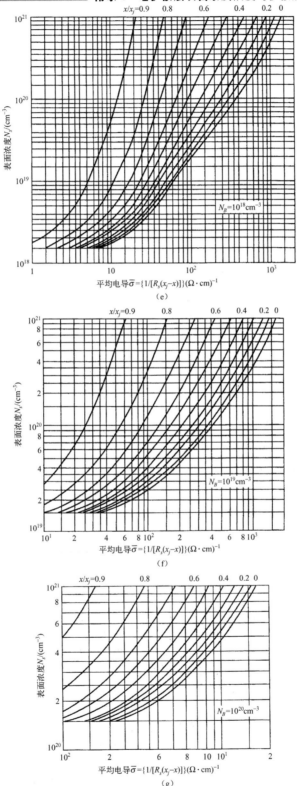

图 C-1 硅中 N 型余误差函数分布扩散层平均电导率（续）

2. 硅中 N 型高斯函数分布扩散层平均电导率

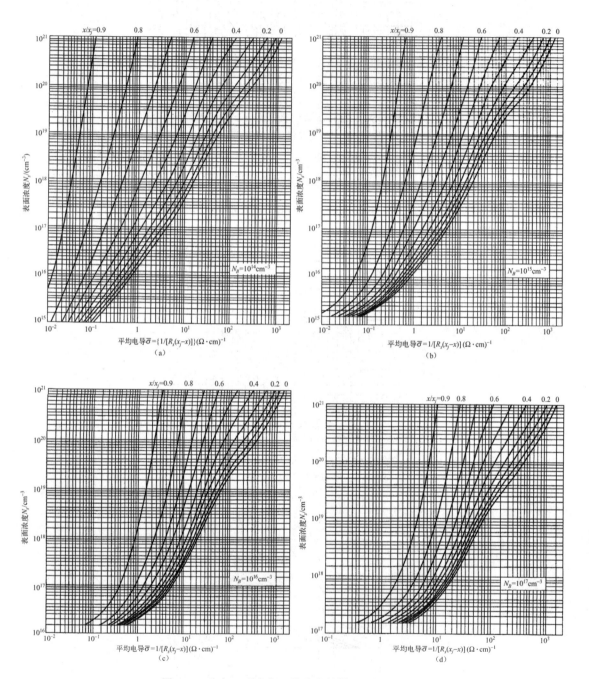

图 C-2 硅中 N 型高斯函数分布扩散层平均电导率

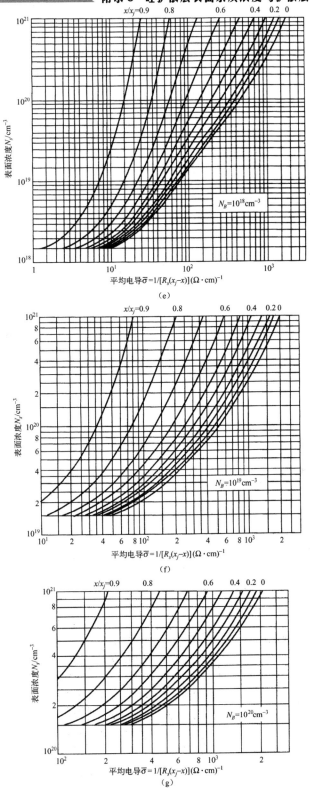

图 C-2　硅中 N 型高斯函数分布扩散层平均电导率（续）

3. 硅中 P 型余误差函数分布扩散层平均电导率

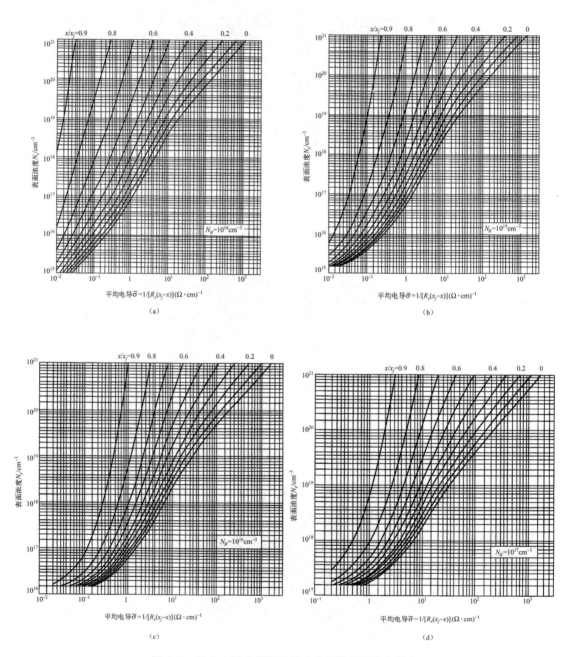

图 C-3　硅中 P 型余误差函数分布扩散层平均电导率

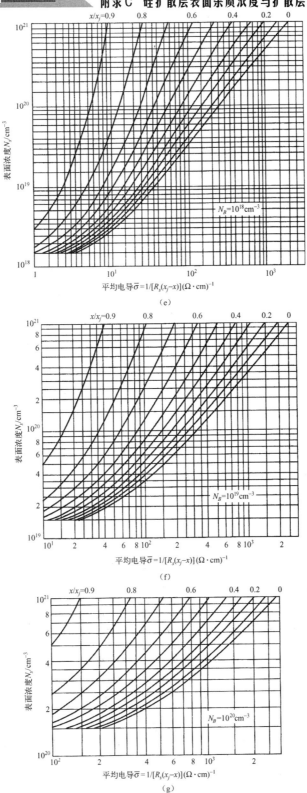

图 C-3 硅中 P 型余误差函数分布扩散层平均电导率（续）

4. 硅中 P 型高斯函数分布扩散层平均电导率

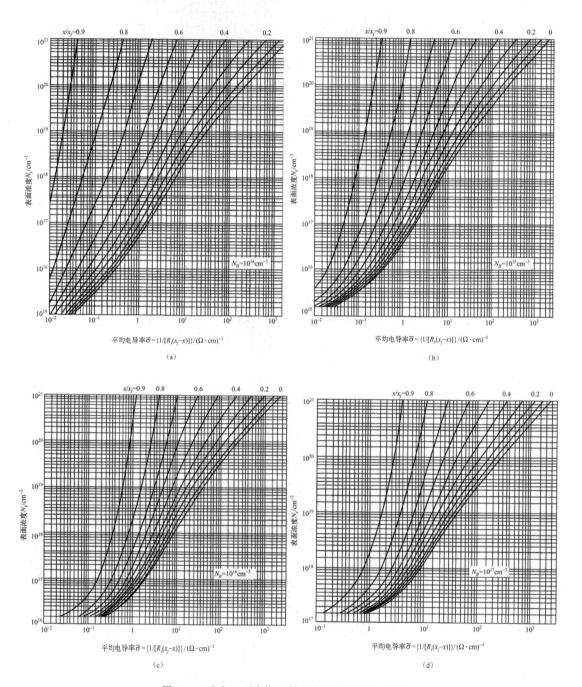

图 C-4 硅中 P 型高斯函数分布扩散层平均电导率

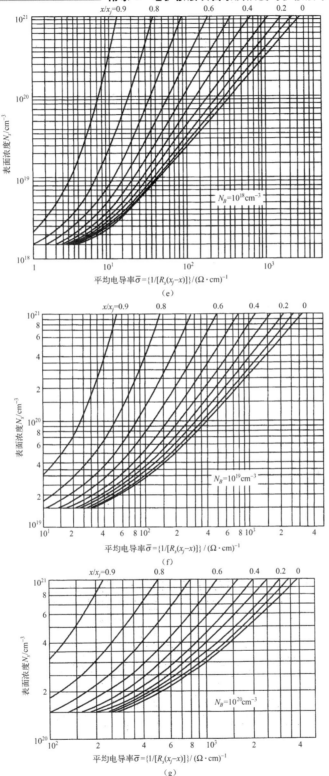

图 C-4 硅中 P 型高斯函数分布扩散层平均电导率（续）

参 考 文 献

[1] 黄昆，韩汝琦著. 半导体物理基础. 北京：科学出版社，1979.

[2] 刘恩科，朱秉升，罗晋生等编著. 半导体物理学（第 6 版）. 北京：电子工业出版社，2003.

[3] 童勤义著. 超大规模集成物理学导论. 北京：电子工业出版社，1988.

[4] 陈星弼，张庆中编著. 晶体管原理与设计（第 2 版）. 北京：电子工业出版社，2006.

[5] 刘树林，张华曹，柴常春编著. 半导体器件物理. 北京：电子工业出版社，2005.

[6] [美] Robert F. Pierret 著. 半导体器件基础. 黄如等译. 北京：电子工业出版社，2004.

[7] [美] Donald A. Neamen 著. 半导体物理与器件（第 3 版）. 赵毅强等译. 北京：电子工业出版社，2005.

[8] [美] B. L. Anderson，R. L. Anderson 著. 半导体器件基础. 邓宁，田立林，任敏译. 北京：清华大学出版社，2008.

[9] [美] Richard S. Muller 等著. 集成电路器件电子学（第 3 版）. 王燕，张莉译. 北京：电子工业出版社，2004.

[10] [美] S. M. Sze，Kwok K. NG 著. 半导体器件物理（第 3 版）. 耿莉，张瑞智译. 西安：西安交通大学出版社，2008.

[11] [美] 施敏著. 半导体器件物理与工艺（基础版）. 苏州：苏州大学出版社，2009.

[12] 王广发. 半导体器件物理基础. 成都：电子科技大学出版社，1993.

[13] 孟庆巨，刘海波，孟庆辉编著. 半导体器件物理. 北京：科学出版社，2005.

[14] [美] B.Jayant Baliga 著. Fundamentals of Power Semiconductor Devices. New York: Springer Science and Business Media, LLC，2008.

反侵权盗版声明

电子工业出版社依法对本作品享有专有出版权。任何未经权利人书面许可，复制、销售或通过信息网络传播本作品的行为；歪曲、篡改、剽窃本作品的行为，均违反《中华人民共和国著作权法》，其行为人应承担相应的民事责任和行政责任，构成犯罪的，将被依法追究刑事责任。

为了维护市场秩序，保护权利人的合法权益，本社将依法查处和打击侵权盗版的单位和个人。欢迎社会各界人士积极举报侵权盗版行为，本社将奖励举报有功人员，并保证举报人的信息不被泄露。

举报电话：（010）88254396；（010）88258888

传　　真：（010）88254397

E-mail：dbqq@phei.com.cn

通信地址：北京市海淀区万寿路 173 信箱
　　　　　电子工业出版社总编办公室

邮　　编：100036